职业教育“十三五”规划课程改革创新教材

电工电子技术项目教程

李新生 主 编

邵德明 徐 淼 张康隆 副主编

陈少斌 主 审

科学出版社

北 京

内 容 简 介

本书包括电压与电流的测量、MF47 型万用表的安装、FDZ-5 型电磁阀的维护、照明电路的安装、三相电动机直接起动控制线路的安装、CA6140 车床控制线路的安装、直流稳压电源的制作、三人表决器的制作、音乐门铃的制作 9 个项目，内容涵盖直流电路、交流电路、电磁现象、电动机电气控制线路、稳压电路、放大电路、组合逻辑电路和集成电路，基本达到了电学知识无遗漏、电工技能可应用的要求。

本书可作为职业院校机电一体化及相关专业的教学用书，也可作为相关培训机构的参考用书。

图书在版编目（CIP）数据

电工电子技术项目教程/李新生主编. 一北京：科学出版社，2017
（职业教育“十三五”规划课程改革创新教材）
ISBN 978-7-03-054245-8

Ⅰ.①电… Ⅱ.①李… Ⅲ.①电工技术-高等职业教育-教材 ②电子技术-高等职业教育-教材 Ⅳ.①TM ②TN

中国版本图书馆 CIP 数据核字（2017）第 209370 号

责任编辑：张振华 / 责任校对：王万红
责任印制：吕春珉 / 封面设计：东方人华平面设计部

科学出版社 出版
北京东黄城根北街 16 号
邮政编码：100717
http://www.sciencep.com
三河市骏杰印刷有限公司印刷
科学出版社发行　各地新华书店经销
*
2017 年 12 月第 一 版　开本：787×1092 1/16
2017 年 12 月第一次印刷　印张：11
字数：200 000
定价：29.00 元
（如有印装质量问题，我社负责调换〈骏杰〉）
销售部电话 010-62136230　编辑部电话 010-62135120-2005（VT03）

前　言

随着国家对职业教育的重视和投入的不断增加，我国职业教育得到了快速发展，为社会输送了大批工作在一线的电工电子技术人才。但应该看到，电工电子技术从业人才的数量和质量都远远落后于行业快速发展的需求。随着企业间竞争的日趋残酷和白热化，为了提升人工效能，现代企业对具有良好的职业道德、必要的文化知识、熟练的职业技能等综合职业能力的高素质劳动者和技能型人才的需求越来越广泛。这些亟需职业院校创新教育理念，改革教学模式，优化专业教材，尽快培养出真正适合当前企业需求的高素质劳动者和技能型人才。

当前，电工技术和电子技术的发展日新月异，新理论、新技术不断出现，其应用已渗透到各个行业和领域。为了适应行业发展和教学改革的需要，编者根据《教育部关于"十二五"职业教育教材建设的若干意见》《国家中长期教育改革和发展规划纲要（2010—2020年）》等相关文件精神，在行业、企业专家和课程开发专家的精心指导下，结合企业生产岗位和工作实际，编写了本书。本书编写紧紧围绕相关企业的职业工作需要和当前教学改革趋势，坚持以就业为导向，以综合职业能力培养为中心，以"科学、实用、新颖"为编写原则，旨在探索"教学做一体化"的教学模式。

相比以往同类教材，本书具有许多特点和亮点，主要体现在以下几个方面。

1. 面向职业教育，理念新颖

本书编者均来自职业院校教学一线或企业一线，有多年教学和实践经验，多数教师带队参加过国家或省级的技能大赛，并取得了优异的成绩。在教材的编写过程中，编者能紧扣该专业的培养目标，考虑教材内容与职业标准、职业资格考试对接，借鉴技能大赛所提出的能力要求，把职业资格考试所要求的知识与技能要求和技能大赛过程中所体现的规范、高效等理念贯穿其中，符合当前企业对人才的综合职业能力的要求。

本书编写采用"基于项目教学""基于工作过程"的职业教育课改理念，力求建立以项目为核心、以工作过程为导向的"教学做一体化"的教学模式。

2. 结构清晰，实用性强

本书突出职业教育特色，充分考虑职业院校学生对知识的接受能力和对知识的掌握过程，抛弃了以往同类教材过多的理论文字描述，在知识讲解上"削枝强干"，力求理论联系实际，减少复杂的数学推导和运算，注重培养学生的创新意识和实践能力，使学生通过实际应用来掌握电学原理的应用。

全书共 9 个项目。项目 1～项目 6 是电工部分，主要学习直流电路、交流电路、电磁现象、电动机起动、电气控制线路；项目 7～项目 9 是电子技术部分，主要学习稳压电路、放大电路、组合逻辑电路和集成电路。项目 9 为选学内容（以*标注）。每个项目均以多个模块的形式展开。其中，"学习目标""项目任务""项目分析"模块，清楚地告诉读者本项目的学习目标和实践任务；“知识链接”“项目实施”模块，对项目的相关知识点、技能点进行剖析，提炼任务实施步骤，并加以适当的提示；“项目考核”“思考与练习”“知识拓展”模块，便于读者自查自纠，拓展知识和技能。各模块设置环环相扣，具有很强的针对性和可操作性，力求引导教师在“教中做，做中教”，让学生在“学中做，做中学”，全面提升学生的综合职业能力。

3. 资源立体，方便教学

本书配有免费的立体化教学资源包（下载地址：www.abook.cn），收录了 PPT 课件、视频、动画等相关素材，便于教学。

本书的建议学时数为 74 学时，各项目参考学时如下：

项目	名称	参考学时
1	电压与电流的测量	8
2	MF47 型万用表的安装	10
3	FDZ-5 型电磁阀的维护	8
4	照明电路的安装	10
5	三相电动机直接起动控制线路的安装	10
6	CA6140 车床控制线路的安装	8
7	直流稳压电源的制作	8
8	三人表决器的制作	8
9	音乐门铃的制作*	4
合计		74

本书由湖北工程职业学院组织并联合行业、企业专家和课程开发专家编写，由李新生担任主编，邵德明、徐淼、张康隆担任副主编，陈少斌担任主审。其他参与编写的还有廖广益、崔静、黄传丽和朱青田等。

在本书编写过程中，编者得到了众多专家、同行的帮助，参考了有关作者的教材和资料，在此一并表示衷心的感谢！

由于编者学识和水平有限，加上编写时间较为仓促，书中疏漏和不妥之处在所难免，恳请广大读者批评指正，以便后续的不断改进和完善。

编　者

2017 年 8 月

目　　录

项目 1 电压与电流的测量

>>>>

◎ 学习目标

1. 了解电路的组成及其作用。
2. 掌握电路中的各基本物理量的意义、方向的判断方法及测量方法。
3. 理解电压、电位的概念及它们之间的关系。
4. 了解电动势的基本知识。

◎ 项目任务

在图 1-1 所示的电路中，开关闭合后灯泡为什么会亮？开关断开后灯泡为什么会熄灭？我们知道，灯泡的主要功能是将电能转换成光能，因此灯泡会发光必然是得到了电能（有电流流过）。那么电流是如何形成的呢？我们怎样测量电压和电流的大小呢？

本项目任务就是学习如何测量电流与电压。

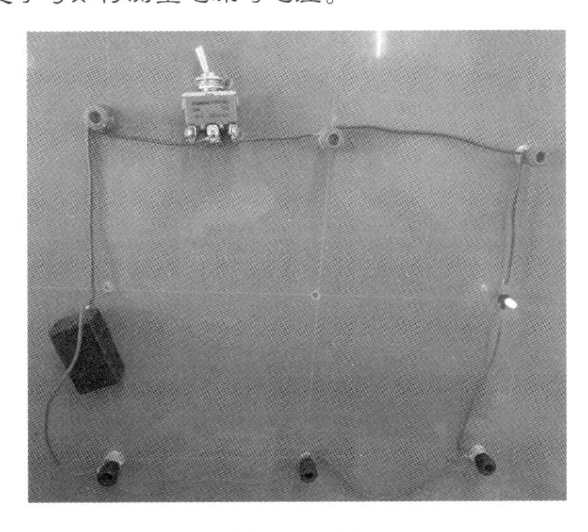

图 1-1 电路

◎ 项目分析

电流的形成和水流的形成类似，水流的产生是需要水压的，电流的产生是需要电压的。通过本项目的学习可以了解电流的形成，以及电压、电位、电动势与电阻的相关知识，会对相关物理量进行测量。

知识链接

一、电路

1. 电路的含义

如图 1-1 所示，用导线将电源、灯泡、开关连接起来，合上开关时，电路中就有电流流过，灯泡会亮起来，这种电流流经的闭合路径称为电路。

2. 电路的组成

如图 1-1 所示，一般电路是由电源、负载（用电器）、控制元件和导线组成的闭合回路，其中控制元件包括开关、熔断器、继电器等。

1）电源：把其他形式的能量转换成电能的装置称为电源，电源是为电路提供电能的设备，常见的电源有发电机、蓄电池、锂电池等，如图 1-2 所示。

（a）发电机

（b）蓄电池

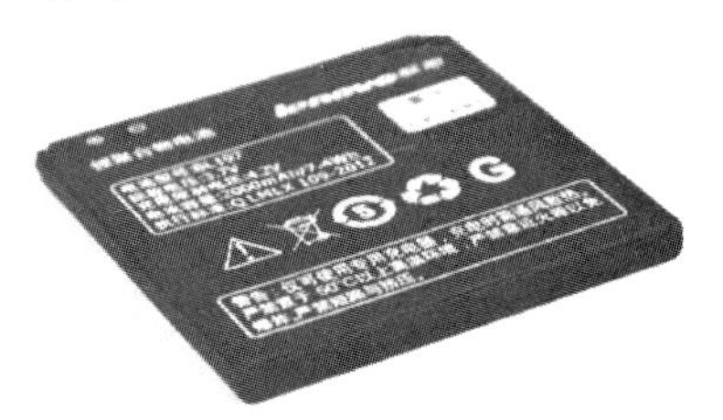

（c）锂电池

图 1-2　常见的电源

2）负载：把电能转变成其他形式能量的装置称为负载，如灯泡、电动机、电风扇等，如图 1-3 所示。

（a）灯泡

（b）电动机

（c）电风扇

图 1-3　负载

3）控制元件：对电路进行控制的电气元件称为控制元件，如开关、熔断器等。

开关如图 1-4（a）所示，其是对电路进行通或断控制的电气元件；熔断器如图 1-4（b）所示，其是对电源和负载进行保护的电气元件。

4）导线：连接电源与用电器或其他电气元件的金属线称为导线。常用的导线有铜导线、铝导线等。

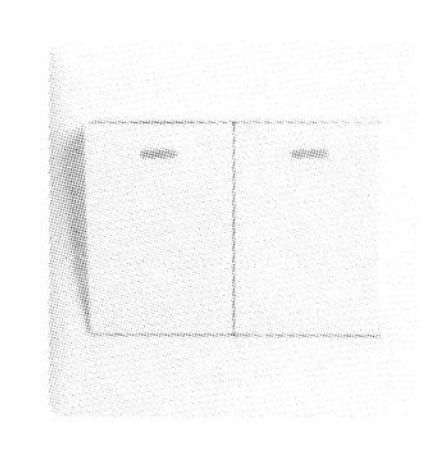

（a）开关

（b）熔断器

图 1-4　控制元件

3. 电路的作用

电路的作用包括以下两方面。

1）进行能量的转换和传输（强电）。

2）进行信号的处理和传递，以及信息的存储（弱电）。

4. 电路图

用国家规定的符号来表示电路连接情况的图称为电路图，如图 1-5 所示。表 1-1 为电路中常用的图形符号。

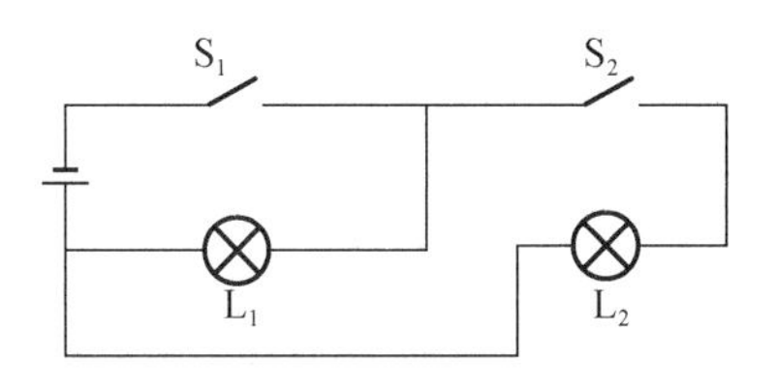

图 1-5　电路图

表 1-1　电路中常用的图形符号

名称	符号	名称	符号
电阻		电压表	V
电池		接地	或
电灯		熔断器	
开关	S	电容	
电流表	A	电感	

二、电路的基本物理量

1. 电流

（1）电流的形成

电荷的定向移动形成电流。例如，金属导体中自由电子在电场力作用下的定向移动，电解液中正、负离子在电场力作用下的移动，阴极射线管中的电子流等，都能形成电流。

（2）电流的方向

电流不仅有大小，而且有方向。习惯上规定正电荷定向移动的方向为电流的方向。在金属导体中电流的方向与自由电子定向移动的方向相反（自由电子带负电荷）；在电解液中电流的方向与正离子的移动方向相同，与负离子的移动方向相反。

【例 1-1】 在图 1-6 所示电路中，电流参考方向已选定，已知 I_1=1A，I_2=−3A，I_3=−5A，试指出电流的实际方向。

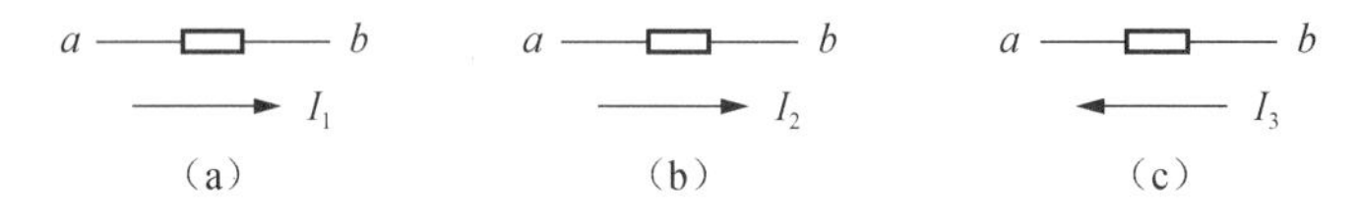

图 1-6　例 1-1 图

解： I_1 的实际方向与参考方向相同，即电流由 a 流向 b，大小为 1A；

I_2 的实际方向与参考方向相反，即电流由 b 流向 a，大小为 3A；

I_3 的实际方向与参考方向相反，即电流由 a 流向 b，大小为 5A。

（3）电流的大小

度量电流大小的物理量是电流，用符号 I 表示。电流在数值上等于单位时间内通过某导体横截面的电量，即电流的大小取决于在一定时间内通过导体横截面电荷量的多少。

如果在时间 t 内通过导体横截面的电量为 Q，则电流 $I=Q/t$ 。

电流的单位为安培（A），如果在 1 秒（s）内通过导体横截面的电量为 1 库仑（C），则导体中的电流就是 1 安培。除安培外，常用的电流单位还有千安（kA）、毫安（mA）和微安（μA），其换算关系为

$$1\text{kA}=10^3\text{A}\text{ , }1\text{A}=10^3\text{mA}=10^6\mu\text{A}$$

电流的大小可以用电流表来测量。

（4）电流的分类

电流分为直流电流和交流电流两大类，主要根据电流的方向是否随时间变化来进行区分。

大小和方向都不随时间变化的电流，称为稳恒电流或直流电流，简称直流（DC）；大小和方向都随时间变化的电流，称为交变电流或交流电流，简称交流（AC）。

2. 电压、电位和电动势

（1）电压

如图 1-7 所示，电路中接入电池后，合上开关，小灯泡才会发光，说明有电流通过。电路中先后连入一节干电池和两节干电池时，可以看到小灯泡的亮度不一样。

这个实验说明要在一段电路中产生电流，必须接入电源，让负载两端存在电压。

电压又称电位差，是衡量电场力做功本领大小的物理量。将单位正电荷从 A 点移动到 B 点，所做的功称为 AB 两点的电压，用 U_{AB} 表示，电压的单位为伏特，简称伏（V）。常用的电压单位之间的换算关系如下：

$$1\text{kV}=10^3\text{V},\ 1\text{V}=10^3\text{mV}=10^6\mu\text{V}$$

电压的方向由高电位端指向低电位端。对于负载来说，规定电流流进端为电压的正端，

电流流出端为电压的负端。电压的方向由正端指向负端。

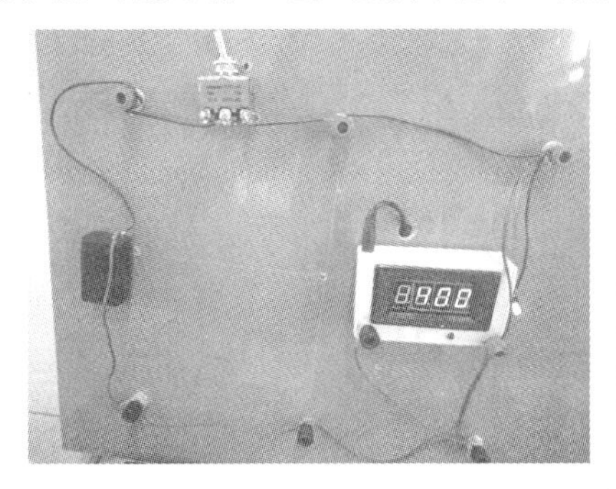
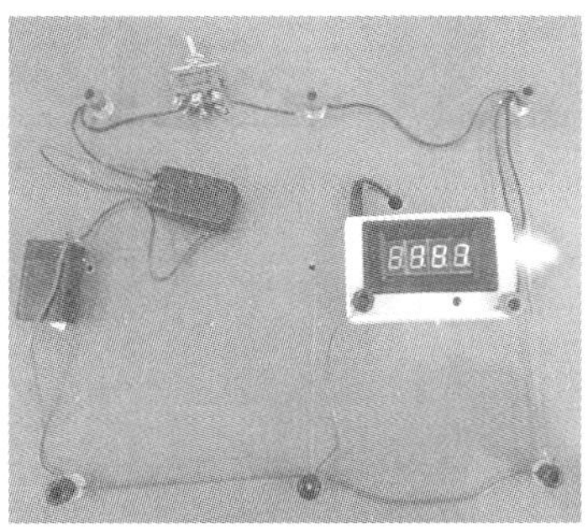

图 1-7　不同电池的电路

电压方向在电路图中的表示方法如图 1-8 所示。

(a) 用箭头表示　(b) 用极性表示　(c) 用下标表示

图 1-8　电压方向的表示

在分析电路时往往难以确定电压的实际方向，此时可先任意假定电压的参考方向，再根据计算所得的正、负来确定电压的实际方向。若计算结果为正，则电压方向与参考方向相同；若计算结果为负，则电压方向与参考方向相反。实际电路中电压的大小可以用电压表测量。

对于电阻负载来说，没有电压就没有电流，有电压就一定有电流。电阻两端的电压称为电压降。

（2）电位

通常人们在电路中选定一个参考点，规定它的电位为零。电位是指电路中某点与参考点之间的电压。电位的文字符号用带下标的字母 U 表示，如 U_A，即表示 A 点的电位。电位的单位也是伏特。

多数情况下选大地为参考点，即视大地电位为零，用符号"⏚"表示。在电子仪器和设备中又把金属外壳或电路的公共接点的电位规定为零电位，用符号"⊥"表示，高于参考点的电位为正，低于参考点的电位为负。

电路中任意两点（如 A 和 B 两点）之间的电压等于这两点电位之差，即 $U_{AB}=U_A-U_B$。

电位具有相对性，即电路中的电位值随参考点位置的改变而改变；电压具有绝对性，即任意两点之间的电位差值与电路中参考点的位置选取无关。

【例 1-2】 已知 U_A=10V，U_B=−10V，U_C=5V，求 U_{AB} 和 U_{BC}。

解：

$$U_{AB}=U_A-U_B=10-(-10)=20(\text{V})$$
$$U_{BC}=U_B-U_C=(-10)-5=-15(\text{V})$$

【例 1-3】 在图 1-9 所示电路中，已知 E_1=24V，E_2=12V，电源内阻可忽略不计，R_1=3Ω，R_2=4Ω，R_3=5Ω，分别选 D 点和 E 点为参考点，试求 A、B、D、E 这 4 点的电位及 U_{AB} 和

U_{ED}的值。（提示：$I=\dfrac{U}{R}$）

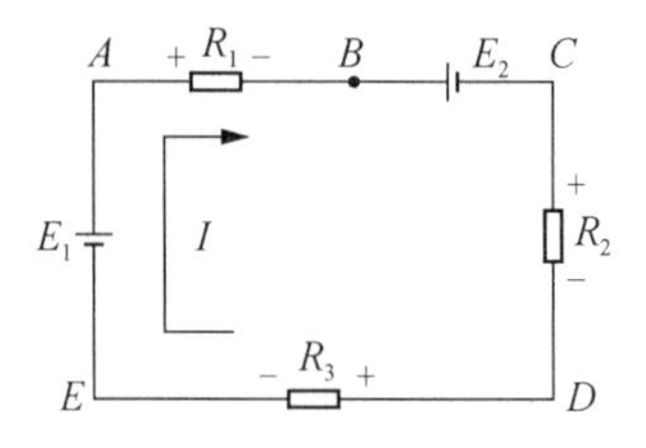

图 1-9　例 1-3 图

解：选 D 点为参考点，回路中电流方向及各电阻两端电压正负极性如图 1-9 所示，则电流大小为

$$I=\frac{E_1-E_2}{R_1+R_2+R_3}=\frac{24-12}{3+4+5}=1(\mathrm{A})$$

所以：

$$U_A=IR_1+E_2+IR_2=3+12+4=19(\mathrm{V})$$

或

$$U_A=E_1-IR_3=24\ \ 5=19(\mathrm{V})$$

$$U_B=E_2+IR_2=12+4=16(\mathrm{V})$$

或

$$U_B=-IR_1+E_1-IR_3=-3+24-5=16(\mathrm{V})$$

$$U_E=-E_1+IR_1+E_2+IR_2=-24+3+12+4=-5(\mathrm{V})$$

或

$$U_E=-IR_3=-5(\mathrm{V})$$

$$U_D=0$$

$$U_{AB}=U_A-U_B=19-16=3(\mathrm{V})$$

$$U_{ED}=U_E-U_D=-5-0=-5(\mathrm{V})$$

改选 E 点为参考点，则通过计算可得 U_A=24V，U_B=21V，U_D=5V，U_E=0，仍可得 U_{AB}=3V，U_{ED}=−5V。计算结果如表 1-2 所示。

表 1-2　计算结果　　（单位：V）

参考点	U_A	U_B	U_D	U_E	U_{AB}	U_{ED}
D	19	16	0	−5	3	−5
E	24	21	5	0	3	−5

由例 1-3 可以看出：

1）在参考点确定以后，电位的大小与所选择的路径无关。

2）若改变参考点，则各点电位也随之改变。但不管参考点如何变化，两点间的电压（电位差）是不变的。

（3）电动势

电路中接入电源后，在电场力的作用下，正电荷只能从高电位处移向低电位处，负电荷只能从低电位处移向高电位处，形成电流。然而，为了维持电路中的持续电流，电源内部必须使正电荷从低电位处移向高电位处，或者把负电荷从高电位处移向低电位处，保持电路两端的电位差。电源的这种移动电荷的能力用电动势来表示，符号为 E，单位为伏特。

电动势的方向规定如下：在电源内部由负极指向正极。图 1-10 为直流电动势的两种图形符号。

对于一个电源来说，既有电动势，又有端电压。电动势只存在于电源内部；而端电压则是电源加在外电路两端的电压，其方向由正极指向负极。一般情况下，电源的端电压总是低于电源的电动势，只有当电源开路时，电源的端电压才与电源的电动势相等。

3. 电阻

在图 1-11 中，把相同长度的镍丝、铜丝和铁丝分别接入电路，闭合开关，小灯泡的亮度会不一样。

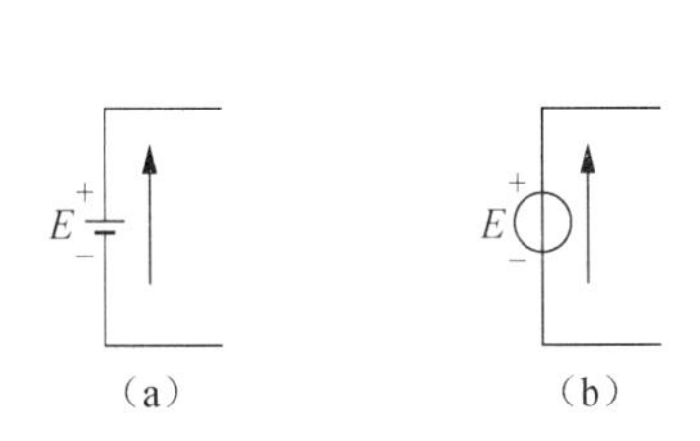

图 1-10　直流电动势的图形符号

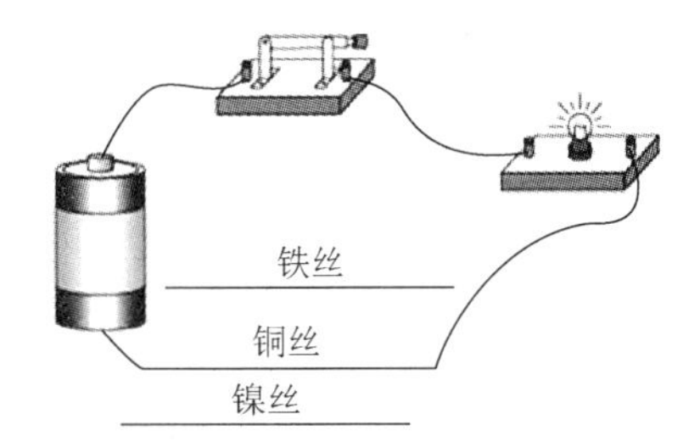

图 1-11　电阻连接

由上述实验可知，不同的导体接入相同的电路时，电路中的电流大小不一样，可见不同导体对电流的导通能力不一样，也可以说不同导体对电流的阻碍作用不一样。

在相同的电压下，通过导体的电流越大，表明该导体对电流的阻碍作用越小；通过导体的电流越小，表明该导体对电流的阻碍作用越大。

在物理学中，用电阻来表示导体对电流阻碍作用的大小。电阻的符号为 R。其单位为欧姆，简称欧（Ω）。若导体两端所加的电压为 1V，通过的电流是 1A，那么该导体的电阻就是 1Ω。常用的电阻单位有千欧（kΩ）、兆欧（MΩ），其换算关系如下：

$$1k\Omega=10^3\Omega，\ 1M\Omega=10^3k\Omega=10^6\Omega$$

电阻的大小可以通过欧姆表或万用表的欧姆挡测量。

（1）电阻率

导体的电阻是客观存在的，是导体本身的一种性质，它的大小取决于导体的材料、长度和横截面面积，可按式（1-1）计算：

$$R=\frac{\rho L}{S} \tag{1-1}$$

式中，L——导体的长度，m；

　　S——导体的横截面面积，m^2；

ρ——与材料性质有关的物理量，称为电阻率（或电阻系数）。

电阻率的定义是长度为1m、横截面面积为1m^{2}的导体在一定温度下的电阻值，其单位为Ω·m。

由式（1-1）可以知道，电阻的大小只与电阻本身的材料和形状有关，与是否通电无关；电阻的大小与材料的电阻率、导体的长度、导体的横截面面积有关。对于相同的材料，导体越长，电阻越大；导体越粗，电阻越小。

电阻率反映了物体的导电能力。人们将电阻率小，容易导电的物体称为导体；将电阻率大，不容易导电的物体称为绝缘体；导电能力介于导体和绝缘体之间的物体称为半导体；还有一种电阻几乎为零的导体，称为超导体。

（2）电阻率与温度的关系

各种导体的电阻率与温度有关系：一般来说，金属的电阻率随温度的升高而增大（220V、40W的白炽灯不通电时，灯丝电阻为100Ω；正常发光时，灯丝电阻高达1210Ω）；电解液、半导体和绝缘体的电阻率随温度升高而减小；部分合金的电阻率几乎不受温度影响。

（3）常用电阻器

利用导体的电阻可以制成各种用途不同、阻值不同、形状不同的电阻器。常见电阻器的外形和图形符号如表1-3所示。

表1-3　常见电阻器的外形和图形符号

类型	名称	外形	图形符号
固定电阻器	碳膜电阻器		R
	线绕电阻器		
	金属膜电阻器		
可变电阻器	滑动变阻器		R_P
	带开关电位器		
	微调电位器		R_P

（4）电阻器参数识别方法

电阻器的主要参数（标称值与允许偏差）标注在电阻器表面，以供识别。电阻器的参数表示方法有直标法、文字符号法、色标法3种。

1）直标法。直标法是一种常见的标注方法，多在体积较大（功率大）的电阻器上采用。它将该电阻器的标称阻值、允许偏差、型号、功率等参数直接标在电阻器表面，如图1-12所示。

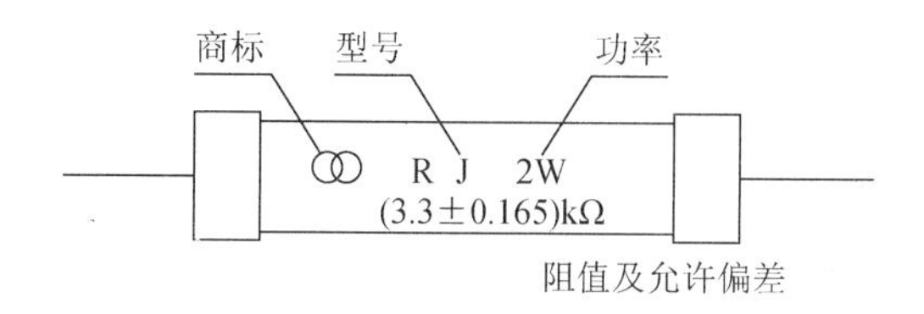

图 1-12　直标法

在 3 种表示方法中，直标法使用最为方便。

2）文字符号法。文字符号法和直标法相同，也是直接将有关参数印制在电阻器表面。在文字符号法中，将 100kΩ电阻器标注为 100K，其中 K 既作为单位，又作为小数点；允许偏差通常用字母表示。如图 1-13（a）所示，此电阻器的阻值为 100kΩ，允许偏差为±1%。图 1-13（b）为碳膜电阻，阻值为 1.8kΩ，允许偏差为±20%，其中用级别符号 II 表示允许偏差。

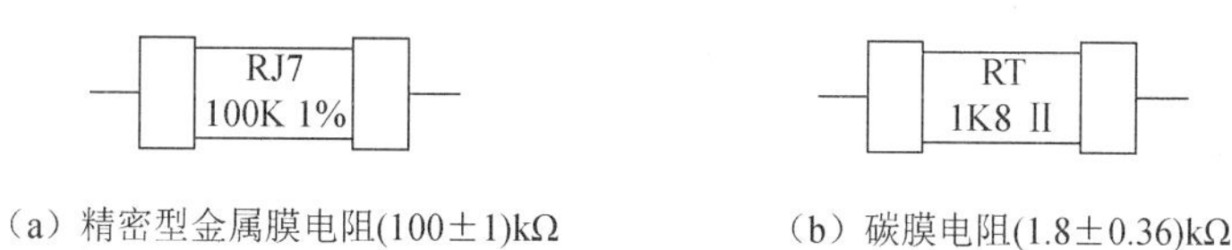

（a）精密型金属膜电阻(100±1)kΩ　（b）碳膜电阻(1.8±0.36)kΩ

图 1-13　文字符号法

3）色标法。色标法是用不同颜色表示元器件不同参数的方法。

在电阻器上，不同的颜色代表不同的标称值和允许偏差。色标法可以分为色环法和色点法。其中，最常用的是色环法，不同颜色的色环表示不同的参数，如表 1-4 所示。

表 1-4　电阻色环的识读

颜色	有效值	乘数	允许偏差
黑	0	10^0	
棕	1	10^1	±1%
红	2	10^2	±2%
橙	3	10^3	
黄	4	10^4	
绿	5	10^5	
蓝	6	10^6	
紫	7	10^7	
灰	8	10^8	
白	9	10^9	
金		10^{-1}	±5%
银		10^{-2}	±10%
无色			±20%

在色环电阻器中，根据色环环数的多少，又分为四色环表示法和五色环表示法。

图 1-14（a）是用四色环表示标称阻值和允许偏差，其中，前 3 条色环表示此电阻的标称阻值，最后一条表示它的允许偏差。

图 1-14（b）中，色环颜色依次为黄、紫、橙、金，则此电阻器标称阻值为 $47\times10^3\Omega=47k\Omega$，

允许偏差±5%。

图 1-14（c）所示电阻器的色环颜色依次为蓝、灰、金、无色（即只有 3 条色环），则电阻器标称阻值为 $68\times10^{-1}\Omega=6.8\Omega$，允许偏差为±20%。

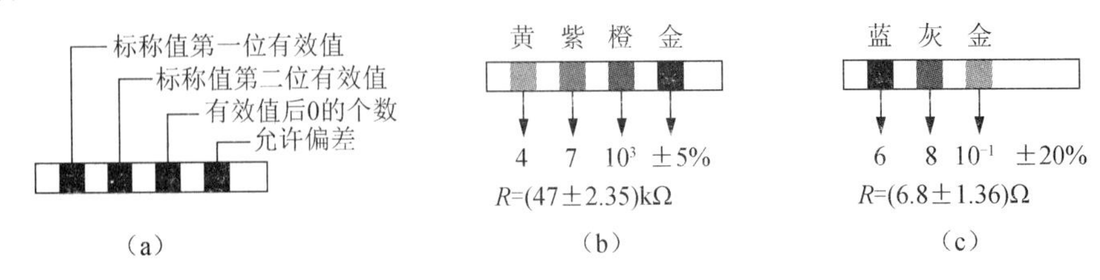

图 1-14　四色环电阻的识读

图 1-15（a）是五色环表示法，精密电阻器用 5 条色环表示标称阻值和允许偏差，通常五色环电阻的识别方法与四色环电阻一样，只是比四色环电阻多一位有效数字。

图 1-15（b）中电阻器的色环颜色依次是棕、紫、绿、银、棕，其标称阻值为 $175\times10^{-2}\Omega=1.75\Omega$，允许偏差为±1%。

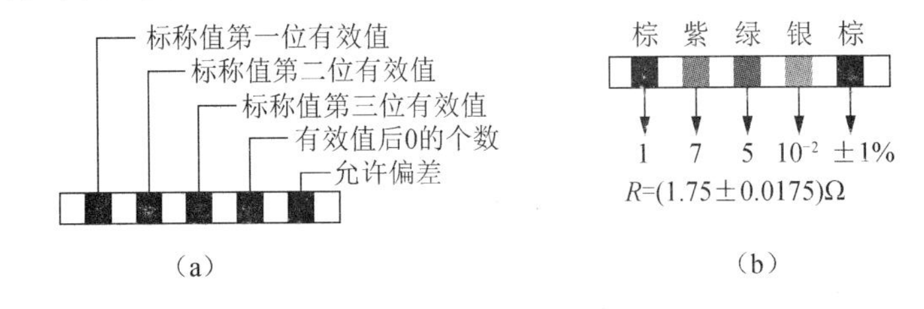

图 1-15　五色环电阻的识读

判断色环电阻第一条色环的方法如下：

对于未安装的电阻，可以用万用表测量电阻器的阻值，再根据所读阻值看色环，读出标称值；对于已装配在印制电路板上的电阻，可用以下方法进行判断：

① 四色环电阻为普通型电阻器，其只有 3 种系列，允许偏差分别为±5%、±10%、±20%，所对应的色环为金色、银色、无色。而金色、银色、无色这 3 种颜色没有有效数字，所以，金色、银色、无色作为四色环电阻器的允许偏差色环，即为最后一条色环（金色、银色除作为允许偏差色环外，也可作为乘数）。

② 五色环电阻器为精密型电阻器，一般常用棕色或红色作为偏差色环。例如，当头、尾环同为棕色或红色环时，要判断第一条色环则要通过方法③、④。

③ 第一条色环比较靠近电阻器一端引脚。

④ 表示电阻器标称值的 4 条环之间的间隔距离一般为等距离，而表示允许偏差的色环（即最后一条色环）一般与第四条色环的间隔比较大，以此判断哪一条为最后一条色环，如图 1-16 所示。

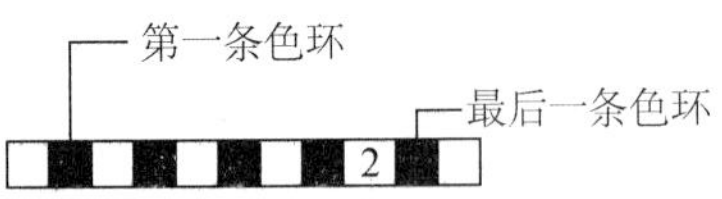

第一条色环
最后一条色环
2

图 1-16　色环顺序判断

识别色环电阻器时的注意事项：

① 色环表中的标称值单位为Ω。

② 当允许偏差为±20%时，表示允许偏差的这条色环为电阻器本色，此时，4 条色环

的电阻器便只有 3 条了，一定要注意这一点。

③ 对于一些大功率的色环电阻器，在其表面标出它的功率，图 1-16 所示色环电阻表面上的数字 2 表示其功率为 2W。

电阻的测量见知识拓展：MF47 型万用表的使用方法。

项目实施

一、电压的测量

电路中任意两点之间电压的大小可以用电压表（伏特表）进行测量，直流电压的测量如图 1-17 所示。电压测量的步骤如下：

1）检查给定元器件（表 1-5）。

表 1-5　元器件清单

序号	名称	说明	序号	名称	说明
1	实验电路板		4	电源开关	
2	电池	电压 4V	5	数字电压表	
3	小灯泡	额定电压 4V	6	导线	数量若干

2）根据图 1-17（b）连接电路。

3）为连接好的电路通电。

4）读取数字电压表的示数。

测量电压时应注意以下几点：

1）电压表必须并联在被测电路两端。

2）电压表“+”极接高电位，“-”极接低电位，不能接反，否则指针会反转，电压表可能损坏。

3）每个电压表都有一定的测量范围，称为电压表的量程。在利用电压表测量电压时应选择适当量程的电压表，量程太大，测量精度低；量程太小，电压超出显示范围，甚至会损坏电压表。

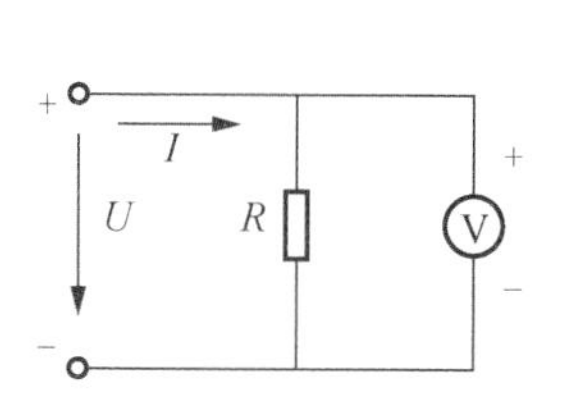

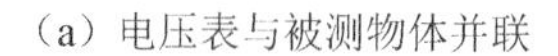
（a）电压表与被测物体并联

（b）电压测量实例

图 1-17　直流电压的测量

二、电流的测量

电流的大小使用电流表进行测量，直流电流用直流电流表测量，电流表应串联在电路中，如图 1-18 所示。电流的测量步骤如下：

1）检查给定元器件（所需的测量仪器为数字电流表，其余元器件与测量电压所需的元器件相同）。

2）根据图 1-18（b）连接电路。

3）为连接好的电路通电。

4）读取数字电流表的示数。

测量电流时应注意以下几点：

1）电流表应串联到被测量的电路中。

2）电流表表壳接线柱上标明“+”“-”记号，接线时应和电路的极性一致，不能接错，否则指针反转，影响正常测量，也容易损坏电流表。

3）每个电流表都有一定的测量范围，称为电流表的量程。若使用指针式电流表测量电流，则测量时为保证测量精度应使电流表指针的偏转超过其量程的一半。

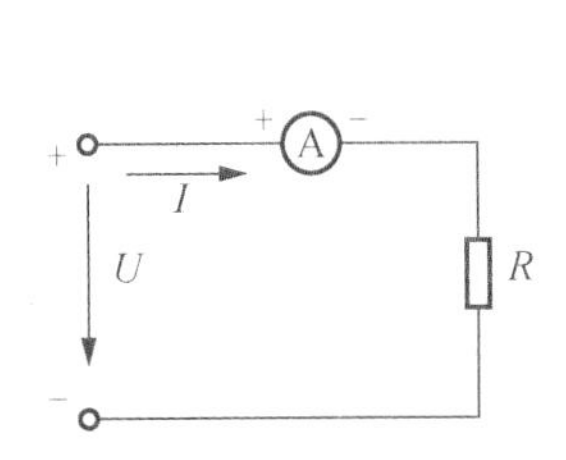

（a）电流表串接在被测电路

（b）电流测量实例

图 1-18　直流电流的测量

项目考核

本项目电压测量参考图 1-17，电流测量参考图 1-18，可参照表 1-6 进行考核。

表 1-6　项目评价表

评价内容	配分	评分标准	扣分	
元器件检查	10	元器件漏检或错检，每只扣 2 分		
连线	30	（1）不按电路图接线扣 10 分； （2）接点松动，每个接点扣 5 分； （3）电压（电流）表反接扣 15 分		
通电	20	（1）第一次通电不成功扣 10 分； （2）第二次通电不成功扣 10 分		
测量	40	（1）量程选择不合理扣 20 分； （2）读数不正确扣 20 分		
额定时间 30min	每超过 5min 扣 5 分（从总得分中扣除）			
备注	除额定时间外，各项目扣分不得超过该项配分		成绩	

思考与练习

1. 已知 A、B 两点的电位，问如何求这两点的电压？

2. 有一条长 300m 的铜导线，其截面面积是 12.75mm^2。求此导线的电阻值。通过这根导线中的电流为多少？（注：铜在 20℃时电阻率为 $1.7\times10^{-8}\Omega\cdot m$。）

3. 电压表应该怎样连接？

4. 电流表应该怎样连接？

5. 电阻可以用什么仪器测量？

知识拓展

一、特殊电阻器

根据电阻受其他条件影响的特性，人们制造了特殊电阻器，如热敏电阻器、光敏电阻器和压敏电阻器等，如图 1-19 所示。

（a）热敏电阻器

（b）光敏电阻器

（c）压敏电阻器

图 1-19　特殊电阻器

1）热敏电阻器是一种对温度反应较敏感，阻值会随温度的升高而发生较大变化的非线性电阻器，广泛用于需要定点测温的自动控制电路。

2）光敏电阻器又称光导管，无光照时，光敏电阻器的阻值很大，电路中电流很小。当光敏电阻器受到一定波长范围的光照时，它的阻值急剧减小，电路中的电流迅速增大。它主要用于各种光电控制系统，如光电自动开关门、自动给水和自动停水装置、机械上的自动保护装置和位置检测器、极薄零件的厚度检测器、照相机自动曝光装置、光电计数器、光电跟踪系统，以及航标灯、路灯和其他照明系统的自动亮灭等方面。

3）压敏电阻器是一种具有瞬态电压抑制功能的元器件，使用时只需将压敏电阻器并联在被保护的电路上，当电压瞬间高于某一数值时，压敏电阻器的阻值迅速下降，导通大电流，从而保护集成电路芯片或电气设备；当电压低于压敏电阻器工作电压值时，压敏电阻器阻值极高，近乎开路，因而不会影响元器件或电气设备的正常工作。

二、超导体

1911 年，荷兰莱顿大学的卡茂林 • 昂尼斯意外地发现，将汞冷却到−268.98℃时，汞的电阻突然消失。后来他又发现许多金属和合金都具有与汞相似的低温下失去电阻的特性，卡茂林·昂尼斯称这种特殊的导电性能为超导态。卡茂林·昂尼斯由于这一发现而获得了1913年诺贝尔物理学奖。

这一发现引起了世界范围内的轰动。之后，人们将处于超导状态的导体称为超导体，将超导体的直流电阻在一定的低温下突然消失的现象，称为零电阻效应。超导体没有了电阻，电流流经超导体时就不发生热损耗，电流可以毫无阻力地在导线中流过，从而产生超强磁场（图1-20）。

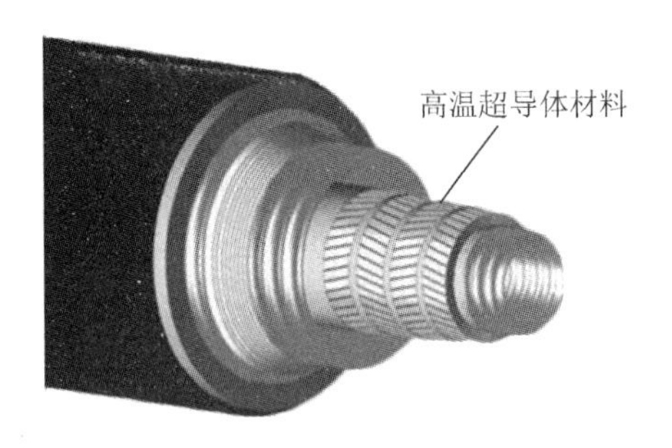

（a）超导电缆

（b）超导材料

（c）悬空不动

（d）超导磁悬浮列车

图1-20　超导体及其应用

1933年，荷兰的迈斯纳和奥森菲尔德共同发现了超导体的另一个极为重要的性质，即当金属处在超导状态时，这一超导体内的磁感应强度为零，即把原来存在于体内的磁场排挤出去。对单晶锡球进行实验发现：锡球过渡到超导状态时，锡球周围的磁场突然发生变化，磁感应线似乎一下子被排斥到超导体之外，人们把这种现象称为迈斯纳效应。

后来人们还做过这样一个实验：在一个浅平的锡盘中，放入一个体积很小但磁性很强的永久磁体，再把温度降低，使锡盘出现超导性，这时可以看到，永久磁铁竟然离开锡盘表面，慢慢地飘起，悬空不动。

迈斯纳效应有着重要的意义，其可以用来判别物质是否具有超导性。

为了使超导材料有实用性，人们开始了探索高温超导的历程，1911～1986年，超导温度由汞的4.2K提高到23.22K（热力学温度 $T=t+273.15$℃，t 为摄氏温度）。1986年1月，科学家发现钡镧铜氧化物的超导温度是30K，同年12月30日，又将这一纪录刷新为40.2K。

1987年1月超导温度升至43K，不久又升至46K和53K。1987年2月15日科学家发现了98K超导体，很快又发现了14℃下存在超导迹象，高温超导体取得了巨大突破，使超导技术走向大规模应用。

超导材料和超导技术有着广阔的应用前景。人们应用迈斯纳效应的原理制造超导磁悬浮列车和超导船，这些交通工具在无摩擦状态下运行，大大提高它们的速度且运行非常安静。超导磁悬浮列车已于20世纪70年代成功地进行了载人可行性试验，1987年，日本开始试运行，但经常出现失效现象，出现这种现象可能是由于高速行驶产生的颠簸造成的。超导船已于1992年1月27日下水试航，目前尚未进入实用化阶段。利用超导材料制造交通工具在技术上还存在一定的障碍，但它势必会引发一次交通工具革命的浪潮。

超导材料的零电阻特性可以用来输电和制造大型磁体。超高压输电会有很大的损耗，而利用超导体则可最大限度地降低损耗，但由于临界温度较高的超导体还未进入实用阶段，从而限制了超导输电的应用。随着技术的发展，以及新超导材料的不断涌现，超导输电有望在未来得以实现。

现有的高温超导体还处于必须用液态氮来冷却的状态，但其仍旧被认为是20世纪的伟大发现之一。

三、MF47型万用表的使用方法

1. MF47型万用表简介

指针式万用表种类很多，面板布置不尽相同，但其面板上都有刻度盘、机械调零螺钉、转换开关、欧姆调零旋钮和表笔插孔。图1-21是MF47型万用表的外形。

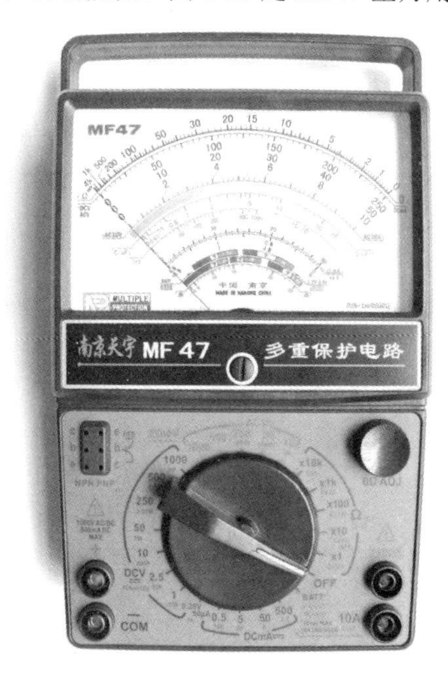

图1-21 MF47型万用表的外形

转换开关用来选择万用表所测量的项目和量程。它周围均标有“ACV～”“Ω”(或“R”)

“DCmA ⎓”“DCV”等符号，分别表示交流电压挡、欧姆挡、直流毫安挡、直流电压挡；“ACV～”“DCmA ⎓”“DCV”范围内的数值为量程，“Ω”（或“*R*”）范围内的数值为倍率。在测量交流电压、直流电流和直流电压时，应在标有相应符号的标度尺上读数。例如，当将转换开关调至Ω区的“*R*×10”挡时，测得的电阻值等于指针在刻度盘上的指示值×10。测量前如发现指针偏离刻度线左端的零点，可转动机械调零螺钉进行调整。

2. 主要技术指标

MF47 型万用表的主要技术指标如表 1-7 所示。

表 1-7　MF47 型万用表的主要技术指标

项目	量限范围/倍率	灵敏度及电压降	精度	误差表示方法
直流电流	0—0.05mA—0.5mA—5mA—50mA—500mA—5A	0.3V	2.5	以上量限的百分数计算
直流电压	0—0.25V—1V—2.5V—10V—50V—250V—500V—1000V—2500V	20000Ω/V	2.5 5	以上量限的百分数计算
交流电压	0—10V—50V—250V—500V—1000V—2500V	4000Ω/V	5	以上量限的百分数计算
电阻	*R*×1、*R*×10、*R*×100、*R*×1k、*R*×10k	*R*×1 中心刻度为 16.5Ω	2.5	以标度尺弧长的百分数计算
			10	以指示值的百分数计算
音频电平	-10dB～+22dB	0dB=1mW 600Ω		
晶体管直流放大倍数	0～300h_{FE}			
电感	20～1000H			
电容	0.001～0.3μF			

MF47 型万用表在环境温度 0～+40℃，相对湿度为 85%的情况下使用，其各项技术指标符合国家标准 GB/T 7676—1998 有关条款的规定。

3. 使用方法及注意事项

1）在使用前应检查指针是否指在机械零位上，当不指在零位时，可旋转面板上的欧姆调零旋钮使指针指示在零位上。

2）将红、黑表笔分别插入“+”“-”插孔中，当测量交、直流 2500V 或直流 5A 时，红表笔应分别插到对应的插孔中。

3）测未知量的电压或电流时，应先选择最高量程，待一次读取数值后，方可逐渐转至适当量程以取得较准确的读数并避免损坏电路。

4）测量前，应用表笔触碰被测试点，同时观看指针的偏转情况。如果指针急剧偏转并超过量程或反偏，应立即抽回表笔，查明原因，予以改正。

5）测量高压时，要站在干燥绝缘板上，并用一只手操作，防止意外事故发生。

6）测量高压或大电流时，为避免烧坏开关，应在切断电源的情况下变换量程。

7）当偶然发生因过载而烧断熔丝时，可打开表盒换上相同型号的熔丝。

8）电阻各挡用干电池应定期检查、更换，以保证测量精度。如长期不用，应取出电池，以防止电液溢出损坏其他零件。

4. 测量方法

（1）直流电流的测量

测量0.05～500mA电流时，转动转换开关至所需电流挡，红表笔接被测电路的正极，黑表笔接被测电路的负极进行测量。测量5A电流时，红表笔应插到对应的插孔中，转换开关可置于直流电流500mA量程上，而后将表笔串联于被测电路中。

注意：严禁用电流挡去测量电压。

（2）交流或直流电压的测量

测量交流10～1000V或直流0.25～1000V电压时，转动转换开关至所需电压挡，红表笔接被测电路的正极，黑表笔接被测电路的负极进行测量。测量交流或直流1000V电压时，转换开关应分别旋至交流1000V或直流1000V的位置上，红表笔应插到对应的插孔中，而后将表笔并联于被测电路两端。

注意：测量直流电压时，黑表笔应接低电位点，红表笔应接高电位点。

（3）直流电阻的测量

1）装上电池（R14型2号1.5V及6F22型9V各一只）。转动转换开关至所需测量的欧姆挡，将两表笔短接，调整欧姆调零旋钮，使指针对准欧姆挡的零位，之后分开两表笔进行测量。

2）万用表的欧姆挡分为 $R\times1$、$R\times10$、$R\times1\text{k}$ 等几挡。刻度盘上的“Ω”的刻度只有一行，其中 $R\times1$、$R\times10$、$R\times1\text{k}$ 等数值即为欧姆挡的倍率。

例如：将转换开关旋在 $R\times1\text{k}$ 位置，表笔外接一被测电阻 R_x，这时指针若指向刻度盘上的刻度线30，则 $R_x=30\times1\text{k}\Omega=30\text{k}\Omega$。

3）测量电路中的电阻时，应先切断电源。如电路中有电容，则应先行放电。严禁在带电线路上测量电阻，因为这样做实际上是把欧姆表当作电压表使用，极易烧毁电表。

4）每换一个量程，应重新调零。测量电阻时，表头指针越接近欧姆刻度盘中心读数，测量结果越准确，所以要选择适当的量程。

5）当检查电解电容器漏电电阻时，可转动开关至 $R\times1\text{k}$ 挡，红表笔必须接电容器负极，黑表笔接电容器正极。

（4）音频电平的测量

在一定的负载阻抗上，万用表用以测量放大器的增益和线路输送的损耗，测量单位以分贝（dB）表示。音频电平与功率、电压的关系式如下：

$$N\text{dB}=10\lg\frac{P_2}{P_1}=20\lg\frac{U_2}{U_1}$$

式中，N——分布值；

P_1——标准功率；

U_1——标准电压；

P_2——被测功率；

U_2——被测电压。

音频电平的刻度系数按 0dB=1mW×600Ω输送线标准设计，即

$$U_1 = \sqrt{P_1 Z} = \sqrt{0.001 \times 600} \approx 0.775\text{（V）}$$

其中 Z 为负载阻抗音频电平以交流 10V 为基准刻度，如指示值大于+22dB，可在 50V 以上各量限测量，其示值可按表 1-8 所示值修正。

表 1-8　音频电平值参照表

量限/V	按电平刻度增加值/dB	电平的测量范围/dB
10	—	−10～+22
50	14	4～36
250	28	18～50
500	34	24～56

音频电平的测量方法与交流电压的测量方法基本相似，转动转换开关至相应的交流电压挡，并使指针有较大的偏转。如被测电路中带有直流电压成分，则可在“+”插孔中串联一个 0.1μF 的隔直流电容器。

（5）电容的测量

电容的测量方法：转动转换开关至交流 10V 位置，将被测电容串联于任一表笔，而后并联于 10V 交流电压电路中进行测量。

电感的测量方法与电容的测量方法相同，这里不再赘述。

（6）晶体管直流参数的测量

1）直流放大倍数 h_{FE} 的测量：先转动转换开关至晶体管调节 ADJ 位置上，将红、黑表笔短接，调节欧姆调零旋钮，使指针对准 300h_{FE} 刻度线，然后转动转换开关到 h_{FE} 位置，将要测的晶体管管脚分别插入晶体管测试孔的 e、b、c 管孔内，指针偏转所示数值约为晶体管的直流放大倍数 β 值。NPN 型晶体管应插入 NPN 型管孔内，PNP 型晶体管应插入 PNP 型管孔内。

2）反向截止电流 I_{ceo}、I_{cbo} 的测量：I_{ceo} 为集电极与发射极间的反向截止电流（基极开路），I_{cbo} 为集电极与基极间的反向截止电流（发射极开路）。其测量方法如下：转动转换开关至 R×1k 挡将两表笔短接，调节欧姆调零旋钮，使指针对准零位（此时满刻度电流值约 90μA）。分开两表笔，将欲测的晶体管按图 1-22 所示插入管孔内，此时指针指示的数值约为晶体管的反向截止电流值，指针指示的刻度值乘以 1.2 即为实际值。

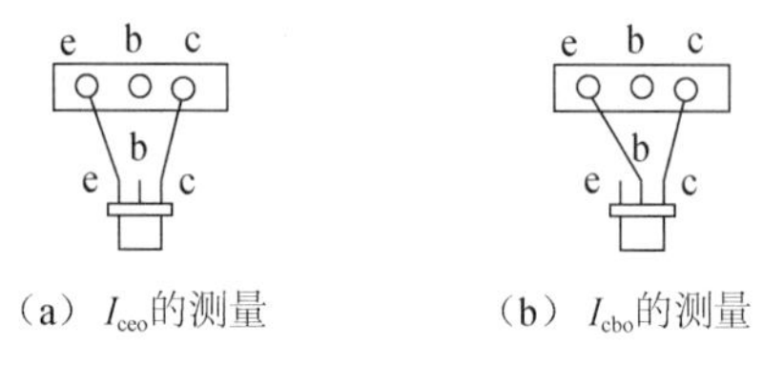

（a）I_{ceo}的测量　　（b）I_{cbo}的测量

图 1-22　反向截止电流 I_{ceo}、I_{cbo} 的测量

当 I_{ceo} 电流值大于 90μA 时，可换用 R×100 挡进行测量（此时满刻度电流值约为 900μA）。

3）晶体管管脚极性的辨别，可用 R×1k 挡进行。

① 判定基极 b。由于 b 到 c、b 到 e 分别是两个 PN 结，它的反向电阻很大，而正向电阻很小。测试时可任意取晶体管一管脚假定为基极。将红表笔接“基极”，黑表笔分别去接触另外两个管脚，如此时测得值都是低阻值，则红表笔所接触的管脚即为基极 b，并且该晶体管是 PNP 型晶体管，如用上述方法测得值均为高阻值，则该晶体管为 NPN 型晶体管。如测量时两个管脚的阻值差异很大，则可另选一个管脚为假定基极，直至满足上述条件为止。

② 判定集电极 c。对于 PNP 型晶体管，当集电极接负电压，发射极接正电压时，电流放大倍数才比较大，而 NPN 型晶体管则相反。测试时假定红表笔接集电极 c，黑表笔接发射极 e，记下其阻值，而后红、黑表笔交换测试，将测得的阻值与第一次阻值相比，若阻值变小，则红表笔接的是集电极 c，黑表笔接的是发射极 e，而且可以判断是 PNP 型晶体管（NPN 型晶体管则相反）。

注意：以上介绍的测量方法一般都只能用 R×100、R×1k 挡，如果用 R×10k 挡，则因表内有 15V 的较高电压，可能将晶体管的 PN 结击穿；若用 R×1 挡测量，则因电流过大（约 60mA），也可能损坏晶体管。

项目 2 MF47 型万用表的安装

◎ 学习目标

1. 掌握直流电路的基本组成。
2. 熟练掌握电阻串联电路和并联电路的相关计算。
3. 了解复杂直流电路中相关物理量的计算方法。
4. 掌握钎焊的基本工具与基本操作技能。

◎ 项目任务

组装 MF47 型万用表，并会用其测量电阻、电压、电流。

◎ 项目分析

MF47 型万用表采用磁电式表头（图 2–1），通过电阻串并联及开关转换主要测量电压、电流、电阻，故又称三用表，是直流电路的典型应用。本项目介绍 MF47 型万用表的表头电路、直流电流电路、直流电压电路及电阻电路的安装。

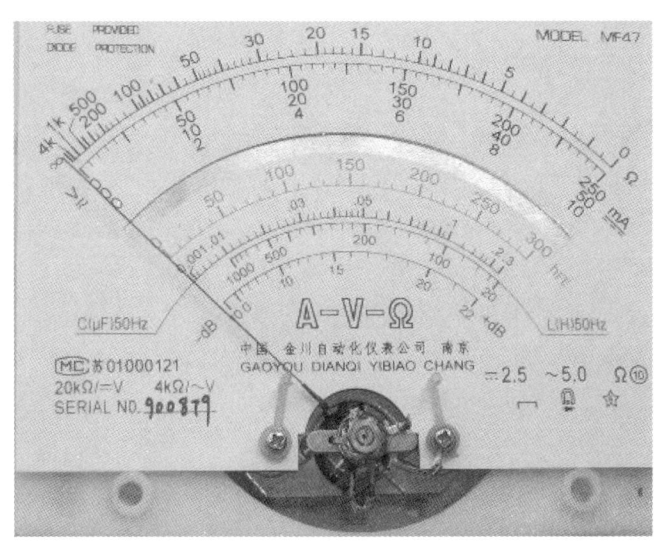

图 2-1　磁电式表头

知识链接

一、欧姆定律

1. 部分电路欧姆定律

部分电路欧姆定律的内容：在不包含电源的电路（图 2-2）中，流过导体的电流与这段导体两端的电压成正比，与导体的电阻成反比，即

$$I = \frac{U}{R} \tag{2-1}$$

式中，I——导体中的电流，单位为 A；

U——导体两端的电压，单位为 V；

R——导体的电阻，单位为Ω。

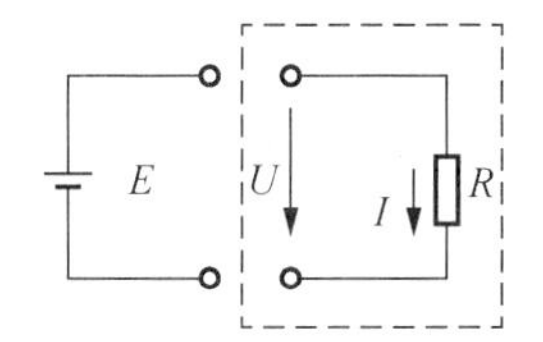

图 2-2　部分电路

欧姆定律揭示了电路中电流、电压、电阻三者之间的关系，是电路分析的基本定律之一，实际应用非常广泛。

【例 2-1】已知某 100W 的白炽灯在电压 220V 时正常发光，此时通过的电流是 0.455A，试求该灯泡的电阻。

解：

$$R = \frac{U}{I} = \frac{220}{0.455} \approx 484(\Omega)$$

【例 2-2】有一个量程为 30V（即测量范围是 0～30V）的电压表，它的内阻 r_0 为 100kΩ，用它测量电压时，允许流过的最大电流是多少？

解：根据题意，可画出电路的分析简图，如图 2-3 所示。由于电压表的内阻是一个定值，测量的电压越高，通过电压表的电流就越大。因此，当被测电压为 30V 时，该电压表中允许流过的最大电流为

$$I = \frac{U}{r_0} = \frac{30}{100} = 0.3(\text{mA})$$

2. 全电路欧姆定律

全电路是指由内电路和外电路组成的闭合电路的整体，如图 2-4 所示。图 2-4 中的虚线框代表一个电源的内部电路，称为内电路。电源内部一般都是有电阻的，这个电阻称为

内电阻，简称内阻，用符号 r 或 R_0 表示。内电阻也可以不单独画出，而在电源符号旁边注明内电阻的数值。电源外部的电路称为外电路。

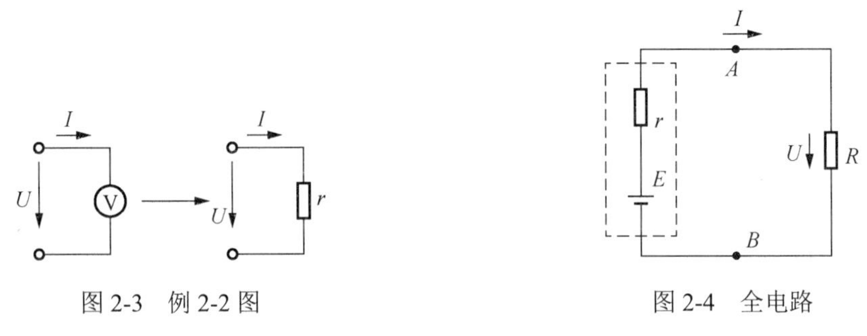

图 2-3　例 2-2 图　　图 2-4　全电路

全电路欧姆定律的内容：在全电路中电流强度与电源的电动势成正比，与整个电路的内、外电阻之和成反比。其数学表达式为

$$I = \frac{E}{R + r} \tag{2-2}$$

式中，E——电源电动势，是用以衡量电源将非电能转换成电能本领的物理量。电源电动势 E 的方向规定为在电源内部由负极指向正极，单位为 V。

R——外电路（负载）电阻，单位为 Ω。

r——内阻，单位为 Ω。

I——电路中电流，单位为 A。

由式（2-2）可得到：

$$E = IR + Ir = U_{外} + U_{内} \tag{2-3}$$

式中，$U_{内}$——电源内阻两端的电压降；

$U_{外}$——电源外电路两端的电压降（电源的端电压），也称负载两端的电压，又称电源对外电路的输出电压。

全电路欧姆定律又可表述如下：电源电动势在数值上等于闭合电路中内、外电路电压降之和，因实际电源都存在内电阻，所以 $U_{外} < E$，即 $IR < E$。

3. 电路的三种状态

（1）通路

电路呈通路状态时，电路中各部分连接成闭合回路，负载中有电流通过。如图 2-5 所示，当开关 S 接通“1”号位置时，电路处于通路状态。电路中的电流为

$$I = \frac{E}{R + r}$$

端电压与输出电流的关系为

$$U_{外} = E - U_{内} = E - Ir \tag{2-4}$$

式（2-4）表明：当电源电动势和内阻一定时，端电压随输出电流 I 的增大而减小。这种电源端电压随输出（负载）电流的变化关系，称为电源的外特性。其关系曲线称为电源的外特性曲线，如图 2-6 所示。

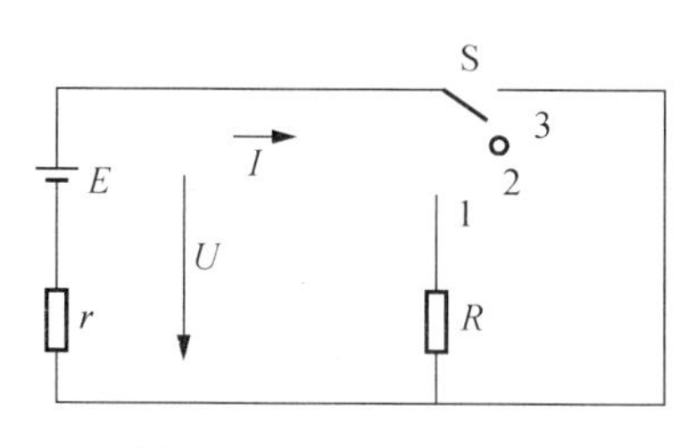

图 2-5　电路的三种状态

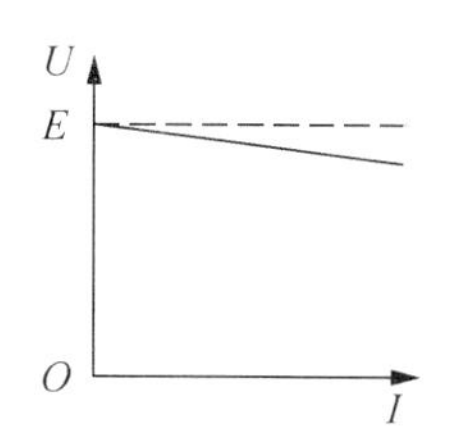

图 2-6　电源的外特性曲线

（2）开路（断路）

电路呈开路状态时，电路中无电流通过。这时负载电阻无限大。

在图 2-5 中，开关 S 接通“2”号位置或电路中某处的连接导线断线时，电路处于开路状态。由 $I = E/(R+r)$，负载电阻的阻值 R趋近于∞，电路中的电流 $I=0$，内阻压降 $U_{内}=Ir=0$，$U_{外}=E-Ir=E$，即电源开路时，电源两端的电压等于电源电动势。

（3）短路

电路呈短路状态时，负载电阻 R 趋近于零。

在图 2-5 中，开关 S 接通“3”号位置时，电源被短接，电路中短路电流 $I_{短}=E/r$。因为电源电阻一般都很小，所以 $I_{短}$ 极大，此时，电源对外输出电压 $U_{外}=E-I_{短}r=0$。

电路短路时电流极大，不仅会损坏导线、电源和其他电气设备，甚至会引起火灾，因此短路是严重的故障状态，必须避免其发生。在电路中常串联保护装置，如熔断器等，一旦电路发生短路故障，保护装置将自动切断电路，起到保护电路的作用。

电路在三种状态下各物理量的关系如表 2-1 所示。

表 2-1　电路在三种状态下各物理量的关系

电路的状态	电流	电压	电源消耗功率	负载功率
断路	$I=0$	$U=E$	$P_E=0$	$P_R=0$
通路	$I=\dfrac{E}{R+r}$	$U=E-Ir$	$P_E=EI$	$P_R=UI$
短路	$I=I_{短}=\dfrac{E}{r}$	$U=0$	$P_E=I_{短}^2 r$	$P_R=0$

注：功率的相关知识在“二、电功与电功率的相关计算”中进行介绍。

【例 2-3】如图 2-7 所示，不计电压表和电流表内阻对电路的影响，求开关在不同位置时，电压表和电流表的读数各为多少？

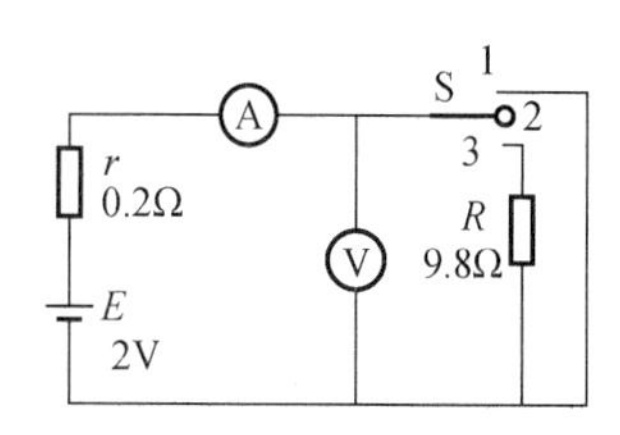

图 2-7　例 2-3 图

解：开关接“1”号位置：电路处于短路状态，电压表的读数为零；电流表中流过短路电流，即

$$I_{短}=\frac{E}{r}=\frac{2}{0.2}=10(\text{A})$$

开关接“2”号位置：电路处于断路状态，电压表的读数为电源电动势的数值，即 2V；电流表无电流流过，即

$$I_{断}=0\text{A}$$

开关接“3”号位置：电路处于通路状态，电流表的读数为

$$I = \frac{E}{R+r} = \frac{2}{9.8+0.2} = 0.2(\text{A})$$

电压表的读数为

$$U = IR = 0.2 \times 9.8 = 1.96(\text{V})$$

或

$$U = E - Ir = 2 - 0.2 \times 0.2 = 1.96(\text{V})$$

二、电功与电功率的相关计算

1. 电功与电功率

（1）电功

在负载两端接上电源，电场力使电荷移动形成电流，电场力对移动电荷所做的功，称为电流的功，简称电功，用字母 W 表示，单位为焦耳（J）。

电流做功的过程就是将电能转变成其他形式能量的过程。电流流过灯泡，将电能转换成光能、热能；电流流过电动机，将电能转换成机械能。

电功的数学表达式为

$$W = Uq = UIt \tag{2-5}$$

式中，U——加在负载上的电压，单位为 V；

I——流过负载的电流，单位为 A；

t——时间，单位为 s；

W——电功，单位为 J；

q——电荷，单位为 C。

（2）电功率

电流在单位时间内所做的功，称为电功率，简称功率，用字母 P 表示。其数学表达式为

$$P = W / t = UI \tag{2-6}$$

式(2-6)中 P 为电功率，单位为瓦特(W)。在实际工作中，电功率的单位还有千瓦(kW)、毫瓦（mW）等。它们之间的换算关系如下：

$$1\text{kW} = 10^3\,\text{W}$$

$$1\text{W} = 10^3\,\text{mW}$$

在实际工作中，电气设备用电量的常用单位是千瓦时（$\text{kW}\cdot\text{h}$），它表示功率为 1kW 的用电器在 1h 内所消耗的电能。千瓦时与焦耳的换算关系为

$$1\text{kW}\cdot\text{h} = 3.6 \times 10^6\,\text{J}$$

电能的大小可用电度表测量。

【例 2-4】某液晶电视机的功率为 50W，平均每天开机 4h，若电费为 0.61 元/$\text{kW}\cdot\text{h}$，则一年（以 365 天计算）要交纳多少电费？

解：电视机 4h 耗电量为

$$W_1 = Pt = 50 \times 4 = 200(\text{W}\cdot\text{h})$$

一年耗电量为

$$W = 365 \times 200 = 73000(\text{W}\cdot\text{h}) = 73(\text{kW}\cdot\text{h})$$

一年电费为 73×0.61=44.53(元)。

2. 电流的热效应与焦耳–楞次定律

1）当接通电源时，负载在电流的作用下产生热量。这种导体通电发热的现象，称为电流的热效应。

2）实验证明：电流通过某段导体（或用电器）时所产生的热量与电流的平方、导体的电阻及通电的时间成正比，这一定律称为焦耳–楞次定律，其数学表达式如下：

$$Q = I^2 Rt \tag{2-7}$$

式中，I——电流，单位为 A；

R——电阻，单位为 Ω；

t——时间，单位为 s；

Q——热量，单位为 J。

3）纯电阻电路中所有电能转变为热能，电功等于电热，即

$$W = Q$$

$$IUt = I^2 Rt$$

$$W = IUt = I^2 Rt = \frac{U^2 t}{R}$$

$$P = I^2 R = \frac{U^2}{R}$$

非纯电阻电路中仅有少部分电能转变热能，电功大于电热，即

$$W > Q$$

$$W > I_R U_R t$$

$$W > I_R{}^2 Rt$$

$$W > U_R{}^2 t / R$$

电流的热效应有利也有弊。利用这一现象可制成许多电器，如电灯、电炉、电烙铁、电熨斗等；但电流的热效应会使导线发热、电气设备温度升高等，若温度超过规定值，会使整个绝缘材料老化变质，从而引起导线漏电或短路，甚至烧毁设备。

3. 负载的额定值

为了保证电气元件和设备能长期安全工作，通常规定了一个最高工作温度。显然，工作温度取决于热量，而热量又由实际消耗的电功率决定。所以，通常把电气元件和设备安全工作时所允许的最大电流、最大电压和最大功率分别称为额定电流、额定电压和额定功率。一般元器件和设备的额定值都标在其明显位置，如灯泡上标有的“220V 40W”和电阻上标有的“100Ω 2W”等，都是它们的额定值。电动机的额定值通常标在其外壳的铭牌上。

一只额定电压为 220V、额定功率为 60W 的灯泡，接到 220V 电源上时，它的实际功率是 60W，正常发光；当电源电压低于 220V 时，它的实际功率小于 60W，发光暗淡；当电源电压很低时，由于灯泡的实际功率极小，因此不会发光；当电压高于 220V 时，灯泡的

实际功率就会超过 60W，甚至烧坏灯泡。这说明当实际电压等于额定电压时，实际功率才等于额定功率，电气设备才能安全可靠、经济合理地运行。

电气元件和设备在额定功率下的工作状态称为额定工作状态，也称满载；低于额定功率的工作状态称为轻载；高于额定功率的工作状态称为过载，也称超载。电气元件和设备在过载状态下运行时很容易被烧坏，一般不允许过载。预防过载的保护元器件有熔断器、热继电器等。

【例 2-5】阻值为 100Ω、额定功率为 1W 的电阻所允许加在两端的最大电压为多少？允许流过的电流又是多少？

解：由 $P=\dfrac{U^2}{R}$ 得

$$U=\sqrt{PR}=\sqrt{1\times 100}=10(\text{V})$$

又由 $P=I^2R$ 得

$$I=\sqrt{\frac{P}{R}}=\sqrt{\frac{1}{100}}=0.1(\text{A})$$

三、电阻串并联及应用

1. 电阻的串联

把两个或两个以上电阻依次首尾连接，组成一条支路，这样的连接方式称为电阻的串联。电阻串联具有以下性质：

1）电阻串联电路中流过每个电阻的电流都相等，即

$$I=I_1=I_2=\cdots=I_n \tag{2-8}$$

式（2-8）中脚标 1，2，…，n 分别代表第 1 个，第 2 个，…，第 n 个电阻（以下出现的含义相同）。

2）电阻串联电路两端的总电压等于各电阻两端的分电压之和，即

$$U=U_1+U_2+\cdots+U_n \tag{2-9}$$

3）电阻串联电路的等效电阻（即总电阻）等于各串联电阻值之和，即

$$R=R_1+R_2+\cdots+R_n \tag{2-10}$$

4）电阻串联电路总功率等于各串联电阻消耗功率之和，即

$$P=P_1+P_2+\cdots+P_n \tag{2-11}$$

推论：1）电阻串联电路各个电阻消耗的功率与它的阻值成正比，即

$$P_1:P_2:\cdots:P_n=R_1:R_2:\cdots:R_n \tag{2-12}$$

式（2-12）说明：在电阻串联电路中，电阻越大，消耗的功率越大，反之则越小。

2）在串联电路中，各电阻上分配的电压与电阻值成正比，即

$$\frac{U_1}{U_n}=\frac{R_1}{R_n} \quad 或 \quad \frac{U_n}{U_1}=\frac{R_n}{R_1} \tag{2-13}$$

式（2-13）表明：阻值越大的电阻分配到的电压越大，反之电压越小。

3）对于 n 个阻值相等（均为 r）的电阻串联，有

$$U=U_1+U_2+\cdots+U_n=nU_n,\ R=nr,\ P_1=P_2=\cdots=P_n,\ P=nP_0$$

式中，P_0——每个电阻所消耗的功率。

对于两个电阻 R_1、R_2 的串联，有

$$U_1=\frac{R_1U}{R_1+R_2},\quad U_2=\frac{R_2U}{R_1+R_2} \tag{2-14}$$

式（2-14）通常称为串联电路的分压公式，运用这一公式，可以方便地计算串联电路中各电阻的电压。

在实际工作中，电阻的串联有如下应用：

1）用几个电阻串联以获得较大的电阻，如图 2-8 所示。

2）采用几个电阻串联构成分压器，使同一电源能供给几种不同数值的电压，如图 2-9 所示。

3）当负载的额定电压低于电源电压时，可用串联电阻的方法将负载接入电源，如图 2-10 所示。

4）限制和调节电路中电流的大小。

5）扩大电压表量程（图 2-11），图 2-12 为 MF47 型万用表的直流电压测量电路，由表头和分压电阻构成直流 1～50V 挡位，250V～1kV 挡位请读者在学完本项目后自行分析。

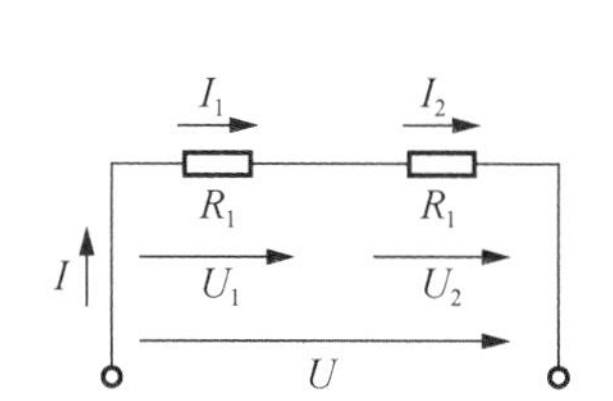

图 2-8　两个电阻串联电路

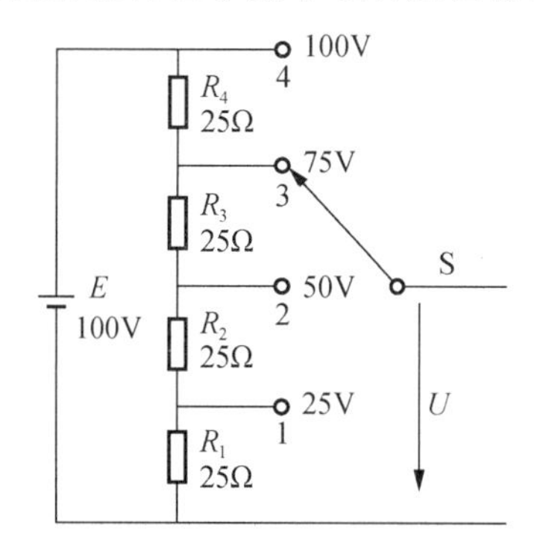

图 2-9　分压器

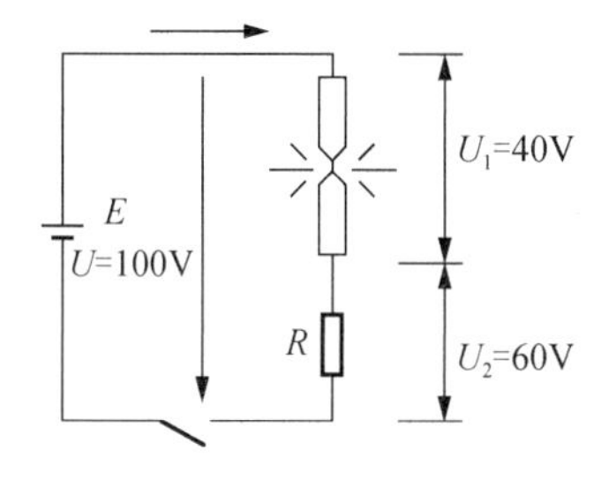

图 2-10　串联电阻限流

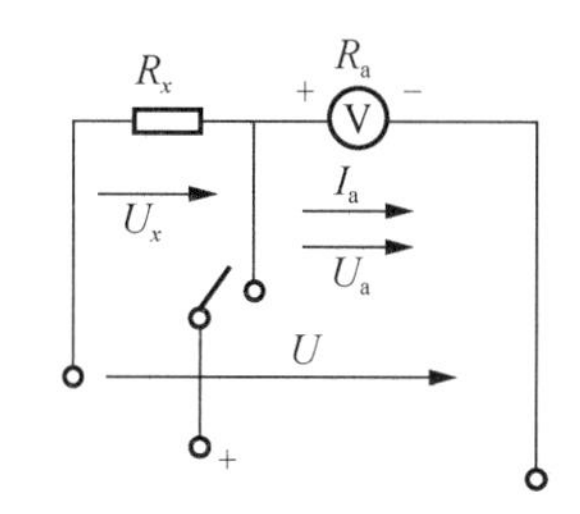

图 2-11　扩大电压表量程

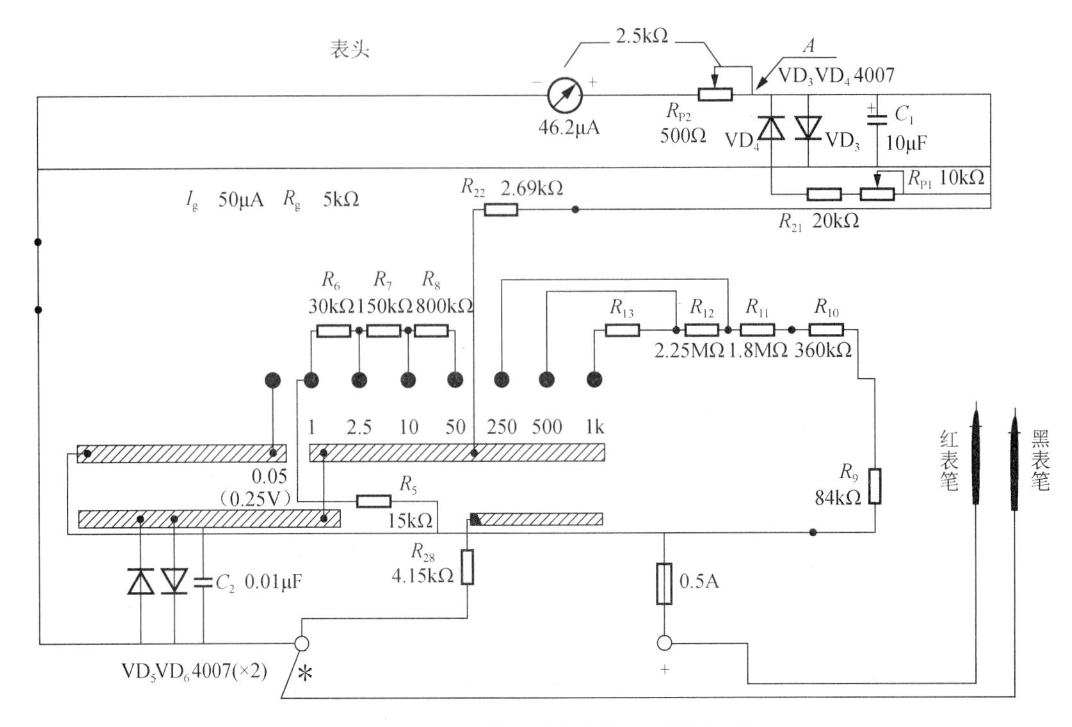

图 2-12 MF47 型万用表直流电压测量电路

【例 2-6】如图 2-10 所示，要使弧光灯正常工作，需供给 40V 的电压和 10A 的电流，现电源电压为 100V，问应串联多大阻值的电阻？（不计电阻的功率）

解：按题意，串联后的电阻应承受 100−40=60(V)的电压，才能保证弧光灯所需的工作电压。根据欧姆定律 $U=IR$，计算需串联的电阻为

$$R=\frac{U}{I}=\frac{60}{10}=6(\Omega)$$

【例 2-7】图 2-11 是一个万用表表头，它的等效内阻 $R_a=10\text{k}\Omega$，满刻度电流（即允许通过的最大电流）$I_a=50\mu\text{A}$，若改装成量程（即测量范围）为 10V 的电压表，则应串联多大的电阻？

解：按题意，当表头满刻度时，表头两端电压 U_a 为

$$U_a=I_aR_a=50\times10^{-6}\times10\times10^3=0.5(\text{V})$$

显然，用这个表头测量大于 0.5V 的电压将使表头烧坏，需要串联分压电阻，以扩大测量范围。设量程扩大到 10V 需要串入的电阻为 R_x，则有

$$R_x=\frac{U_x}{I_a}=\frac{U-U_a}{I_a}=190(\text{k}\Omega)$$

从本例可以看出：电压表的电阻很大。在一般电路计算时不考虑电压表的分流作用对计算结果的影响。

2. 电阻的并联

两个或两个以上电阻接在电路中相同的两点之间，承受同一电压，这样的连接方式称

为电阻的并联。图 2-13 是两个电阻的并联电路。

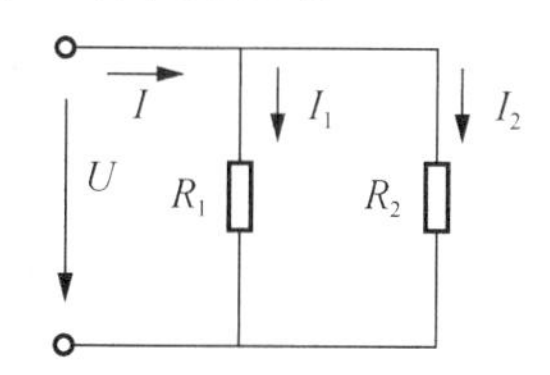

图 2-13　两个电阻的并联电路

电阻并联具有以下性质：

1）电阻并联电路中各电阻两端的电压相等，且等于电路两端的电压，即

$$U = U_1 = U_2 = \cdots = U_n \tag{2-15}$$

2）电阻并联电路的总电流等于流过各电阻的电流之和，即

$$I = I_1 + I_2 + \cdots + I_n \tag{2-16}$$

3）电阻并联电路的等效电阻（即总电阻）等于各电阻的倒数之和，即

$$\frac{1}{R} = \frac{1}{R_1} + \frac{1}{R_2} + \cdots + \frac{1}{R_n} \tag{2-17}$$

4）电阻并联电路的总功率等于各并联电阻消耗功率之和，即

$$P = P_1 + P_2 + \cdots + P_n$$

推论：1）电阻并联电路各个电阻消耗的功率与它的阻值的倒数成正比，即

$$P_1 : P_2 : \cdots : P_n = \frac{1}{R_1} : \frac{1}{R_2} : \cdots : \frac{1}{R_n} \tag{2-18}$$

式（2-18）说明：在并联电路中，电阻越大，消耗的功率越小，反之消耗的功率越大。

2）在并联电路中通过各支路的电流与支路的电阻值成反比，即

$$\frac{I_1}{I_n} = \frac{R_n}{R_1} \quad 或 \quad \frac{I_n}{I} = \frac{R}{R_n} \tag{2-19}$$

式（2-19）说明：阻值越大的电阻所分配到的电流越小，反之电流越大。

3）对于 n 个阻值相等（均为 r）的电阻并联，有

$$I = I_1 + I_2 + \cdots + I_n = n I_n,\ R = r / n,\ P_1 = P_2 = \cdots = P_n,\ P = nP_0$$

对于两个电阻 R_1、R_2 的并联，总电阻为

$$R = \frac{R_1 R_2}{R_1 + R_2}$$

各电阻中流过的电流分别为

$$I_1 = \frac{R_2 I}{R_1 + R_2},\ I_2 = \frac{R_1 I}{R_1 + R_2} \tag{2-20}$$

式（2-20）通常称为并联电路的分流公式，运用这一公式，可以方便地计算并联电路中各电阻的电流。

在实际工作中，电阻并联有如下应用：

1）凡是额定工作电压相同的负载都采用并联的工作方式。这样每个负载都是一个可独立控制的回路，任一负载的正常启动或关断都不影响其他负载的使用。例如，工厂中的电动机、电炉及各种照明灯具均并联工作。

2）获得较小的电阻。

3）扩大电流表的量程（图 2-14）。图 2-15 为 MF47 型万用表直流电流的测量电路，在表头两端并入不同的分流电阻，可以构成不同量限的电流表。MF47 型万用表可以测量 0～5A 的直流电流，按量程分为 0.05mA、0.5mA、5mA、50mA、500mA、5A 等挡位。

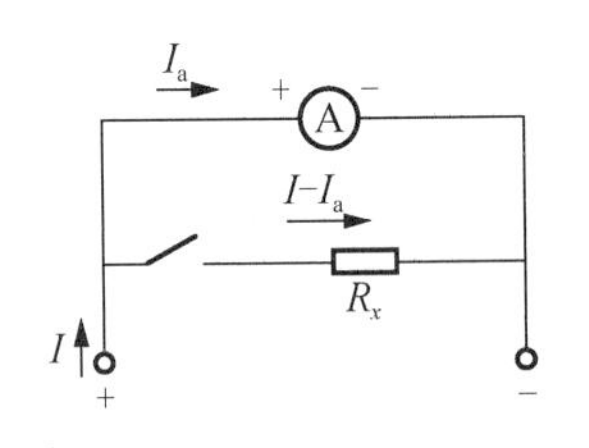

图 2-14 扩大电流表的量程

【例 2-8】在图 2-14 中，已知某微安表的内阻 $R_a = 3750\Omega$，允许流过的最大电流 $I_a = 40\mu A$。现要用此微安表制作一个量程为 500mA 的电流表，问需并联多大的分流电阻 R_x？

解：因为此微安表允许流过的最大电流为 40μA，用它测量大于 40μA 的电流会使该电流表损坏，可采用并联电阻的方法将表的量程扩大到 500mA，使流过微安表的最大电流不超过 40μA，其余电流从并联电阻中分流。

由 $U_a = I_a R_a = (I - I_a) R_x$ 得

$$R_x = \frac{I_a R_a}{I - I_a} \approx 0.3(\Omega)$$

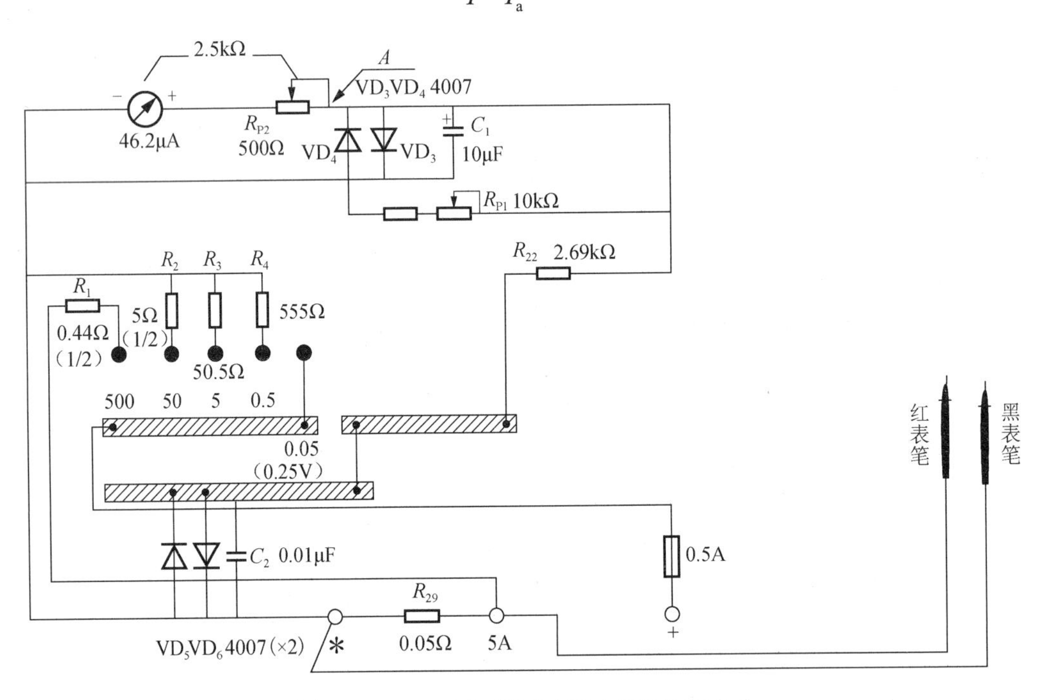

图 2-15 MF47 型万用表直流电流的测量电路

3. 电阻的混联

既有电阻串联又有电阻并联的电路称为电阻的混联电路，如图 2-16 所示。混联电路的串联部分具有串联电路的性质，并联部分具有并联电路的性质。

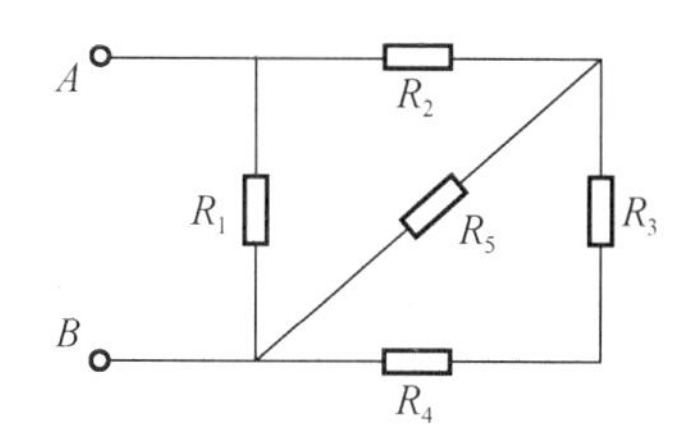

图 2-16　电阻混联电路

分析混联电路时应首先把电阻的混联电路分解为若干个串联和并联关系的电路，然后在电路中各电阻的连接点上标注不同字母，再根据电阻串、并联的关系式逐一化简、计算等效电阻并作出等效电路图。

四、基尔霍夫定律

能运用欧姆定律及电阻串、并联关系式进行化简、计算的直流电路，称为简单直流电路。在实际工作中，经常会遇到如图 2-17 所示的电路。在图 2-17（a）中，虽然电阻元器件只有 3 个，可是两个电源接在不同的一段电路上，3 个电阻之间不存在串、并联关系；同样图 2-17（b）中的 5 个电阻也不存在串、并联关系。这种不能用电阻串、并联化简的直流电路称为复杂直流电路。

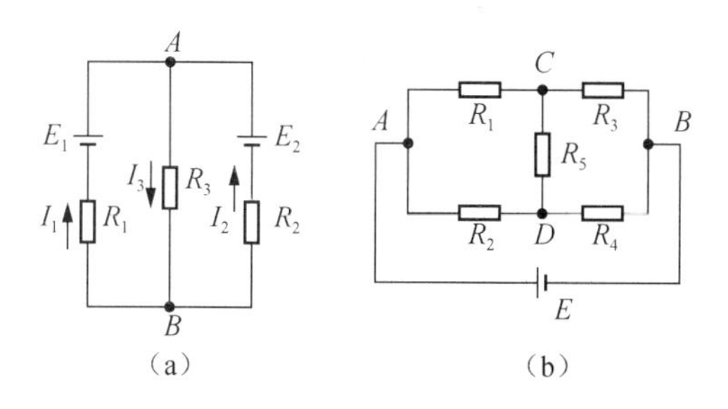

图 2-17　复杂直流电路

分析复杂直流电路主要依据电路的两条基本定律——欧姆定律和基尔霍夫定律。基尔霍夫定律既适用于直流电路，也适用于交流电路。

为了阐明该定律的含义，先介绍有关复杂电路的几个名词。

1. 支路、节点、回路

1）支路：由一个或几个元器件串联组成的分支电路称为支路。在同一支路内，流过所有元器件的电流相等。如图 2-17（a）中有 3 条支路，即 E_1、R_1 支路，R_3 支路，E_2、R_2 支路。在图 2-17（b）中有 6 条支路。其中含有电源的支路称为有源支路，不含电源的支路称为无源支路。

2）节点：3 条或 3 条以上支路所汇成的交点称为节点，如图 2-17（a）中有两个节点，即 A、B；图 2-17（b）中有 4 个节点，即 A、B、C、D。

3）回路：电路中任一闭合路径都称为回路。一个回路可能只含一条支路，也可能包含几条支路，如图 2-17（a）中有 3 个回路：A—E_1—R_1—B—R_3—A、A—R_3—B—R_2—E_2—A、

$A—E_1—R_1—B—R_2—E_2—A$。

2. 基尔霍夫定律的基本知识

1）基尔霍夫第一定律又称节点电流定律。它指出：在任一瞬间，流进某一节点的电流之和恒等于流出该节点的电流之和，即

$$\sum I_{进} = \sum I_{出} \tag{2-21}$$

例如，在图 2-17（a）中，对于节点 A 有

$$I_1 + I_2 = I_3 \tag{2-22}$$

可将式（2-22）改写成：

$$I_1 + I_2 - I_3 = 0$$

如果规定流入节点的电流为正，流出节点的电流为负，那么基尔霍夫第一定律也可这样叙述：任一时刻电路中任一节点电流的代数和恒等于零，即

$$\sum I = 0 \tag{2-23}$$

需要指出：分析复杂电路时，首先对各支路电流方向进行假设，确定一个参考方向，并用箭头标出，然后根据节点电流定律进行计算。计算结果为正值，表明该支路电流的实际方向与参考方向相同；计算结果为负值，表明该支路电流的实际方向与参考方向相反。

【例 2-9】在图 2-18 中，已知：I_1=2A，I_2=3A，I_3=2A，其方向如图中箭头所示。试求 I_4。

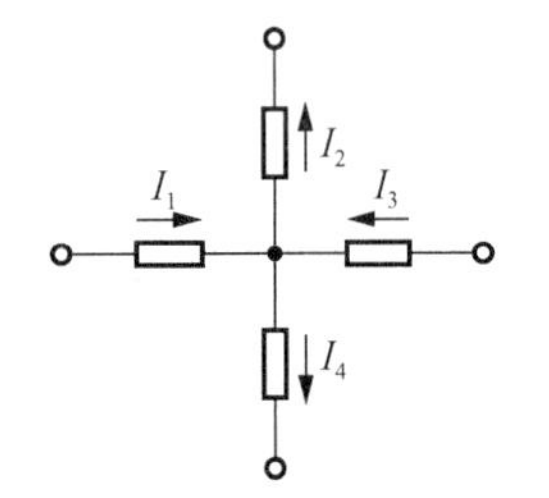

图 2-18　例 2-9 图

解：先假设 I_4 方向如图 2-19 所示从节点指向外侧。

由节点电流定律可知：

$$I_1 - I_2 + I_3 - I_4 = 0$$

由已知得

$$2 - 3 + 2 - I_4 = 0$$

解得

$$I_4 = 1\text{A}$$

其结果为正值，说明该支路电流的实际方向与先假设的方向一致，即从节点指向外侧。

2）基尔霍夫第二定律又称回路电压定律。在任一闭合回路中，从某点出发沿回路方向绕行一圈，各段电路电压降的代数之和恒等于零，如图 2-19 所示。用公式表示为

$$\sum U = 0 \tag{2-24}$$

需要指出：①电流从高电位流向低电位，电流流过电阻，电阻两端必然存在电压降，电流流入一端的电位比电流流出一端的电位要高出 IR；②电源正极的电位比电源负极的电位高出 E；③规定电位降低为正，电位升高为负。

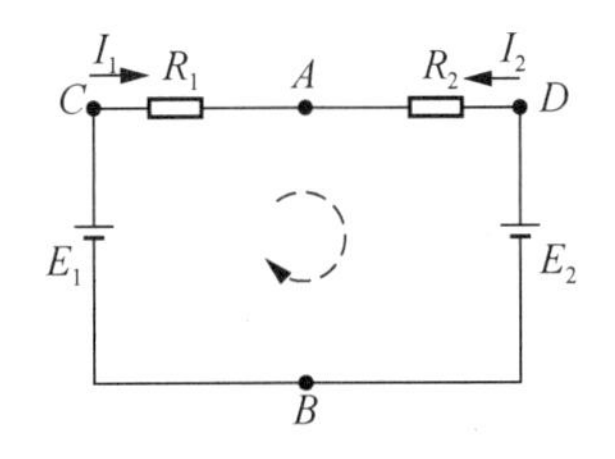

图2-19　在任一回路中各段电压降的代数和为零

在图 2-19 中，按虚线方向（$C—R_1—A—R_2—D—E_2—B—E_1—C$）循环一周，根据电压与电流的参考方向可列出：

$$U_{CA} + U_{AD} + U_{DB} + U_{BC} = 0$$

即

$$I_1R_1 - I_2R_2 + E_2 - E_1 = 0$$

基尔霍夫定律阐述了各支路电流之间和各回路中各电压之间的基本关系，无论是对简单电路，还是复杂电路，基尔霍夫定律都是普遍适用的；同样，对于交流电路也是适用的。

项目实施

一、表头电路的安装

表头电路安装的步骤如下：查找表头电路所需元器件，按表头电路图在印制电路板中插入对应元器件，按五步法焊接元器件，剪元器件引线，清理印制电路板。

1. 电路简介

表头电路如图 2-20 所示，由磁电式表头、电位器 R_{P2}、电阻 R_{22}、电容 C_1，以及保护二极管 VD_3、VD_4 组成。通过 R_{P2} 调表头内阻，电阻 R_{21}、电位器 R_{P1} 串联后并入表头两端，使表头电流扩展到 50μA，内阻为 5kΩ。

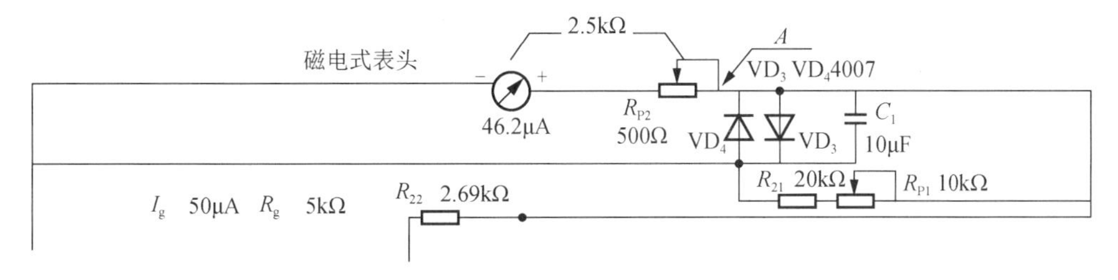

图 2-20　表头电路

2. 万用表套件

万用表套件如图 2-21 所示，电路部分主要采用印制电路板焊接。

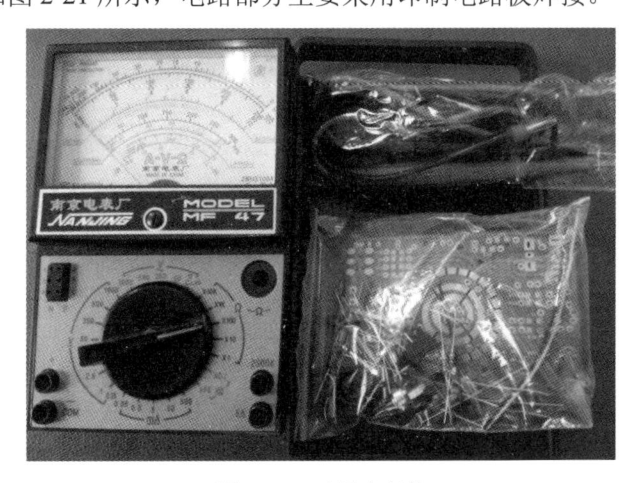

图 2-21　万用表套件

3. 常用工具及使用方法

电子产品装配和维修过程中常用工具（图 2-22）包括五金工具、焊接工具和专用设备等。五金工具主要是指用机械原理来进行电子产品安装和加工的工具。

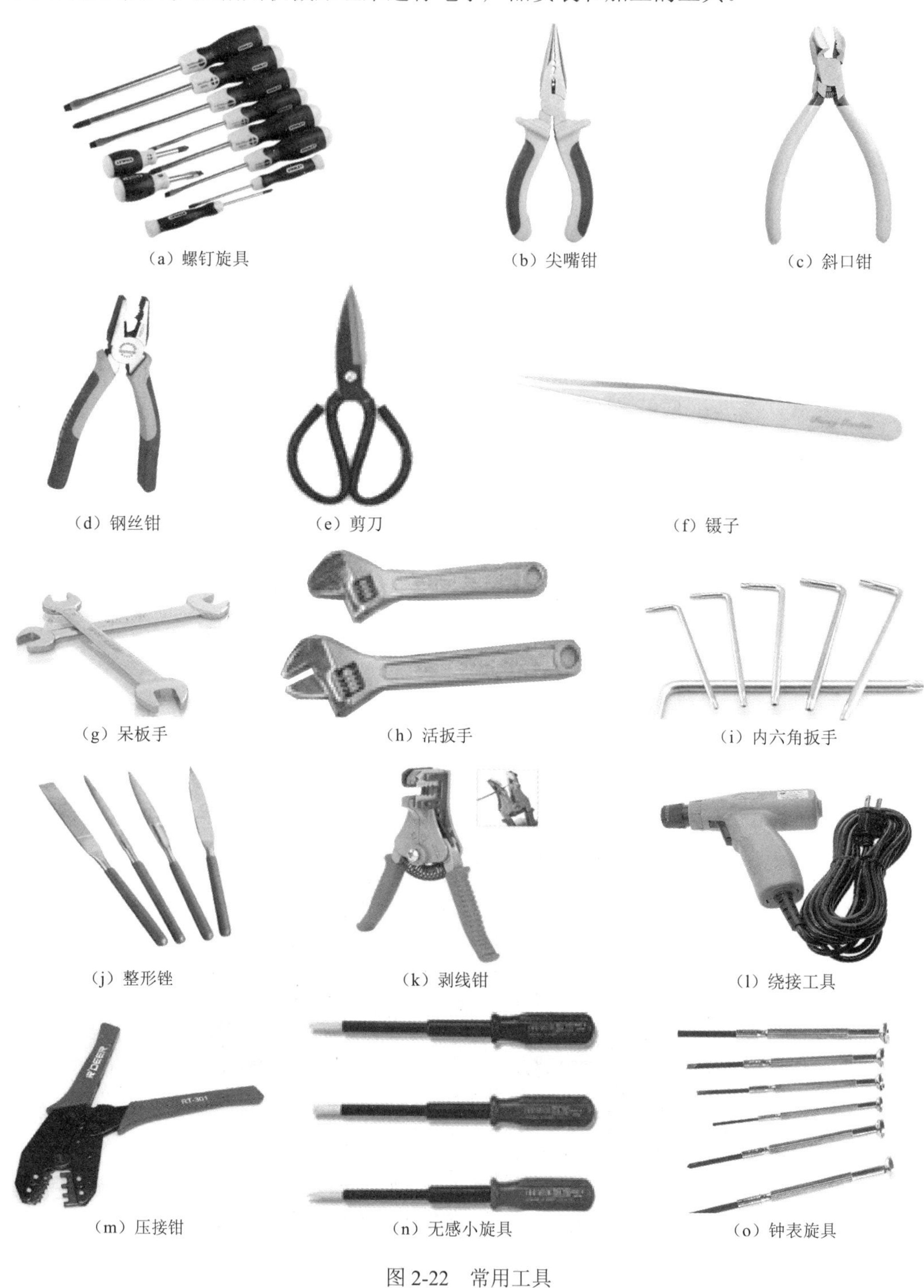

（a）螺钉旋具　（b）尖嘴钳　（c）斜口钳

（d）钢丝钳　（e）剪刀　（f）镊子

（g）呆板手　（h）活扳手　（i）内六角扳手

（j）整形锉　（k）剥线钳　（l）绕接工具

（m）压接钳　（n）无感小旋具　（o）钟表旋具

图 2-22　常用工具

（1）五金工具

常用的普通工具有螺钉旋具、尖嘴钳、斜口钳、钢丝钳、剪刀、镊子、扳手、锉刀等。常用的专用工具有剥线钳、绕接工具、压接钳、热熔胶枪、手枪式线扣钳、元器件引线成形夹具、无感小旋具（俗称无感起子）、钟表旋具等。

安装元器件时需注意：安装元器件前，需认真查看各元器件外观及标称值，通过仪器检查元器件的参数与性能；用镊子等工具弯曲元器件引线，但不得随意弯曲，以免损伤元器件；对所安装的元器件，应能方便地查看元器件表面所标注的重要参数信息；元器件在印制电路板上的分布应尽量均匀、整齐，不允许重叠排列与立体交叉排列；有安装高度要求的元器件安装要符合规定要求，同规格的元器件应尽量安装在同一高度；元器件的安装顺序应为先低后高、先轻后重、先易后难、先一般后特殊。

（2）焊接工具

焊接工具是指电气焊接用的工具，主要有电烙铁、电热风枪。

1）电烙铁。电烙铁如图 2-23 所示，用于各类无线电整机产品的手工焊接、补焊、维修及更换元器件。

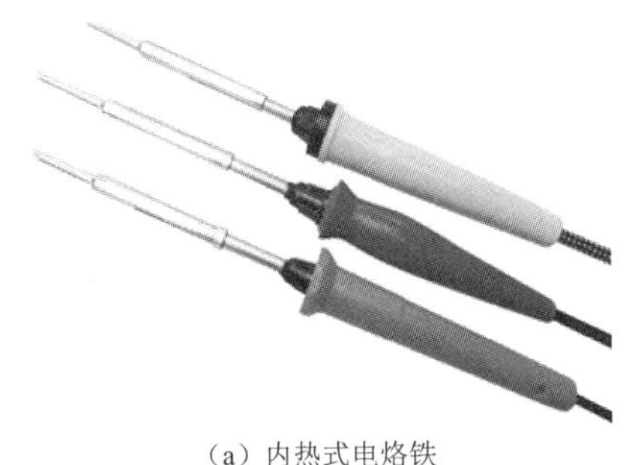

（a）内热式电烙铁

（b）外热式电烙铁

图 2-23　电烙铁

工作原理：烙铁芯内的电热丝通电后，将电能转换成热能，经烙铁头把热量传给被焊工件，对被焊接点部位的金属加热，同时熔化焊锡，完成焊接任务。

分类：根据传热方式不同，电烙铁可分为内热式电烙铁和外热式电烙铁。内热式电烙铁由烙铁芯、烙铁头、弹簧夹、连接杆、手柄、接线柱、电源线及紧固螺钉等部分组成。其热效率高（高达 85%～90%），烙铁头升温快、体积小、质量轻，但使用寿命较短（与外热式电烙铁相比）。内热式电烙铁的规格多为小功率的，常用的有 20W、25W、35W、50W 等。外热式电烙铁的组成部分与内热式电烙铁相同，但外热式电烙铁的烙铁头安装在烙铁芯里面，即产生热能的烙铁芯在烙铁头外面，故称为外热式电烙铁。外热式电烙铁的优点是使用寿命长，长时间工作时温度平稳，焊接时不易烫坏元器件，但其体积较大、升温慢。外热式电烙铁常用的规格有 25W、45W、75W、100W、200W 等。根据用途不同，电烙铁可分为恒温电烙铁、吸锡电烙铁、防静电电烙铁、自动送锡电烙铁、感应式烙铁（又称速烙铁，俗称焊枪）。

烙铁架用于搁放通电加热后的电烙铁，以免烫坏工作台或其他物品。电烙铁在电子产品装配中的应用如图 2-24 所示。

2）电热风枪。电热风枪如图 2-25 所示，由控制台和电热风吹枪等组成，其是专门用于焊装或拆卸表面贴装元器件的专用焊接工具。

工作原理：利用高温热风，加热焊锡膏和印制电路板及元器件引脚，使焊锡膏熔化，实现焊装或拆焊的目的。

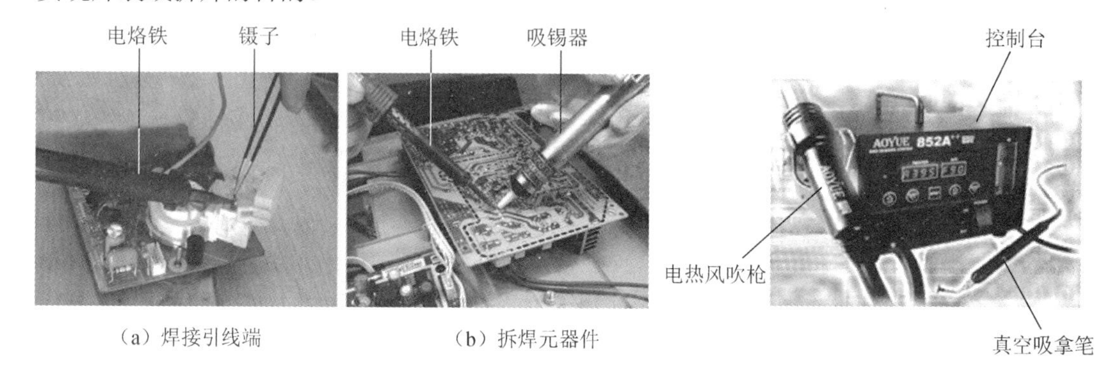

（a）焊接引线端　　（b）拆焊元器件

图 2-24　电烙铁在电子产品装配中的应用

图 2-25　电热风枪

（3）专用设备

电子整机装配专用设备包括导线切剥机、剥头机、捻线机、浸锡设备、超声波清洗机、波峰焊接机、自动插件机、自动切脚机、引线自动成形机。

4. 焊接基础

手工焊接是指利用电烙铁加热被焊金属件和锡、铅等焊料，将熔化的焊料润湿已加热的金属表面使其形成合金，焊料凝固后使被焊金属连接起来，该焊接工艺也称为锡焊。

手工焊接时一般采用五步法：①准备施焊，即准备好焊锡丝和电烙铁。此时特别强调烙铁头部要保持干净，即不可以沾上焊锡（俗称吃锡）。②加热焊件。用电烙铁接触焊接点，首先要注意保证烙铁均匀地加热焊件各部分，如印制电路板上引线和焊盘都应受热，其次要注意让烙铁头的扁平部分（较大部分）接触热容量较大的焊件，烙铁头的侧面或边缘部分接触热容量较小的焊件，以保持焊件均匀受热。③当焊件加热到能熔化焊料的温度后将焊锡丝置于焊点，此时焊料开始熔化并润湿焊点。④移开焊锡丝。当熔化一定量的焊锡丝后应将焊锡丝移开。⑤移开电烙铁。当焊锡完全润湿焊点后移开电烙铁，注意移开电烙铁的方向应约与印制电路板呈 45° 角。上述过程对于一般焊点而言只需 2～3s 即可完成。对于热容量较小的焊点，如印制电路板上的小焊盘，有时用三步法概括其操作方法，即将上述②、③合为一步，④、⑤合为一步。实际上细分时，其步骤还是五步，所以五步法具有普遍性，是掌握手工焊接的基本方法。各步骤之间停留的时间，对保证焊接质量至关重要，但这个时间只有通过实践才能逐步掌握。五步法示意图如图 2-26 所示。

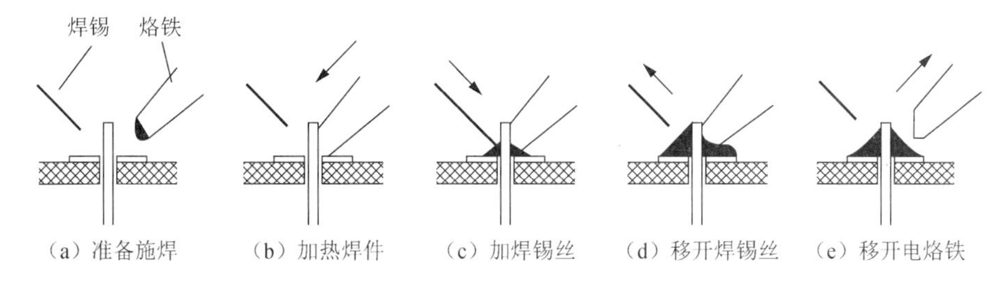

图 2-26　五步法示意图

二、直流电流测量电路及安装

MF 型万用表直流电流的测量电路如图 2-15 所示。

其表头两端分别并入 R_{29}、R_1、R_2、R_3、R_4，得到 5A、500mA、50mA、5mA、0.5mA 直流电流挡，二极管 VD_5、VD_6 及 0.5A 熔断器起保护作用。

R_{29} 为康铜丝制成的分流器，其余电阻均为金属膜电阻。

电路安装步骤：查找直流电流测量电路所需元器件，按图 2-15 所示电路在印制电路板中插入对应元器件，按五步法焊接元器件，剪元器件引线，清理印制电路板。注意表笔插孔应焊接牢固。

三、交、直流电压测量电路及安装

MF47 型万用表直流电压测量电路如图 2-12 所示，交流电压测量电路如图 2-27 所示。

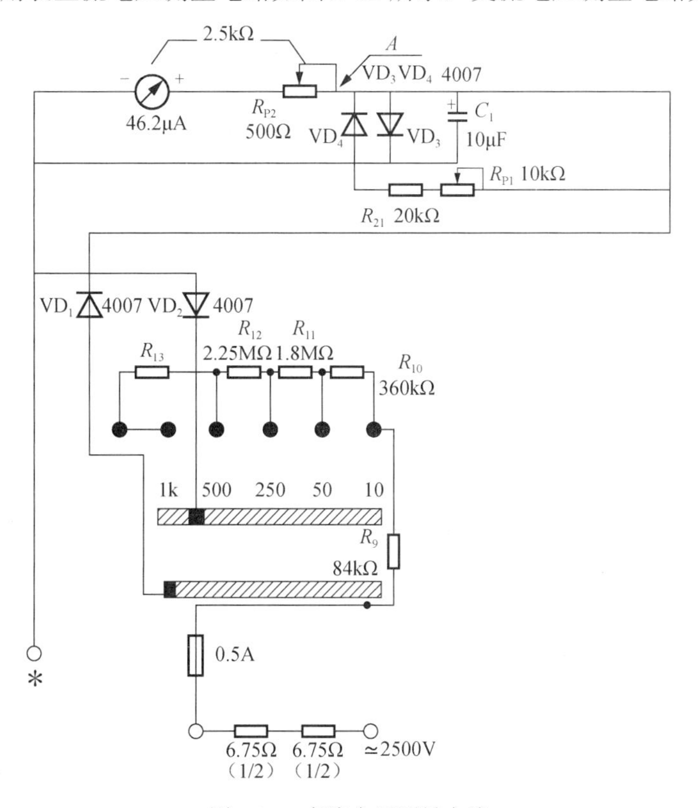

图 2-27　交流电压测量电路

直流电压测量电路由表头串联电阻构成。图 2-12 中 R_5、R_6、R_7、R_8 为分压电阻，构成 1V、2.5V、10V、50V 的电压表；250V、500V、1000V 挡表头与 R_{28} 并联，再分别串联 $R_9+R_{10}+R_{11}$、R_{12}、R_{13}。

交流电压测量电路如图 2-27 所示，被测电压经过刀开关（图 2-27 中未画出）按不同量限加入到 R_9、R_{10} 等不同的分压电阻，经二极管 VD_1、VD_2 整流为直流，由表头显示电压值，具体挡位请读者自行分析。

交、直流电压测量电路安装：查找电路所需元器件，按图 2-12 和图 2-27 在印制电路板中插入对应元器件，按五步法焊接元器件，剪元器件引线，清理印制电路板。

四、电阻测量电路及安装

电阻测量电路如图 2-28 所示。

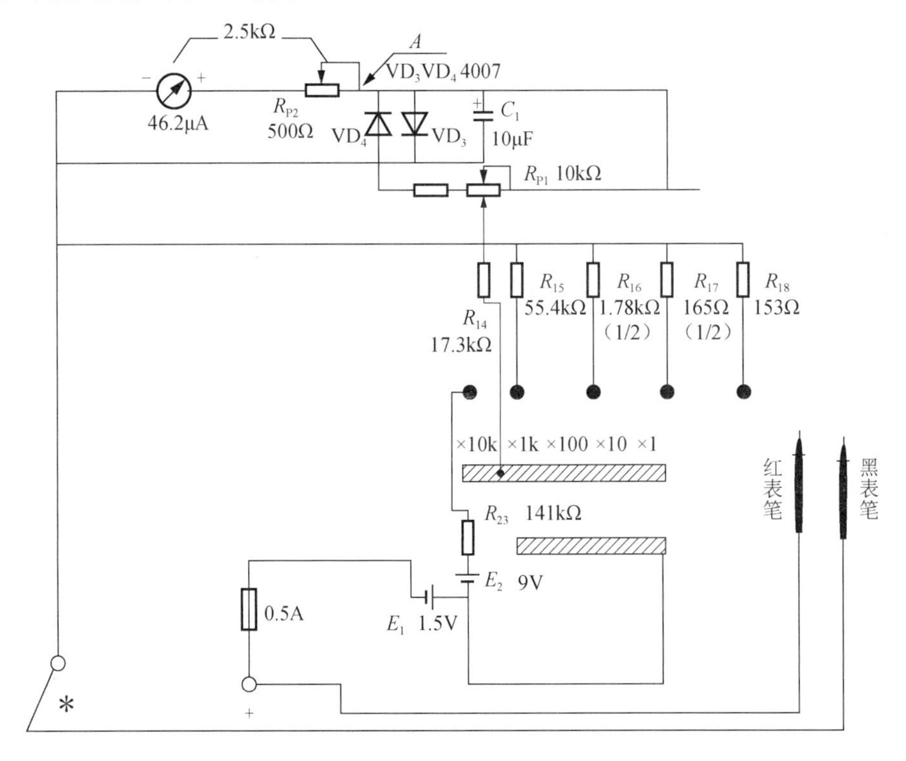

图 2-28 电阻测量电路

测量电阻时，要使用内部电池。红表笔接面板“+”插孔，与内部电池负极相连，黑表笔接面板“*”插孔，与内部电池正极相连。通过刀开关（图 2-28 中未画出）选择不同挡位，不同的电阻 R_{18}、R_{17} 等接入电路构成内电阻。以 $R\times10$ 挡为例，测量时，R_{17}、E_1、R_x 组成回路。

电阻测量电路安装：查找电路所需元器件，按图 2-28 在印制电路板中插入对应元器件，按五步法焊接元器件，剪元器件引线，清理印制电路板。

五、整机调试

整机调试步骤如下：

1）连接表头正极，数字表测量表头负极，即 A 点电阻，调节 R_{P2}，使电阻为 2.5kΩ，焊接表头负极。

2）焊接电池正负极连线。

3）安装转换开关。

4）安装印制电路板。

5）正确装入 1.5V、9V 电池。

6）校准机械零点。

7）检验各挡位，测量偏差应不超过挡位量程的 2.5%。

六、整机应用

安装好万用表后，用其测量 1.5V 电池、220V 电源的电压值，并测量未知电阻（由教师提供）的阻值。

项目考核

项目完成后，可参照表 2-2 进行考核。

表 2-2　项目考核表

评价内容	配分	评分标准		扣分
元器件检查	10	元器件漏检或错检每只扣 1 分		
焊接工艺	40	（1）漏焊元器件，每只扣 5 分； （2）焊点虚焊或桥接，每个扣 3 分； （3）焊点不规范，每个扣 1 分		
挡位检查	20	（1）挡位转换不灵活扣 10 分； （2）测试误差高于量程的 2.5%，每挡位扣 5 分		
测量电阻、电压	20	（1）测量类型选择错误扣 10 分； （2）测量挡位选择不合理扣 5 分		
安全文明生产	10	正确使用工具，服从教师指导，清洁实验场地		
额定时间 120min	每超过 5min 扣 5 分（从总得分中扣除）			
备注	除额定时间外，各项目扣分不得超过该项配分		成绩	

思考与练习

1．如图 2-29 所示，已知：E=10V，r=0.1Ω，R=9.9Ω，求开关在不同位置时的电流表和电压表的读数。

2．已知某电池的电动势 E=1.65V，在电池两端接上一个 R=5Ω的电阻，实验测得电阻中的电流 I=300mA。试计算电阻两端的电压 U 和电池内阻 r。

3．如图 2-30 所示，已知：流过 R_2 的电流 I_2=2A，R_1=1Ω，R_2=2Ω，R_3=3Ω，R_4=4Ω，试求总电流 I。

4．如图 2-31 所示，已知：E=10V，R_1=200Ω，R_2=600Ω，R_3=300Ω，求开关在三种状

态下的电压表读数。

5．如图 2-32 所示，已知：E=12V，r=1Ω，R_1=1Ω，R_2=R_3=4Ω，求开关断开和闭合时电压表的读数。

6．如图 2-33 所示，已知：R_1=400Ω，R_2=R_3=600Ω，R_4=200Ω，求 R_{AB}。

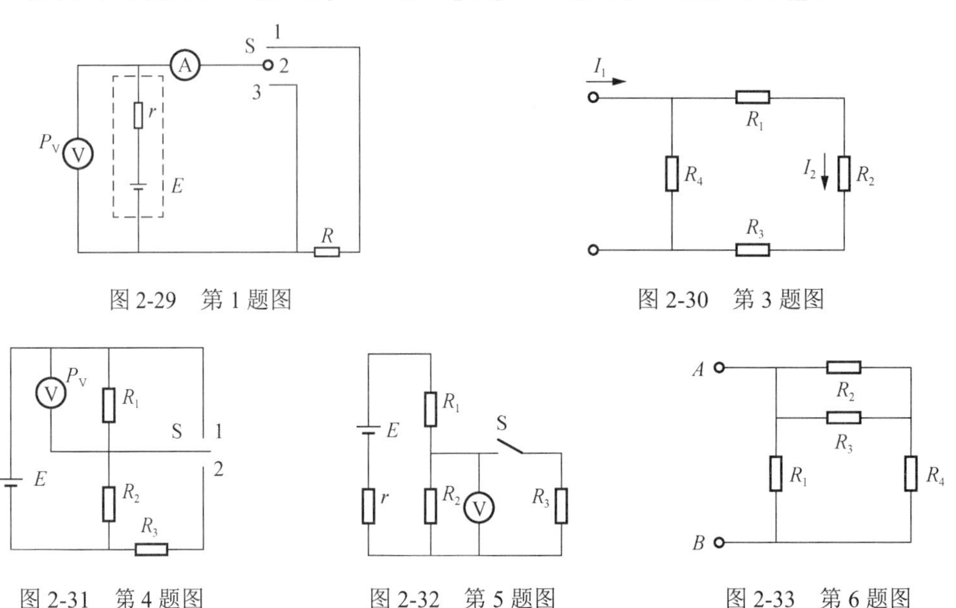

图 2-29　第 1 题图　　图 2-30　第 3 题图

图 2-31　第 4 题图　　图 2-32　第 5 题图　　图 2-33　第 6 题图

7．额定值分别为 220V、60W 和 110V、40W 的白炽灯各一只。试问：

（1）把它们串联后接到 220V 电源上哪只灯更亮？为什么？

（2）把它们并联后接到 48V 电源上哪只灯更亮？为什么？

知识拓展

数字式万用电表的种类很多，其面板设置大致相同，都有显示窗、电源开关、转换开关和表笔插孔（型号不同，插孔的作用可能有所不同）。

1. MAS830L 数字式万用表简介

MAS830L 数字式万用表是一种性能稳定、可靠性高，且具有防跌落性能的小型手持式 3 位半数字式万用表。该万用表采用字高 15mm 的液晶显示器，读数清晰。其整机电路设计以大规模集成电路双积分 A/D（模/数）转换器为核心，并配以过载保护电路，使之成为一台性能优越小巧的工具仪表。

该数字式万用表可用来测量直流电压和交流电压、直流电流、电阻、二极管、晶体管，以及进行电路通断测试。

MAS830L 数字式万用表设有背光源，方便用户在黑暗的场所读出测量显示值。图 2-34 为 MAS830L 数字式万用表的外形。

其中，BACKLIGHT 键即背光键。按 BACKLIGHT 键后，背光点亮，约 5s 后背光自动熄灭。若要再次点亮，需再按一次该键（当电池电量不足时，背光的亮度会较低）。

HOLD 键即数据保持键。在测量中按住 HOLD 键，仪表显示器上将保持测量的最后读数并且显示器上显示“H”符号；释放 HOLD 键，仪表即恢复正常测量状态。

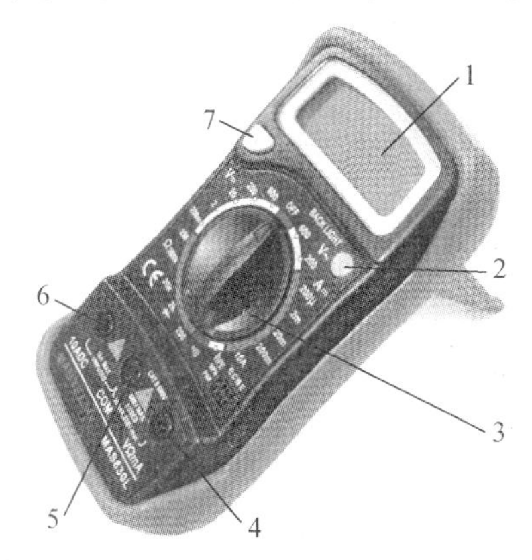

图 2-34　MAS830L 数字式万用表的外形

1—显示器；2—BACKLIGHT 键；3—转换开关；4—VΩmA 插孔；5—COM 插孔；6—10A 插孔；7—HOLD 键

2. MAS830L 的使用方法

（1）操作前注意事项

操作前的注意事项如下：

1）接通电源，先检查 9V 电池，如果电池电压不足，“[-+]”将显示在显示器上，这时则需更换电池。如果显示器上没有显示“[-+]”，则按以下步骤操作。

2）表笔插孔旁边的“⚠”符号，表示输入电压或电流应不超过指示值，这是为了保护内部线路免受损伤。

3）测试之前，转换开关应置于所需要的量限。

（2）直流电压的测量

1）将红表笔插入 VΩmA 插孔，黑表笔插入 COM 插孔。

2）将转换开关置于 V⎓ 量程范围，并将表笔连接到待测电源或负载上，电压值显示的同时将显示红表笔所接端的极性。

注意：

1）如果事先不知道被测电压范围，则应将转换开关置于最大量限，然后逐渐降低直至取得满意的量程范围。

2）如果显示器只显示“1”，则表示被测电压已超过量限，应将转换开关置于更高量限。

3）不要输入高于 600V 的电压，显示更高电压是可能的，但有损坏仪表内部线路的危险。

4）在测量高电压时，要特别注意避免触电。

（3）直流电流的测量

1）将黑表笔插入 COM 插孔，当被测电流不超过 200mA 时，红表笔插入 VΩmA 插孔。如果被测电流在 200mA 和 10A 之间，则将红表笔插入 10A 插孔。

2）将转换开关置于所需的 A⎓ 量限位置，并将测试表笔串联接入待测负载上，电流值显示的同时将显示红表笔连接的极性。

注意：

1）如果事先不知道被测电流范围，则应将转换开关置于最大量限，然后逐渐降低直至取得满意的量程范围。

2）如果显示器只显示“1”，则表示被测电流已超过量限，应将转换开关置于更高量限。

3）测试笔插孔旁边的“⚠”符号，表示最大输入电流是 200mA 或 10A 取决于所使用的插孔，过量的电流将烧坏熔丝。10A 量限无熔丝保护。

（4）交流电压的测量

1）将红表笔插入 VΩmA 插孔，黑表笔插入 COM 插孔。

2）将转换开关置于 V～量限范围，并将测试表笔连接到待测电源或负载上。

（5）电阻值的测量

1）将黑表笔插入 COM 插孔，红表笔插入 VΩmA 插孔。

2）将转换开关置于所需的Ω量限位置，将表笔并联到被测电阻两端，从显示器上读取测量结果。

注意：

1）如果被测电阻值超过所选择量限的最大值，将显示过量限“1”，此时应选择更高的量限。在测量 1MΩ以上的电阻时，可能几秒后读数才会稳定。

2）当无输入时，如开路情况，仪表显示“1”。检查在线电阻时，必须先将被测线路内所有电源关断，并将所有电容器充分放电。

（6）二极管测试

1）将黑表笔插入 COM 插孔，红表笔插入 VΩmA 插孔，此时红表笔连接内部电池的“+”极。

2）将转换开关置于 ➜⊢ 量限位置，将红表笔接到被测二极管的阳极，黑表笔接到二极管的阴极，由显示器上读取被测二极管的近似正向压降值。如果按反方向连接，应当显示“1”(代表开路或反向电阻很大)；如果二极管正反向电阻相差不大或两个方向都显示“1”，则表示二极管损坏（高压整流硅堆除外）。

注意：测量二极管时要将二极管从电路中断开。

（7）电路通断测试

将黑表笔插入 COM 插孔，红表笔插入 VΩmA 插孔。将转换开关置于 •))) 量限位置，将表笔并联到被测电路的两点。如果该两点间的电阻低于 1.5kΩ，内置蜂鸣器会发出响声，指示该两点间导通。

（8）晶体管测试

1）将转换开关置于 h_{FE} 量限位置。

2）根据被测晶体管类型将基极、发射极和集电极分别插入仪表面板上晶体管测试插座的相应孔内。

3）由显示器上读取 h_{FE} 的近似值。

使用数字万用表要注意，当仪表正在测量时，不要触及没有使用的输入端。在转换开关转换之前，应使测试表笔与被测电路处于开路状态。测量高于直流 60V 或交流 30V 的电压时，务必小心，切记手指不要超过测试表笔挡手部分。测量电视机或开关电源时，应注意电路中可能存在损坏仪表的脉冲。

项目3 FDZ-5型电磁阀的维护

◎ 学习目标

1. 掌握磁场的基本概念及表示。
2. 理解磁场对导体的作用。
3. 理解电磁感应现象、产生电磁感应的条件、感应电动势的判断和计算方法。
4. 了解自感应和互感应现象及应用。
5. 会检查与维护电磁阀。
6. 会更换电磁阀的电磁铁。

◎ 项目任务

利用维修工具对FDZ-5型电磁阀进行检查和维护。

◎ 项目分析

在供水系统中，使用电磁阀可以实现自动通断，FDZ-5型电磁阀如图3-1所示，是一种小型电磁阀，广泛应用于太阳能热水器、宿舍自动计费供水装置等设施。

本项目要求检查FDZ-5型电磁阀，并进行电磁阀的拆装。

图3-1　FDZ-5型电磁阀

知识链接

一、磁场及 FDZ-5 型电磁阀的基本知识

1. *磁体与磁极*

人们把凡是能够吸引铁、镍、钴等金属及其合金等物质的性质称为磁性。具有磁性的物体称为磁体。天然存在的磁体（俗称吸铁石）称为天然磁体。现在常见的磁体大多数是人造的磁体，有条形、蹄形和针形等几种，如图 3-2 所示。

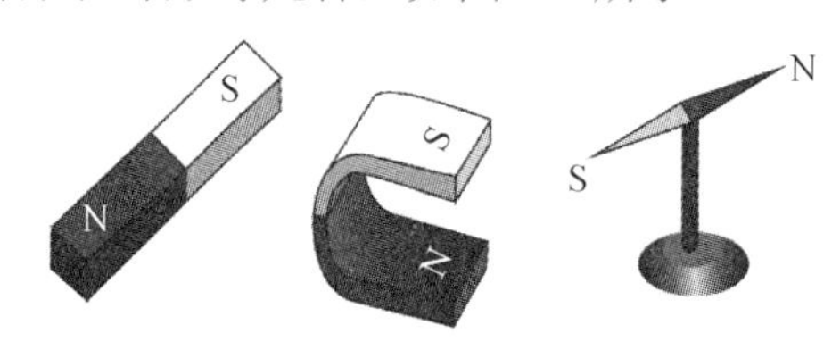

图 3-2　人造磁体

磁体两端磁性最强的区域称为磁极。实验证明，任何磁体都具有两个磁极，而且无论怎样分割磁体，它总是保持两个磁极；在水平位置放置能自由转动的小磁针，静止后总是有一个磁极指南，另一个指北；指北的磁极称为北极（N），指南的磁极称为南极（S）。

磁极间具有相互作用力，即同极性互相排斥，异极性互相吸引。磁极间的相互作用力称为磁力。指南针就是利用这种性质制作的，因为地球本身就是个大磁体，地磁场的北极在地球南极附近，地磁场的南极在地球北极附近。

2. *磁场与磁感应线*

磁体周围存在磁力作用的空间，称为磁场。互不接触的磁体之间具有的相互作用力，就是通过磁场这一特殊物质进行传递的。

磁场和电场同样具有方向。在磁场中某一点放一个能自由转动的小磁针，静止时 N 极所指的方向，规定为该点的磁场方向。

当人们在玻璃板上均匀地撒上一层细铁屑，再把一块蹄形磁铁放到玻璃板下，用力敲玻璃板，铁屑会呈一定的图案分布。根据分布情况得到：在 N 极和 S 极附近，铁屑分布密集，说明越接近磁极，磁场越强。

不同的磁铁吸引铁屑的能力不同，这是因为它们的磁场强度不同。为了说明磁场的存在，并描绘出磁场的强弱和方向，人们通常用一根根假想的磁感应线来表示，如图 3-3 所示。磁感应线具有以下特点：

1）磁感应线是互不交叉的闭合曲线，在磁体外部由 N 极指向 S 极，在磁体内部由 S 极指向 N 极。

2）磁感应线上任意一点的切线方向是该点的磁场方向，即小磁针 N 极的指向。

3）磁感应线越密，磁场越强；磁感应线越疏，磁场越弱。

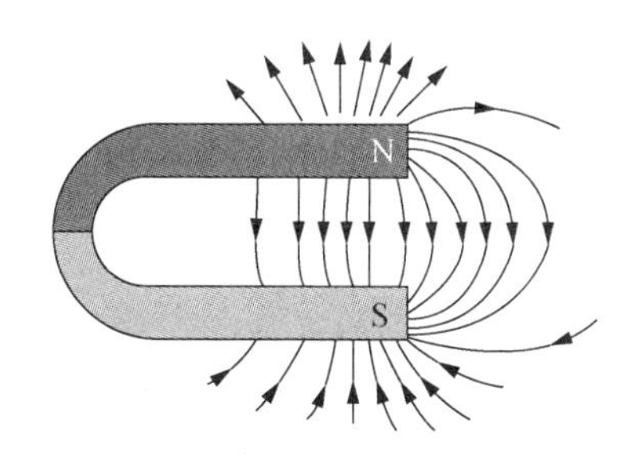

图3-3 蹄形磁铁的磁感应线

说明：磁感应线是为方便研究问题而人为引入的假想曲线，实际上并不存在。

3. 电流的磁场

当导线通入电流时，平行放在导线旁边的磁针会受到力的作用而偏转，如图3-4（a）所示。这表明通电导线的周围存在磁场，说明电与磁是有密切联系的。

如图3-4（b）所示，给导体通、断电，然后改变导体中电流的方向，观察结果，可以得到如下结论：电流的周围存在磁场，磁场的方向跟电流的方向有关。这种现象称为电流的磁效应，电流的磁效应揭示了磁现象的电本质。

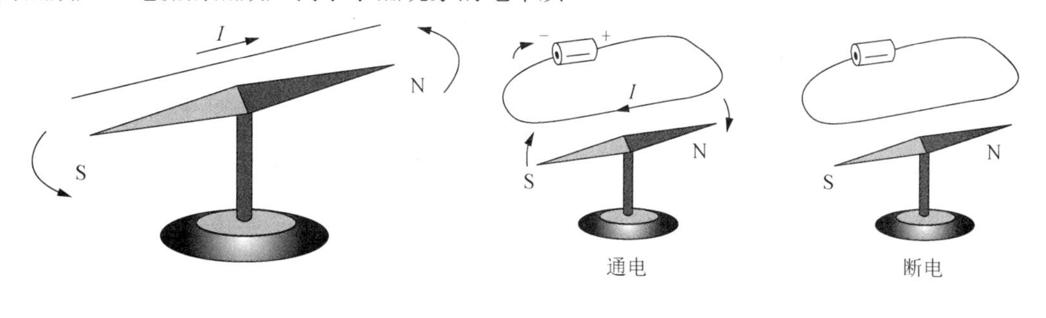

（a）电流与磁场　　（b）电流的磁效应

图3-4 电流的磁场

实验表明，不仅磁铁能产生磁场，电流也能产生磁场，电流所产生磁场的方向可用安培定则（也称右手螺旋定则）来判断。

下面介绍两类比较典型的磁场。

（1）直线电流产生的磁场

通电直导线周围磁场的磁感应线是一些以导线上各点为圆心的同心圆，这些同心圆都在与导线垂直的平面上，如图3-5（a）所示；磁感应线的方向与电流方向之间的关系可用安培定则来判断，以右手拇指的指向表示电流方向，弯曲四指的指向即为磁场方向，如图3-5（b）所示。

实验表明，改变电流的方向，各点的磁场方向都随之改变。

（2）通电线圈（环形电流）产生的磁场

实验表明，通电线圈表现出来的磁性类似条形磁铁，一端相当于N极，另一端相当于S极，如图3-6（a）所示。

通电线圈的磁感应线是一些穿过线圈横截面的闭合曲线，其方向与电流方向之间的关系也可以用安培定则来判定：如图 3-6（b）所示，用右手握住通电线圈，弯曲的四指指向线圈电流方向，则拇指所指方向就是线圈内的磁场方向。如果改变电流方向，它的 N 极、S 极随之改变。

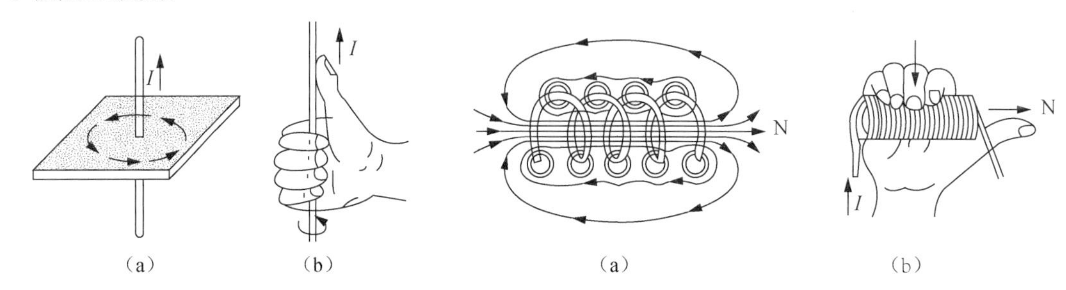

图 3-5　直线电流产生的磁场　　　　图 3-6　环形电流产生的磁场

线圈内的磁场有下列特性：

1）电流越大，通电线圈的磁性就越强。

2）当电流一定时，通电线圈的线圈匝数越多，磁性越强。

3）通电线圈内放入铁芯时，磁性会增强。

4. 描述磁场强度的物理量

（1）磁感应强度

磁感应强度的定义：在磁场中垂直于磁场方向的通电导线，所受电磁力 F 与电流 I 和导线有效长度 L 的乘积的比值即为该处的磁感应强度，用字母 B 表示，即

$$B = \frac{F}{IL} \tag{3-1}$$

磁感应强度的单位是特斯拉，简称特，用符号 T 表示，常用单位为高斯（Gs）。

$$1\text{Gs} = 10^{-4}\text{T}$$

磁感应强度是一个矢量，它的方向是该点磁场的方向。实际中，磁感应强度的大小可以用特斯拉计进行测量。

若磁场中各点的磁感应强度的大小相等、方向相同，则该磁场称为均匀磁场。在均匀磁场中，磁感应线是等距离的平行直线。以后若不加说明，均为在均匀磁场范围内讨论问题，并且用符号“⊗”和“⊙”分别表示磁感应线垂直穿进和穿出纸面的方向。

（2）磁通

磁通是描述磁场在空间某一范围内分布情况的物理量，用字母Φ表示。磁通的定义：磁通等于磁感应强度 B 和与它垂直方向的某一截面面积 S 的乘积。在均匀磁场中，因为磁感应强度 B 是常数，故磁通Φ的表达式为

$$\Phi = BS \tag{3-2}$$

磁通的单位是韦伯，简称韦（Wb）。

当面积一定时，如果通过该面积的磁感应线越多，则磁通越大，磁场越强。

由 $\Phi = BS$，可得到 $B = \Phi / S$，这表示磁感应强度等于穿过单位面积的磁通，所以磁感应强度又称磁通密度，单位为 Wb/m^2。

5. FDZ-5 电磁阀

图 3-7　FDZ-5 电磁阀用电磁铁

FDZ-5 电磁阀如图 3-1 所示，其电磁铁如图 3-7 所示，电磁线圈通电时，线圈产生磁场，静铁芯对动铁芯产生电磁吸力，利用电磁力使阀芯开启。

二、磁场对导体的作用

1. 磁场对通电直导体的作用

通电导体会受到磁场的作用力，这个作用力称为电磁力（也称安培力）。

如图 3-8 所示，在蹄形磁铁的两极中放置一根直导线并使导线与磁感应线垂直。

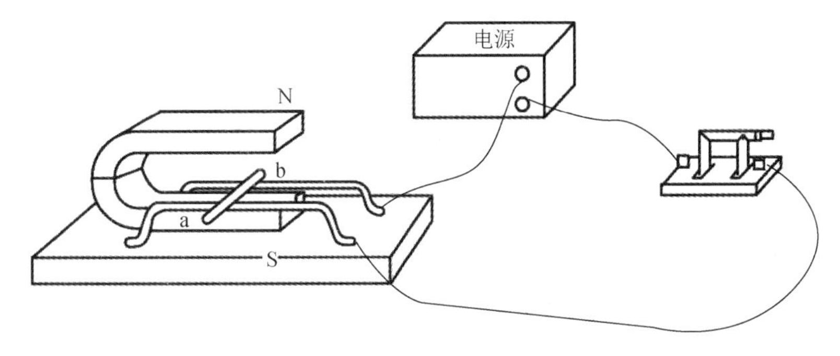

图 3-8　磁场对通电直导体的作用

1）当接通电源让电流通过导线时，可以观察到导体会向某一方向运动。

2）如果把电源的正负极对调后接入电路，使通过导体的电流方向与原来相反，则可以观察到导体向相反的方向运动。

3）如果保持导体中电流的方向不变，但把蹄形磁铁上下磁极调换一下，使磁场方向与原来相反，则可以观察到导体会向和原来运动方向相反的方向运动。

可见，磁体对通电直导体有力的作用，电磁力的方向与导体中电流的方向、磁场的方向有关。其受力方向可用左手定则（图 3-9）判断：平伸左手，使拇指垂直于其余四指，掌心正对磁场的方向，四指指向电流方向，则拇指的指向就是通电导体的受力方向。

电磁力的大小可以表示为

$$F = BIL\sin\alpha \tag{3-3}$$

式中，F——通电导体受到的电磁力，单位为 N；

I——导体中的电流强度，单位为 A；

L——导体在磁场中的长度，单位为 m；

α——电流方向与磁感应线的夹角。

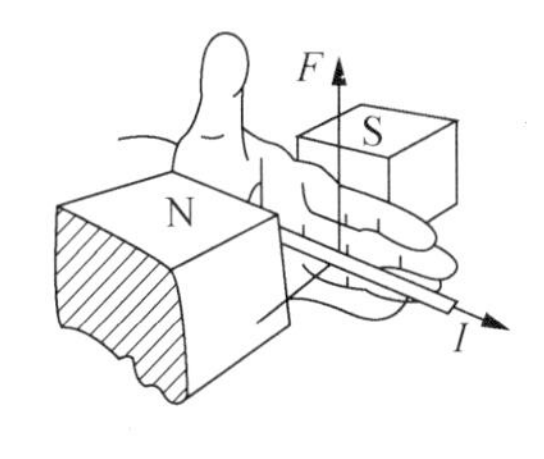

图 3-9　左手定则

从式（3-3）中可以看出，当电流 I 的方向与磁感应强度 B 垂直时，导线所受电磁力最大；当电流 I 的方向与磁感应强度 B 方向平行时，导线不受电磁力作用。

相距较近且相互平行的通电直导体之间也会受到电磁力的作用。如图 3-10 所示，由于每根载流导线的周围均产生磁场，因此每根导线都处在另一根导线所产生的磁场中，即两根导线都受到电磁力的作用。人们可以用安培定则来判断每根导线产生的磁场方向，再用左手定则来判断另一根导线所受的电磁力方向。

结论：通过反方向电流的平行导线是互相排斥的［图 3-10（a）］，通过同方向电流的平行导线是互相吸引的［图 3-10（b）］。

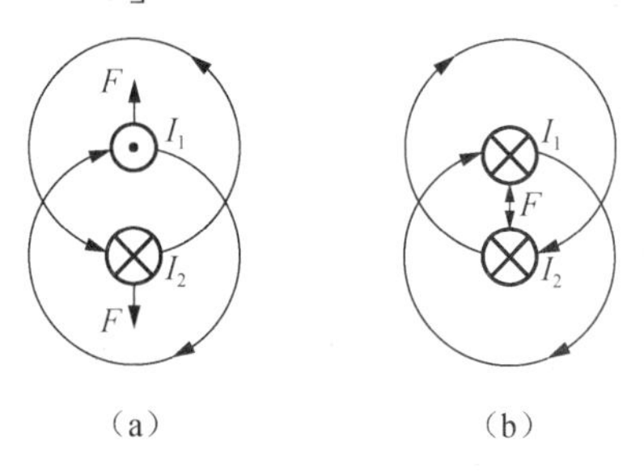

图 3-10　通电直导体之间的作用力

发电厂或变电所的母线排就是这种互相平行的载流直导体，它们之间经常受到这种电磁力的作用。当母线发生短路事故时，电磁力将非常大。为了使母线不致因短路时所产生的巨大电磁力作用而受到破坏，母线每隔一定间距就安装一个绝缘支柱，以平衡电磁力。

我们通常用磁感应强度（B）和磁通（Φ）来表达磁场的强弱。

2. *磁场对通电线圈的作用*

下面把通电线圈看成由许多根导线组成，研究通电线圈的运动。

如图 3-11（a）所示，把线圈放在磁场中，接通电源，让电流通过，观察其运动状态。

按通电直导线受力情况，可以看出线圈左边部分受力垂直向外，线圈右边部分受力垂直向里。在这个力的作用下，线圈绕轴转动起来。转动过程中，随着线圈平面与磁感应线之间夹角的改变，力臂在改变，磁力矩也在改变。当线圈平面与磁感应线平行时，力臂最大，线圈受磁力矩最大；当线圈平面与磁感应线垂直时，力臂为零，线圈受磁力矩也为零。

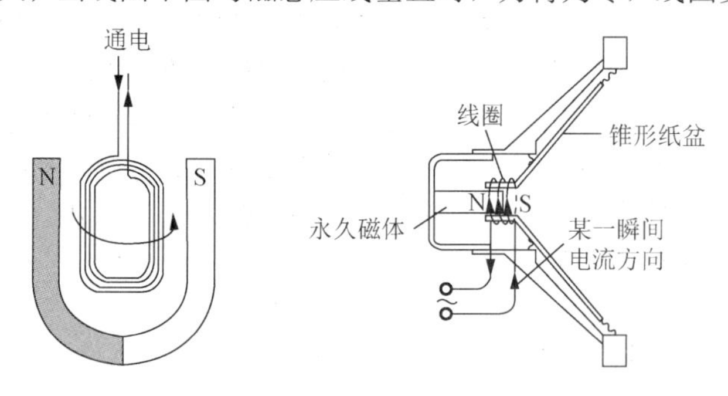

图 3-11　磁场对通电线圈的作用示例

电动式扬声器如图 3-11（b）所示。其是把电信号转换成声信号的一种装置。当线圈中通过如图 3-11（b）中所示的电流时，线圈受到磁铁的吸引向左运动，当线圈中通过相反方向的电流时，线圈受到磁铁的排斥向右运动。由于通过线圈的电流是交变电流，它的方向不断变化，线圈就不断地来回振动，带动纸盆也来回振动，于是扬声器就发出了声音。

三、电磁感应定律

1. 电磁感应现象及产生条件

人们把变化的磁场在导体中产生电动势的现象称为电磁感应，也称动磁生电。由电磁感应产生的电动势称为感应电动势，由感应电动势产生的电流称为感应电流。

这里所说的“动”有两种情况，一种是导体在磁场中做切割磁感应线运动，另一种是线圈内的磁通发生变化。下面就这两种情况分别说明。

（1）直导体切割磁感应线

如图 3-12 所示，在蹄形磁铁的磁场中放置一根导线，导线的两端跟电流表连接。导线和电流表组成了闭合电路。当使导线垂直于磁感应线做切割磁感应线运动时，可以明显地观察到电流表指针偏转，这说明导体回路中有电流存在；当导体在磁场中静止不动或沿磁感应线方向运动时，检流计的指针不偏转。当导体向下或磁体向上运动时，检流计指针向右偏转一下；当导体向上或磁体向下运动时，检流计指针向左偏转一下。无论哪种情况，导体切割磁感应线的速度越快，指针偏转的角度越大。

上述现象表明，感应电动势不但与导体在磁场中的运动方向有关，还与导体的运动速度 v 有关。

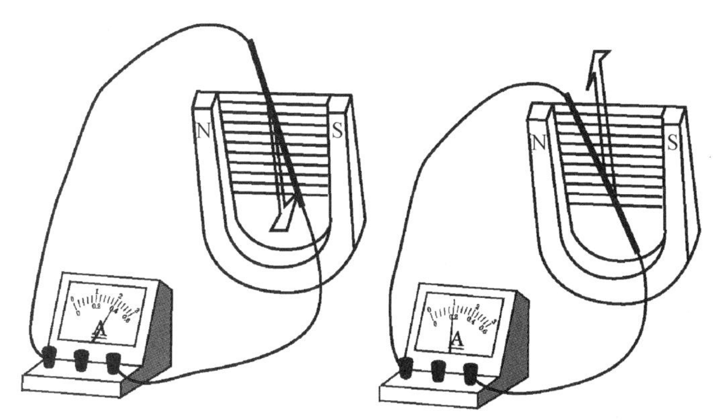

图 3-12　切割磁感应线示意图

直导体中感应电动势的大小为

$$e = BLv\sin\alpha \tag{3-4}$$

式中，e——感应电动势，单位为 V；

L——导体的有效长度，单位为 m；

v——导体运动速度，单位为 m/s；

α——速度方向与磁场方向的夹角。

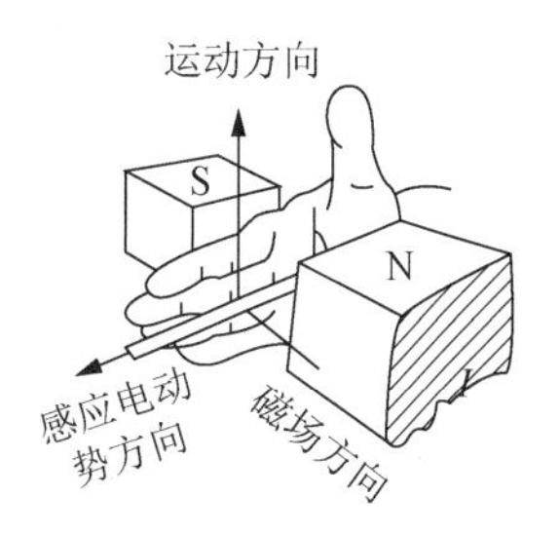

图 3-13　右手定则

直导体中感应电动势的方向可用右手定则来判断。如图 3-13 所示，平伸右手，拇指与其余四指垂直，让掌心正对磁场方向，以拇指指向表示导体运动方向，其余四指的指向就是感应电动势的方向（从低电位指向高电位）。

（2）线圈中磁通发生变化

如图 3-14 所示，在空心线圈两端连接一个灵敏检流计。当将一块条形磁铁快速插入线圈时，观察到检流计向一个方向偏转；如果条形磁铁在线圈内静止不动，则检流计指针不偏转；当将条形磁铁由线圈中迅速拔出时，又会观察到检流计向另一个方向偏转。

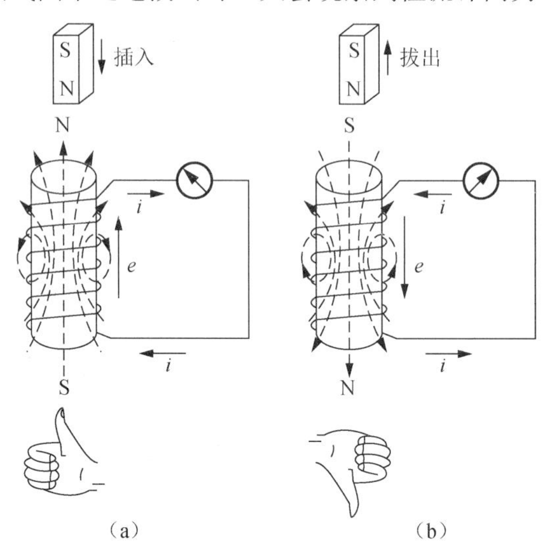

图 3-14　线圈中磁通变化实验

人们把由于磁通变化而在导体或线圈中产生感应电动势的现象称为电磁感应。由电磁感应产生的电动势称为感应电动势，由感应电动势产生的电流称为感应电流。

由以上分析可以得出：产生电磁感应的条件是通过线圈回路的磁通必须发生变化。

2. 楞次定律

通过图 3-14 所示的实验发现：当磁铁插入或拔出线圈时，线圈中感应电流所产生的磁场，总是阻碍原磁通的变化，这就是楞次定律。

当磁铁插入线圈时，原磁通在增加，线圈所产生的感应电流的磁场方向总是与原磁场方向相反，即感应电流的磁场总是阻碍原磁通的增加；当人们将磁铁拔出线圈时，原磁通在减少，线圈所产生的感应电流的磁场方向总是与原磁场方向相同，即感应电流的磁场总是阻碍原磁通的减少，如果线圈原来的磁通量不变，则感应电流为零。

用楞次定律判断感应电动势和感应电流的方向，具体步骤如下：

1）判断原磁通的方向及其变化趋势（增加或减少）。

2）确定感应电流的磁通方向和原磁通是同向还是反向。

3）根据感应电流产生的磁通方向，用安培定则确定感应电动势的方向。

应当注意，必须把线圈或直导体看成一个电源。在线圈或直导体内部，感应电流从电源“-”端流到“+”端；在线圈或直导体外部，感应电流由电源的“+”端经负载流回“-”端。在线圈或直导体内部，感应电流的方向和感应电动势的方向相同。

3. 法拉第电磁感应定律

在图 3-14 所示的实验中，人们还可以发现：条形磁铁插入或拔出的速度越快，检流计偏转角度越大，说明线圈中的感应电动势越大；插入或拔出的速度越慢，检流计偏转角度就越小，说明线圈中的感应电动势就越小。也就是说，线圈中感应电动势的大小与线圈中磁通的变化速度（即变化率）成正比。这个规律就称为法拉第电磁感应定律。

若用 $\Delta\Phi$ 表示在 Δt 时间间隔内单匝线圈中的磁通变化量，则单匝线圈产生的感应电动势为

$$e=-\frac{\Delta\Phi}{\Delta t}$$

对于 N 匝线圈，其感应电动势的平均值为

$$e=-N\frac{\Delta\Phi}{\Delta t} \tag{3-5}$$

式（3-5）是法拉第电磁感应定律的数学表达式。式中的负号表示感应电动势的方向和磁通变化的趋势相反。在实际应用中，常用楞次定律来判断感应电动势的方向，而用法拉第电磁感应定律来计算感应电动势的大小（取绝对值）。这两个定律是电磁感应的基本定律。

4. 自感现象与自感系数

通过图 3-15 所示的实验来观察两种自感现象。

在图 3-15（a）所示电路中，HL_1、HL_2 是两只完全相同的小灯泡，R 为电阻，L 是一个电感较大的铁芯线圈，并且线圈的电阻和 HL_2 支路的串联电阻 R 相等；在图 3-15（b）所示电路中，线圈 L 和 HL 并联接在直流电源上，实验现象及结果如表 3-1 所示。

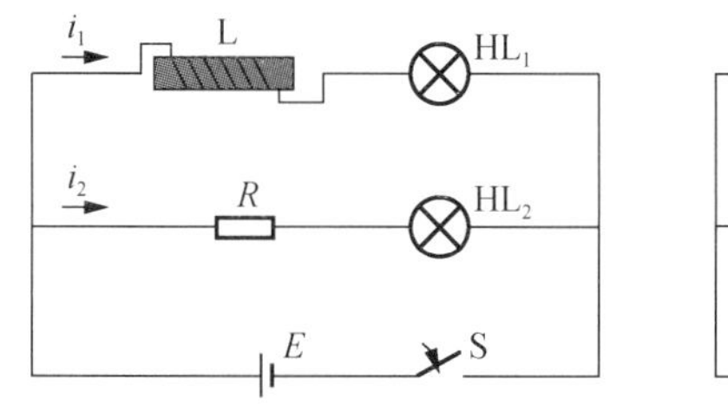

（a）电感线圈接通电源　　（b）电感线圈断开电源

图 3-15　自感实验电路

表 3-1　实验现象及结果

实验电路	开关状态	实验现象	实验结果
电感线圈接通电源电路	开关 S 闭合	HL_2 立即正常发光，此后灯的亮度不发生变化；HL_1 的亮度由暗逐渐变亮，然后正常发光	开关 S 闭合瞬间，通过线圈的电流发生了由无到有的变化，线圈中磁通呈增加的趋势，线圈中的感应电动势阻碍原电流的增加，因此 HL_1 发生逐渐变亮的现象。但 HL_2 支路因串联的是一线性电阻而不会发生上述过程，因而 HL_2 在接通电源后立即变亮
电感线圈断开电源电路	开关 S 突然断开	HL 并不是立即熄灭，而是猛然更亮一下，然后才熄灭	电源被切断瞬间，线圈产生一个很大的感应电动势，加在 HL 两端，在回路中形成很强的感应电流，使 HL 发出短暂的强光

上述两种现象都是由于线圈自身电流发生变化而引起的。这种由于流过线圈本身的电流发生变化而引起的电磁感应现象称为自感现象，简称自感。由自感产生的感应电动势称为自感电动势，用 e_L 表示。自感电流用 i_L 表示。

线圈中通过每单位电流所产生的自感磁通数，称为自感系数，也称电感，用 L 表示。其数学表达式为

$$L = \Phi / i \tag{3-6}$$

式中，Φ——流过 N 匝线圈的电流 i 所产生的自感磁通，单位为 Wb；

i——流过线圈的电流，单位为 A。

电感是衡量线圈产生自感磁通本领大小的物理量。如果一个线圈中通过 1A 电流，能产生 1Wb 的自感磁通，则该线圈的电感就是 1 亨利，简称亨（H）。在实际工作中，特别在电子技术中有时用 H 作为单位太大，常采用较小的单位，如 mH（毫亨）、μH（微亨）等，它们与亨的换算关系是

$$1\text{H} = 10^3\,\text{mH}$$
$$1\text{mH} = 10^3\,\mu\text{H}$$

电感 L 的大小不但与线圈的匝数及其几何形状有关（一般情况下，匝数越多，L 越大），而且与线圈中媒介的磁导率 μ 有密切关系。有铁芯的线圈 L 不是常数，空心线圈当其结构一定时 L 为常数。人们把 L 为常数的线圈称为线性电感，并将这种线圈称为电感线圈，也称电感器或电感。

自感电动势的方向也可用楞次定律判断，即线圈中的外电流 i 增大时，感应电流的方向与 i 的方向相反；外电流 i 减小时，感应电流的方向与 i 的方向相同，如图 3-16 所示。

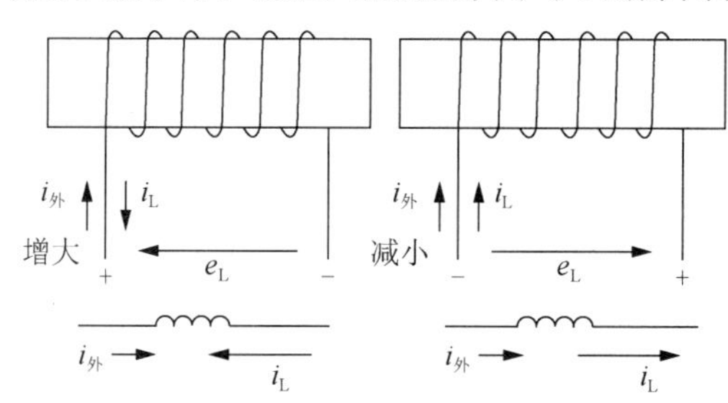

图 3-16　自感电动势的方向

自感电动势大小的计算也遵从法拉第电磁感应定律，将 $\Phi=Li$ 代入 $e_L=-\Delta\Phi/\Delta t$ 中，可得线性电感中的自感电动势为

$$e_L = -L\frac{\Delta i}{\Delta t} \tag{3-7}$$

式中，$\Delta i/\Delta t$——电流的变化率，单位为 A/s，负号表示自感电动势的方向和外电流的变化趋势相反。

自感现象既有利也有弊。例如，荧光灯采用普通的照明电源（交流 220V），但它的工作电压低于电源电压，而点燃电压又高于电源电压。如图 3-17 所示，将镇流器（一个带铁芯的线圈）与荧光灯串联，在辉光启动器（简称启辉器）断电的瞬间，镇流器产生一个很高的自感电动势，与电源电压一起加在荧光灯的两端，使灯管内气体导通而发光。荧光灯点燃后正常工作时，镇流器又起到分压的作用，使灯管的工作电压低于电源电压。

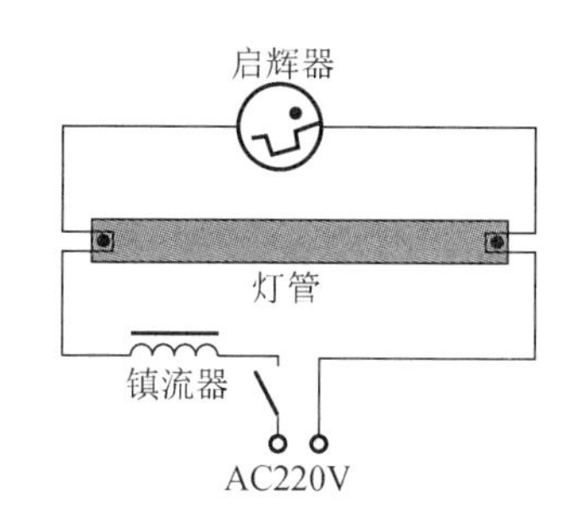

图 3-17　荧光灯电路

在含有大电感元件的电路被切断的瞬间，因电感两端的自感电动势很高，在开关处会产生电弧，容易烧坏开关或损坏设备的元器件，这是自感现象不利的一面，要尽量避免。因此，通常在含有大电感的电路中都有灭弧装置。其中最简单的方法是在开关或电感两端并联一个适当的电阻或电容，或先将电阻和电容串联再并联到电感两端，让自感电流有一条能量释放的通路。

5. 互感现象、同名端

（1）互感现象

在图 3-18 所示的实验电路中，当电阻的阻值发生变化时，检流计的指针会发生偏转。这是由于线圈 1 中的电流发生了变化，从而引起磁通的变化，该磁通的变化又影响线圈 2，使线圈 2 中产生了感应电动势和感应电流。如果线圈 1 中的电流不改变，则线圈 2 中不会产生感应电动势和感应电流。

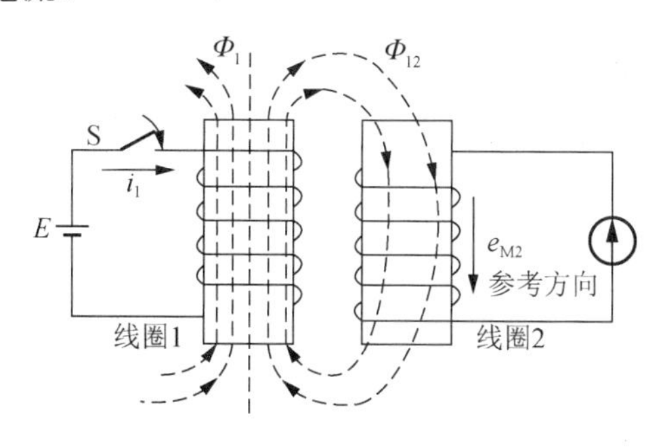

图 3-18　互感现象

人们把这种由一个线圈的电流变化导致另一个线圈产生感应电动势的现象，称为互感现象，简称互感。在互感现象中产生的感应电动势，称为互感电动势。

互感电动势的大小不但与线圈 1 中的电流变化率的大小有关，而且与两个线圈的结构及线圈之间的相对位置有关。当两个线圈互相平行且第一个线圈的磁通变化全部影响第二个线圈时，互感电动势最大；当两个线圈互相垂直时，互感电动势最小。

互感现象在电工和电子技术中应用非常广泛。例如，电源变压器、电流互感器、电压互感器和中频变压器等都是根据互感原理工作的。

（2）同名端

互感电动势的方向可用楞次定律来判断，但比较复杂。尤其是对于已经制造好的互感器，从外观上无法知道线圈的绕向，判断互感电动势的方向就更加困难。

根据同名端利用电流方向和电流变化趋势，很容易判断互感电动势的方向。人们把由于绕向一致而产生感应电动势的极性始终保持一致的端子称为线圈的同名端，用“ • ”或“ * ”表示，如图 3-19 中 1、4、5 是一组同名端。

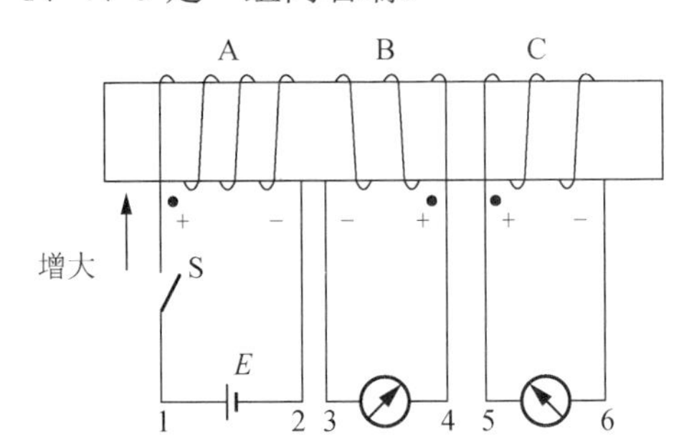

图 3-19　互感线圈的同名端

下面分析图 3-19 所示电路在合上开关 S 瞬间各线圈感应电动势的极性。

开关 S 合上瞬间，A 线圈有一电流从 1 号端子流进线圈，并且电流在增大，根据楞次定律在 A 线圈两端产生自感电动势 e_L，极性为左“+”右“−”。在 B、C 线圈两端产生互感电动势 e_{MB} 及 e_{MC}，利用同名端可确定 e_{MB} 极性为左“−”右“+”，e_{MC} 极性为左“+”右“−”。

和自感一样，互感也有利有弊。在工农业生产中具有广泛用途的各种变压器、电动机都是利用互感原理工作的；但在电子电路中，若线圈的位置安放不当，各线圈产生的磁场就会互相干扰，严重时会使整个电路无法工作。为此人们常把互不相干的线圈的间距拉大或把两个线圈垂直布置，在某些场合下还需用铁磁材料把线圈或其他元器件封闭起来，进行磁屏蔽。

项目实施

一、FDZ-5 型电磁阀的检查

FDZ-5 型电磁阀的检查步骤如下：

1）取下防护罩，拆卸连接导线，检查线圈电阻。如果线圈电阻正常，但阀动作有故障，则需进一步检查阀体。

2）拆卸电磁铁，检查衔铁运动是否正常，检查阀体。

二、电磁铁的维护

如检查确系电磁铁故障，则应按同型号更换电磁铁。更换完成后，应按顺序装好电磁阀。FDZ-5 型电磁阀的拆装如图 3-20 所示。

（a）拆卸护罩、导线后的效果

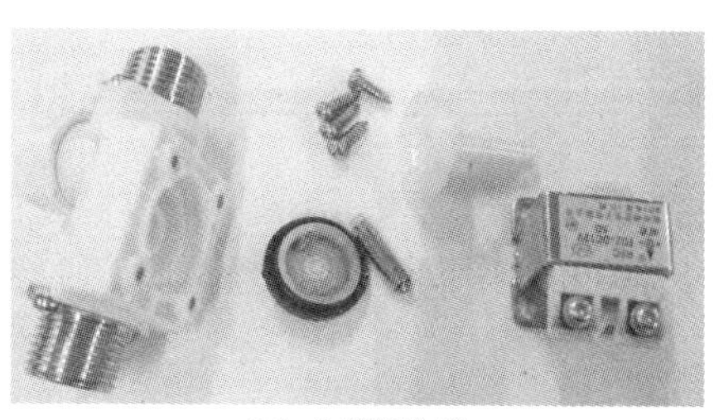

（b）电磁阀分解

（c）衔铁、弹簧、护套、线圈

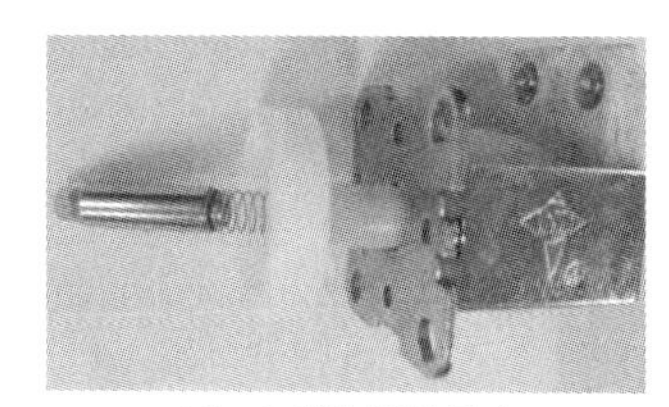

（d）电磁铁组装顺序

（e）电磁铁

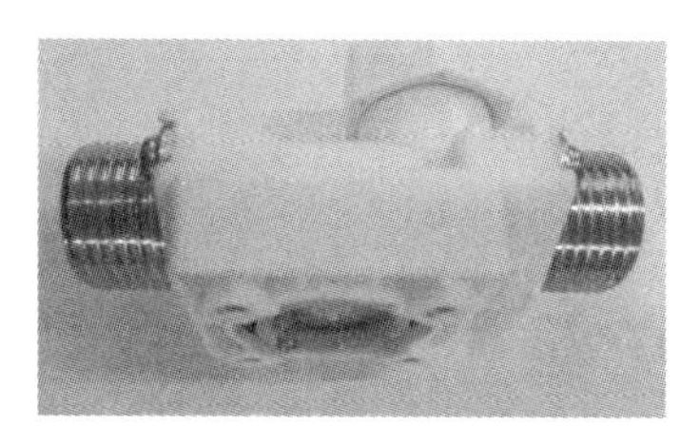

（f）阀体

（g）组装

图 3-20　FDZ-5 型电磁阀的拆装

三、通电试机

FDZ-5 型电磁阀的检查和维护完成后，应进行通电试机确定其可以正常工作。

项目考核

项目评价表如表 3-2 所示。

表 3-2　项目评价表

评价内容	配分	评分标准		扣分
电磁阀的检查	10	判断电磁阀是否正常，判断错误扣 10 分		
电磁阀的维护	50	（1）未按正确顺序拆装扣 20 分； （2）拆装过程损坏零件，每只扣 10 分； （3）零件漏装或错装，每次扣 5 分		
通电试机	30	（1）第一次试机不成功扣 10 分； （2）第二次试机不成功扣 10 分； （3）第三次试机不成功扣 10 分		
安全文明生产	10	正确使用工具，服从教师指导，清洁实验场地		
额定时间 60min	每超过 5min 扣 5 分（从总得分中扣除）			
备注	除额定时间外，各项目扣分不得超过该项配分		成绩	

思考与练习

1．“磁感应线永远是从磁体的 N 极出发，终止于 S 极”。这种说法对吗？为什么？

2．如图 3-21 所示，注明电流所产生的磁场方向。

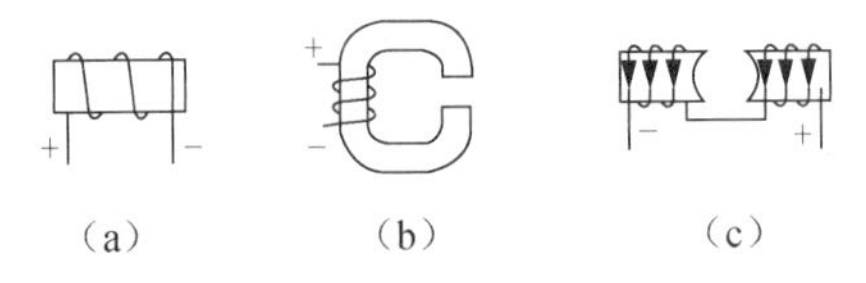

图 3-21　第 2 题图

3．标出图 3-22 所示磁场中载流导体的受力方向。

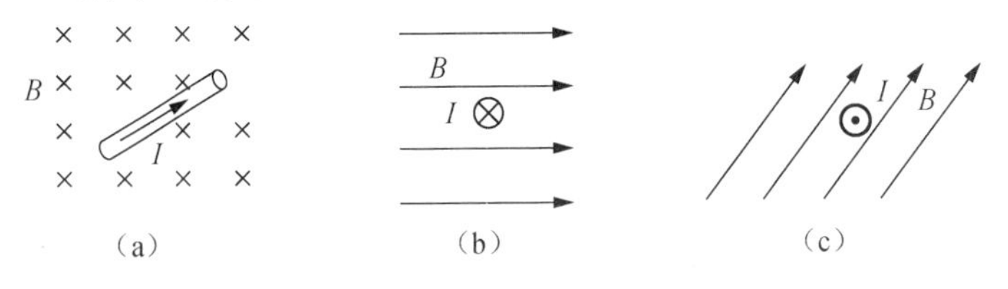

图 3-22　第 3 题图

4．图 3-23 中导线或线圈在匀强磁场中按图示方向运动，是否产生感应电动势？如产生，其方向如何？

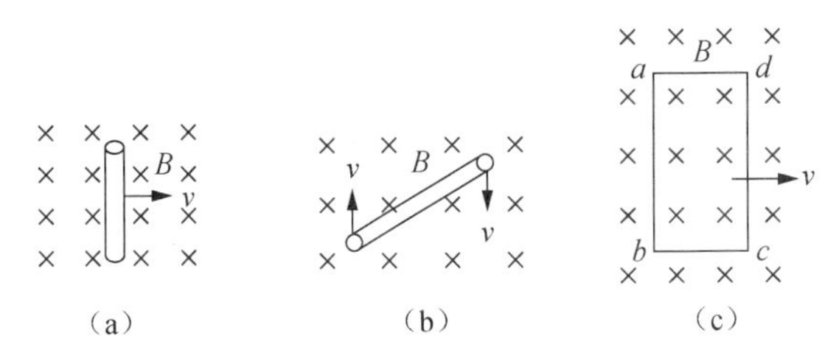

图 3-23　第 4 题图

5．试判别下列结论是正确的还是错误的？为什么？

（1）产生感应电流的唯一条件是导体切割磁感应线运动或线圈中的磁通发生变化。

（2）感应磁场的方向总是和原磁场的方向相反。

（3）感应电流的方向总是和感应电动势的方向相反。

（4）自感电动势是由线圈中流过恒定电流引起的。

（5）自感电流的方向总是与外电流的方向相反。

（6）互感电动势的大小正比于本线圈的电流变化率。

6．在图 3-24 中，标出图 3-24（a）、（b）中感应电流的方向；标出图 3-24（c）、（d）中导线切割磁感应线的运动方向；标出图 3-24（e）、（f）中的磁极极性；在图 3-24（g）、（h）中，把线圈连接到电源上。

7．有一矩形线圈平面垂直于磁感应线，其面积为 4cm^2，共有 80 匝。若线圈在 0.025s 内从 B=1.25T 的均匀磁场中移出，问线圈两端的感应电动势为多大？

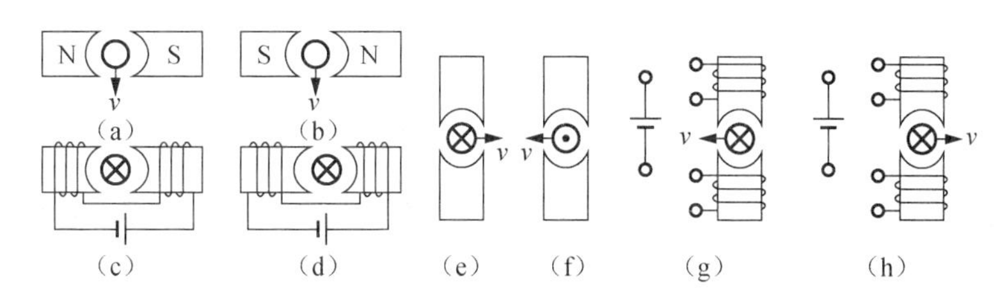

图 3-24　第 6 题图

8．标出图 3-25 中各线圈的同名端。

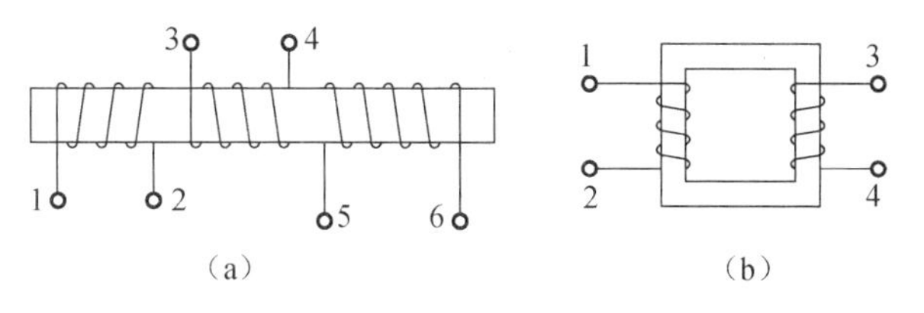

图 3-25　第 8 题图

知识拓展

一、地磁场

指南针为什么总是指向南北方向呢？这是因为小磁针受到了磁场的作用，这个磁场就是地磁场。也就是说，地球周围存在着磁场——地磁场。在地球表面及空中的不同位置测量地磁场的方向，绘制出地磁场的磁感应线，如图 3-26 所示。人们发现地磁场的形状跟条形磁体的磁场很相似。

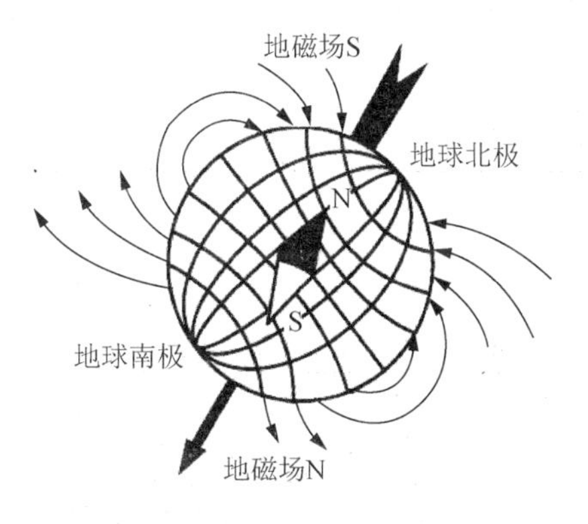

图 3-26　地磁场

信鸽具有卓越的航行本领，它能从 2000km 以外的地方飞回来。如果人们把一块小磁铁绑在鸽子身上，它就会惊慌失措，立即失去定向的能力；而把铜棒绑在鸽子身上，却对它没有影响。当鸽子飞到强大的无线电发射台附近时，鸽子也会失去定向的能力。这些事实充分地说明了鸽子是靠地磁场来导航的。

海里的鱼类也可以利用地磁场定位自己的方向，鱼比鸟的迁徙能力更为奇特。海水是导电的，当它在地球的磁场中流动的时候就会产生电流。于是，鱼便利用这个电流信号，敏感地校正自己的航行方向。

虽然人们已经知道鸟类、鱼类等动物能够利用地磁场导航，但是还没有弄清楚这个“导航系统”究竟是怎样工作的，特别是迄今为止还没有从这些动物身上找到与“罗盘”的作用相似的器官。

二、磁悬浮列车

有轨列车运行的阻力有一大部分来自车轮与轨道之间的摩擦力。如果能使列车从铁轨上“浮”起来，就可以避免这种摩擦力，从而大幅度提高列车速度。

磁悬浮列车的基本原理是磁极的同性相斥和异性相吸原理，车身和路面都装有电磁铁，其中，车身磁场和路面磁场产生浮力，使列车悬浮（图 3-27），车身磁场和推进磁场产生直线作用力，使列车前进（图 3-28）。

（a）磁悬浮列车

S
N
N
S
S
N

（b）

图 3-27　磁悬浮列车悬浮的基本原理

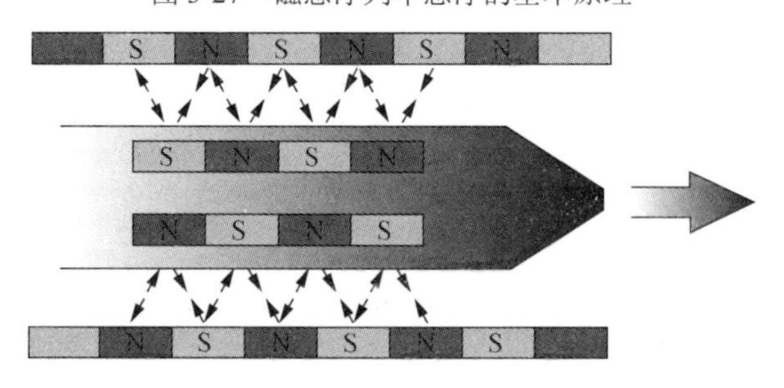

图 3-28　磁悬浮列车前进的基本原理

电磁起重机利用电磁原理搬运钢铁物品，如图 3-29 所示。电磁起重机的主要部分是磁铁。接通电流，电磁铁便把钢铁物品牢牢吸住，吊运到指定的地方；切断电流，磁性消失，钢铁物品就放下来了。电磁起重机使用十分方便，但必须有电流才可以使用，可以应用在废钢铁回收部门和炼钢车间等。

图 3-29　电磁起重机

电磁起重机能产生强大的磁场力，几十吨重的铁片、铁丝、铁钉、废铁和其他各种铁料，不装箱不打包也不用捆扎，利用电磁起重机就能很方便地收集和搬运，不但操作省力，而且简化了工作。电磁起重机工作时，只要电磁铁线圈里电流不停，被吸起的重物就不会落下，看不见的磁力比坚固的链条更可靠。如果因某种原因断电，就会造成事故，因而有的电磁起重机上装有钢爪，待运送的重物提起后，坚固的钢爪就自动落下来紧紧地扣住它们。电磁起重机不能用来搬运灼热的铁块，这是因为高温的钢铁不能磁化。

项目4 照明电路的安装

>>>>

◎ 学习目标

1. 了解正弦交流电的定义及产生。
2. 理解正弦交流电三要素的概念、符号、意义、计算。
3. 掌握纯电阻交流电路、纯电感交流电路、纯电容交流电路的基本规律。
4. 掌握电容的基本知识。
5. 会安装常用照明电路。
6. 会使用常用电子仪器。

◎ 项目任务

本项目介绍单控开关控制照明电路的安装。

◎ 项目分析

学生根据照明电路图，画出照明电路接线图，选择电气元件、导线、工具，合理美观地布置电气元件，正确连接电路，经检查无误后通电验证。

知识链接

一、正弦交流电的基本概念

1. 交流电概念

在现代工农业生产及日常生活中，除了必须使用直流电的特殊情况外，绝大多数场合使用的是交流电。交流电之所以应用如此广泛，是因为它具有以下优点：

1）交流电可以利用变压器方便地改变电压，便于输送、分配和使用。

2）交流电动机比相同功率的直流电动机的结构简单、成本低、使用维护方便。

3）可以应用整流装置，将交流电变换成所需的直流电。

直流电和交流电的根本区别是，直流电的方向不随时间的变化而变化，交流电的方向则随着时间的变化而变化。下面以电流为例做一比较，如图 4-1 和图 4-2 所示。

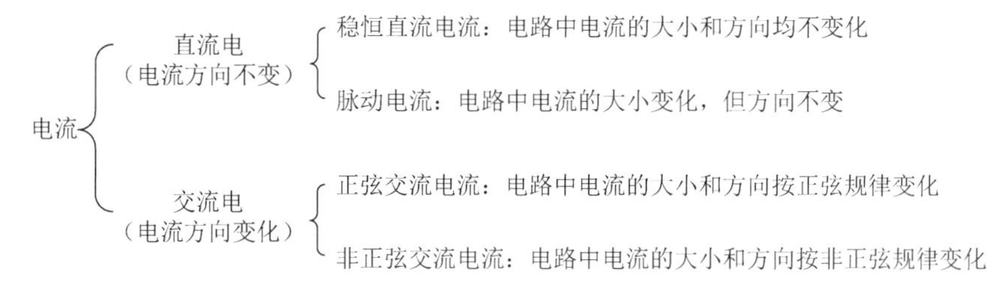

图 4-1　直流电与交流电的区别（电流）

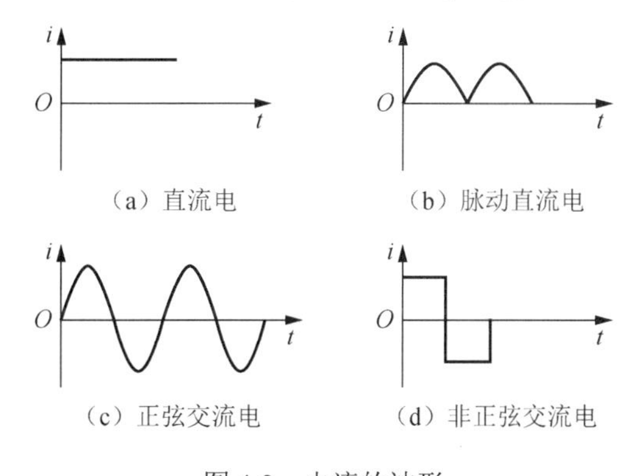

图 4-2　电流的波形

2. 正弦交流电的产生

交流电可以由交流发电机提供，也可由振荡器产生。交流发电机主要用于提供电能，振荡器主要用于产生各种交流信号。

图 4-3（a）是一种简单的手摇交流发电机，图 4-3（b）为其原理示意图。当线圈在匀强磁场中以某一角速度逆时针匀速转动时，由于导线切割磁感应线，线圈将产生感应电动势，如图 4-4 所示。

（a）实物图模型

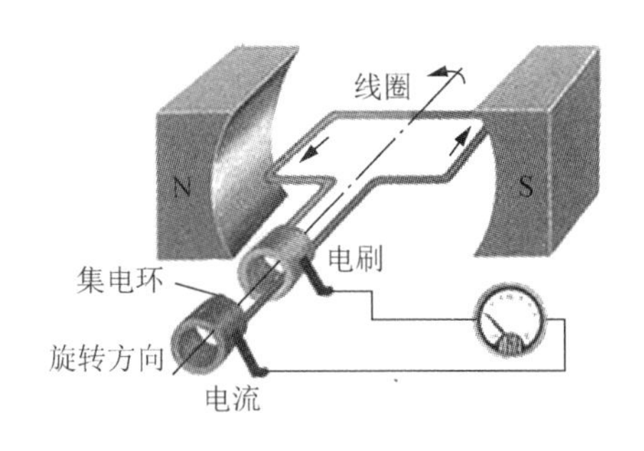

（b）原理示意图

图 4-3　手摇交流发电机

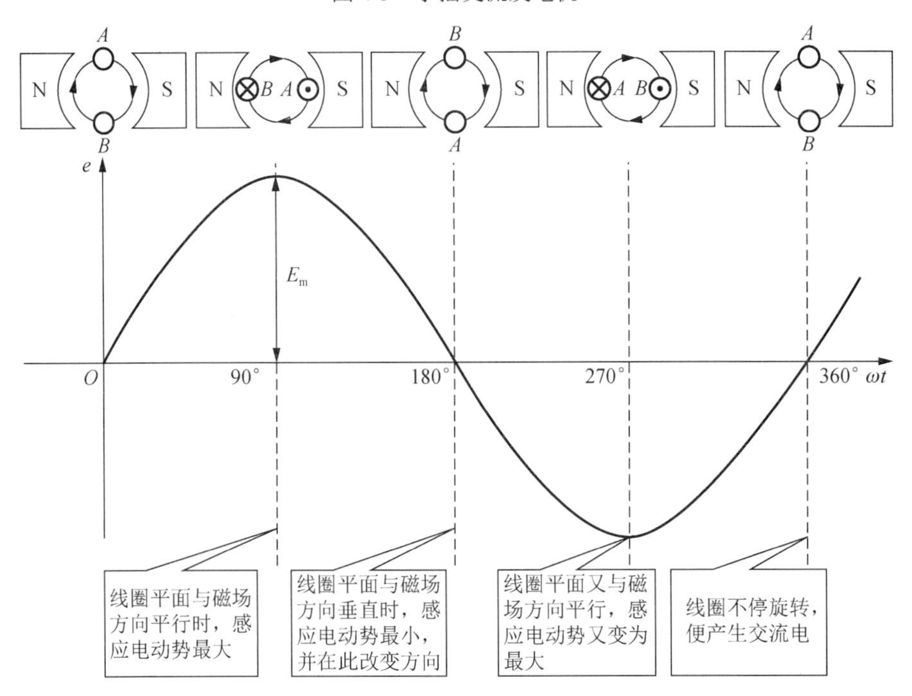

图 4-4　正弦交流电的产生

设磁感应强度为 B，磁场中线圈的长度为 l，线圈以角速度 ω 匀速旋转，则当线圈旋转至与磁感应线的夹角为 α 时，其单侧线圈所产生的感应电动势为 $e' = Blv\sin\alpha$，即 $e' = Blv\sin\omega t$。所以整个线圈所产生的感应电动势为

$$e = 2Blv\sin\omega t$$

$2Blv$ 为感应电动势的最大值，设为 E_m，则有

$$e = E_m \sin\omega t \tag{4-1}$$

式（4-1）为正弦交流电动势的瞬时值表达式，也称解析式。正弦交流电压、电流等表达式与此相似。

实际应用的发电机结构比较复杂（图 4-5），线圈匝数很多，而且嵌在硅钢片制成的铁芯中，称为电枢。磁极一般也不只是由一对电磁铁构成的。由于电枢电流较大，如果采用旋转电枢式发电机，电枢电流必须经裸露的集电环和电刷引到外电路，这样很容易产生火花放电，使集电环和电刷烧坏，所以不能提供较高的电压和较大的功率，一般旋转电枢式发电机提供的电压不超过 500V。大型发电机采用旋转磁极式，即电枢不动而让磁极旋转。其定子绕组不经电刷和外电路接触，能提供很高的电压和较大的功率。图 4-6 为大型水利发电机组。

图 4-5　旋转磁极式发电机

图 4-6　大型水力发电机组

3. 正弦交流电三要素

（1）最大值和有效值

1）最大值：用来表征交流电变化范围的物理量，表示一个周期能达到的最大瞬时值（又称峰值、振幅）。交流电任一时刻的数值称为瞬时值，分别用小写字母 e、u、i 来表示交流电动势、交流电压、交流电流的瞬时值，最大值用大写字母加下标 m 表示，如 E_m、U_m、I_m。

2）有效值：因交流电大小是随时间变化的，所以研究交流电功率时采用最大值就不太准确。为了清楚表述交流电在实际应用中的作用，需引入一个既准确反映交流电大小，又便于计算和测量的物理量，即有效值。有效值是根据交流电热效应来确定的。如图 4-7 所示，让交流电和直流电分别通过阻值相等的两个电阻 R，如果在相同时间内，两个电流产生的热量相等，就把该直流电的数值定义为此交流电的有效值。

图 4-7　交流电的有效值

有效值用大写字母表示，如 E、U、I。电工仪表测量的交流电数值，以及通常说的交流电数值都是指有效值。经计算，正弦交流电有效值和最大值之间的关系为

$$有效值=\frac{1}{\sqrt{2}}最大值 \tag{4-2}$$

$$E=\frac{1}{\sqrt{2}}E_m \approx 0.707E_m$$

$$U = \frac{1}{\sqrt{2}} U_{\mathrm{m}} \approx 0.707 U_{\mathrm{m}}$$
$$I = \frac{1}{\sqrt{2}} I_{\mathrm{m}} \approx 0.707 I_{\mathrm{m}}$$

（2）周期与频率

1）周期：交流电每重复变化一次所需时间，用 T 表示，单位为 s。

2）频率：交流电在 1s 内重复变化的次数，用 f 表示，单位为 Hz（赫兹）。

由 T、f 的定义可知：两者互为倒数，即

$$\left.\begin{aligned} f &= \frac{1}{T} \\ T &= \frac{1}{f} \end{aligned}\right\} \tag{4-3}$$

例如，我国电力标准频率为 50Hz（俗称工频），周期为 0.02s。

3）角频率：因为交流发电机每旋转一周，正弦交流电重复变化一次，因此正弦交流电变化一周，可用 360°（2π）来测量。正弦交流电每秒内变化的电角度称为角频率，用 ω 来表示，单位是弧度每秒（rad/s）。由定义有

$$\omega = 2\pi f = 2\pi / T \tag{4-4}$$

例如，我国电力标准中，$\omega = 2\pi f = 100\pi = 314(\mathrm{rad/s})$。

（3）相位与相位差

1）相位：在讲述交流电动势的产生时，假定线圈开始转动时，线圈平面与中性平面重合。因为此时 $\alpha = 0°$，所以简述感应电动势的数学表达式为 $e = E_{\mathrm{m}} \sin\alpha = 0$。但在实际应用中，线圈起点不一定从中性面位置开始转动，如图 4-8 所示。设两线圈完全相同，a_1b_1 和 a_2b_2 在 t=0 时与中性面夹角分别为 φ_1、φ_2，则任一时刻两个电动势瞬时值分别是

$$e_1 = E_{\mathrm{m}} \sin(\omega t + \varphi_1)$$
$$e_2 = E_{\mathrm{m}} \sin(\omega t + \varphi_2)$$

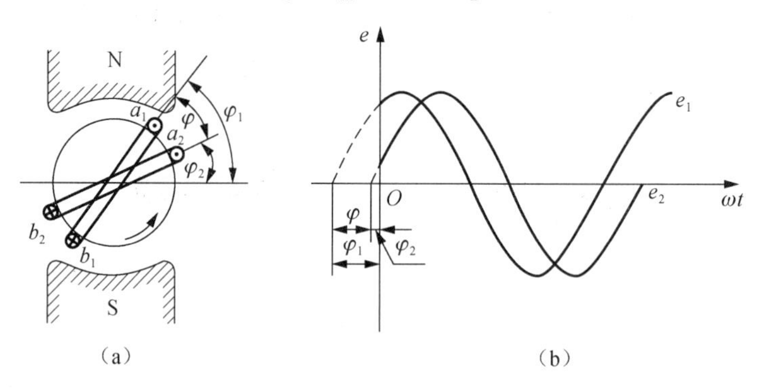

图 4-8　交流电的相位与相位差

由此可综合出一般形式为

$$e = E_{\mathrm{m}} \sin(\omega t + \varphi_0) \tag{4-5}$$

式（4-5）中 $\omega t + \varphi_0$ 称为交流电的相位或相角。相位决定了正弦交流电在不同时刻的变化状态（增大、减小、零、最大值），反映交流电变化的进程。根据式（4-5）可画出 e_1、

e_2的波形图，如图 4-8（b）所示。人们称 t=0 时的相位 φ_0 为初相位或初相角。显然上述中 e_1的初相位为φ_1，e_2的初相位为φ_2。

【例 4-1】已知两正弦电动势分别是

$$e_1 = 220\sqrt{2}\sin(100\pi t + 60^\circ)\text{V}$$
$$e_2 = 110\sqrt{2}\sin(100\pi t - 30^\circ)\text{V}$$

1）画出它们的波形图；

2）求它们的相角和初相角；

3）求 $t = 0\text{s}$，$t = 0.02\text{s}$ 时它们的感应电动势大小。

解：1）根据 e_1 和 e_2 表达式画波形图（图 4-9）。

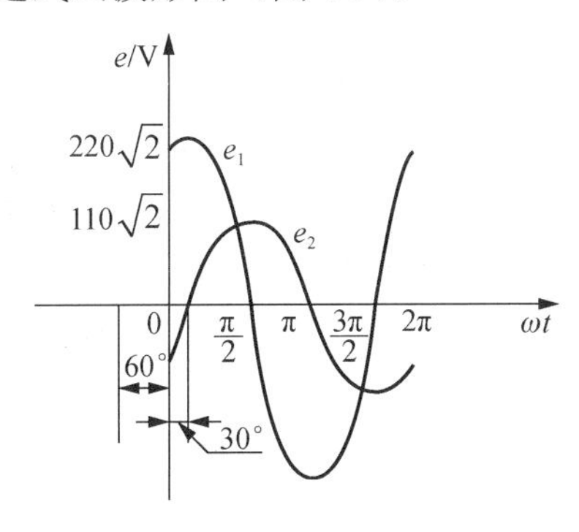

图 4-9　例 4-1 图

2）相位分别是$100\pi t + 60^\circ$和$100\pi t - 30^\circ$。初相位为$\varphi_1 = 60^\circ$、$\varphi_2 = -30^\circ$。

3）在 $t = 0\text{s}$ 时，有

$$e_1 = 220\sqrt{2}\sin(100\pi \times 0 + 60^\circ) = 110\sqrt{6}(\text{V})$$
$$e_2 = 110\sqrt{2}\sin(100\pi \times 0 - 30^\circ) = -55\sqrt{2}(\text{V})$$

在 $t = 0.02\text{s}$ 时，有

$$e_1 = 220\sqrt{2}\sin(100\pi \times 0.02 + 60^\circ) = 110\sqrt{6}(\text{V})$$
$$e_2 = 110\sqrt{2}\sin(100\pi \times 0.02 - 30^\circ) = -55\sqrt{2}(\text{V})$$

从例 4-1 可知正弦交流电初相位可正也可负，从波形图中可知 t=0 时，若 e>0，则初相位为正；若 e<0，则初相位为负，反之亦然。初相位通常用不大于 180° 的角来表示。

2）相位差：在分析正弦交流电时，常用到相位差概念。两个同频率交流电（ω相同），虽然它们变化的快慢相同，但达到零值、最大值时间是不相同的（参看图 4-9）。两个同频率交流电的相位差用φ表示，若两个同频率交流电的相位分别是$\omega t+\varphi_1$、$\omega t+\varphi_2$，则有

$$\varphi = (\omega t + \varphi_1) - (\omega t + \varphi_2) = \varphi_1 - \varphi_2$$

可见同频率交流电的相位差就等于它们的初相位差，即

$$\varphi = \varphi_1 - \varphi_2 \tag{4-6}$$

以后不做特别说明，两个以上的正弦交流电都是指同频率的正弦交流电。

3）超前、滞后、同相、反相：若一个交流电比另一个提前达到零值或最大值，则称前者超前后者，或后者滞后前者。例如，例 4-1 中 e_1超前 e_2（或 e_2滞后 e_1）。两个交流电同时达到零或最大值，即初相位相等，则称它们为同相，如图 4-10（a）所示。一个交流电达到

正的最大值，而另一个达到负的最大值，它们初相位相差 180°，则称它们反相，如图 4-10（b）所示。

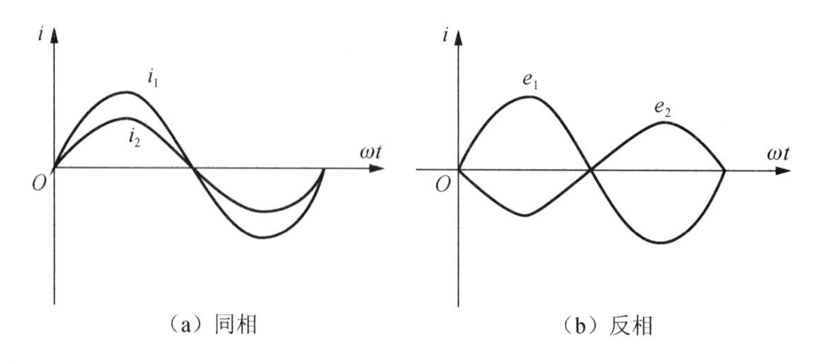

（a）同相　　（b）反相

图 4-10　交流电的同相和反相

超前、滞后是相对的，习惯上超前和滞后的角度以 180° 为限。

综上所述，正弦交流电的最大值（有效值）反映了正弦量的变化范围，角频率反映了正弦量的变化快慢，初相位反映了正弦量的起始状态。它们是表征正弦交流电的三个重要物理量，通常称它们是正弦交流电的三要素。知道了三要素就可以唯一确定一个交流电，写出其瞬时表达式，画出其波形图。

【例 4-2】求例 4-1 题中：

1）各电动势最大值、有效值；

2）频率、周期；

3）相位、初相位、相位差。

解：1）由图 4-9 知最大值为

$$E_{m1} = 220\sqrt{2}\text{V}$$

$$E_{m2} = 110\sqrt{2}\text{V}$$

根据式（4-2）得有效值为

$$E_1 = 220\text{V}$$

$$E_2 = 110\text{V}$$

2）频率与周期为

$$f = 50\text{Hz}，\ T = 0.02\text{s}$$

3）相位、初相位、相位差分别为

$$100\pi t + 60^\circ，\ 100\pi t - 30^\circ$$

$$\varphi_1 = 60^\circ，\ \varphi_2 = -30^\circ$$

$$\varphi = \varphi_1 - \varphi_2 = 90^\circ$$

二、正弦交流电的表示方法

1. 解析式表示法

正弦交流电的电动势、电压和电流的瞬时值表达式就是正弦交流电的解析式：

$$i_t = I_m \sin(\omega t + \varphi_i)$$
$$u_t = U_m \sin(\omega t + \varphi_u)$$
$$e_t = E_m \sin(\omega t + \varphi_e)$$

3 个解析式中都包含了最大值、频率和初相位，根据解析式可以计算交流电任意瞬时的数值。例如，已知某正弦交流电流的最大值是 2A，频率为 100Hz，设初相位为 60°，则该电流的瞬时表达式为

$$\begin{aligned} i_t &= I_m \sin(\omega t + \varphi_{i0}) \\ &= 2\sin(2\pi f t + 60°) \\ &= 2\sin(628t + 60°)(\text{A}) \end{aligned}$$

2. 波形图表示法

正弦交流电还可以用与解析式表示法相对应的正弦曲线来表示。如图 4-11 所示，横坐标表示时间 t 或电角度 ωt，纵坐标表示交流电的瞬时值。从波形图中可以看出交流电的最大值、周期和初相位。

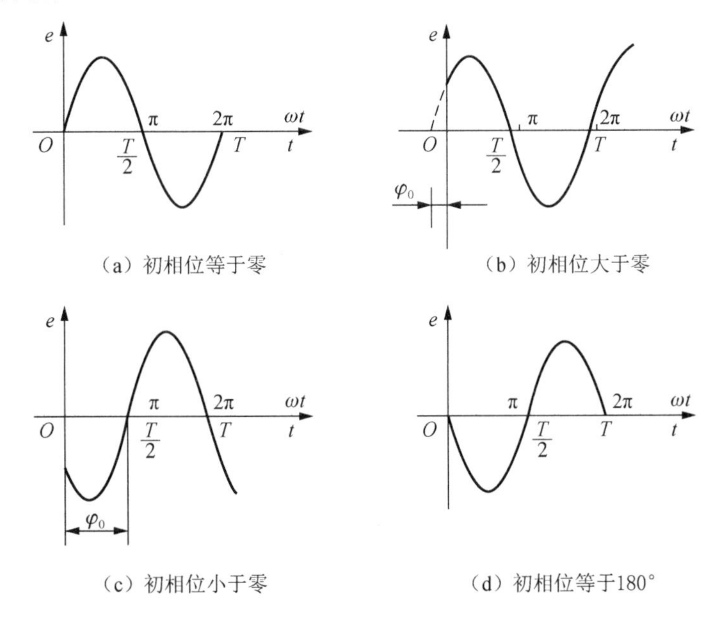

图 4-11　正弦交流电的波形图

3. 矢量图表示法

用矢量图表示法表达正弦交流电，如图 4-12 所示。在直角坐标系内，做一矢量 OA，其长度和正弦交流电的最大值相等，使 OA 与 Ox 轴夹角等于正弦交流电的初相位；令其按逆时针方向旋转，矢量 OA 在任一瞬时与横轴 Ox 的夹角为正弦交流电的相位，OA 在任一瞬时在纵轴 Oy 的投影 Oa 即为正弦交流电的瞬时值。

$$Oa = e = E_m \sin(\omega t + \varphi)$$

从以上讨论可以看出：矢量 OA 的长度代表正弦量的最大值，与 Ox 轴夹角代表了正弦量的相位，频率与正弦量相同，且在纵轴的投影 Oa 代表了正弦量的任一瞬时值。所以可

以说旋转矢量 OA 能完整地表达一个正弦量。

把同频率的交流电画在同一矢量图上时，由于矢量的角频率相同，因此不管其旋转到何位置，彼此之间的相位关系始终保持不变。因此，在研究同频矢量之间的关系时，一般只按初相位作出矢量，而不必标出角频率，如图 4-13 所示，这样作出的图形称为矢量图。

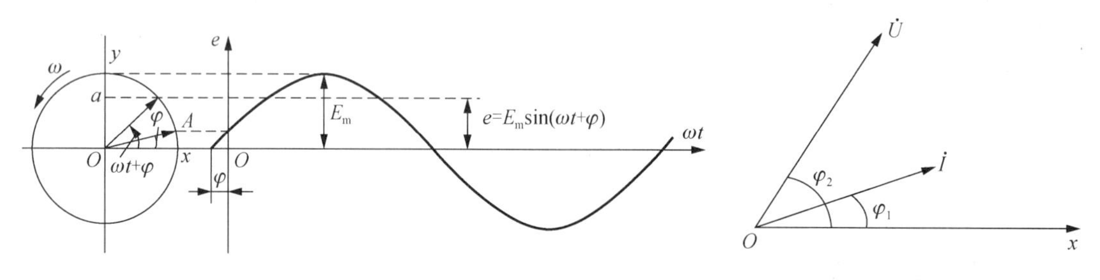

图 4-12　矢量图表示法

图 4-13　矢量图

采用矢量图表示正弦交流电，在计算和决定几个同频率交流电之和或差时，比解析式表示法和波形图表示法要简单得多，而且比较直观，因此它是研究交流电的重要工具之一。

在实际工作中，往往采用有效值矢量图（简称矢量图）来计算交流电。

注意：上述交流电中的物理量并不是物理学意义上的矢量，只是由于其合成与分离法则与后者相同，为叙述方便，称其为“矢量”。因此，在矢量图中，各量不赋予矢量符号。

三、单相交流电路

1. 纯电阻电路

只含有电阻元件的交流电路称为纯电阻电路，由白炽灯、电烙铁、电阻炉（图 4-14）等组成的交流电路都可看成纯电阻电路。在这些电路中，当外加电压一定时，影响电流大小的主要因素是电阻。

（a）白炽灯

（b）电烙铁

（c）电阻炉

图 4-14　纯电阻电路中电阻元件示例

（1）电流与电压的相位关系

设加在电阻两端的电压为

$$u_R = U_{\mathrm{m}} \sin \omega t$$

实验证明，在任一瞬间通过电阻的电流仍可用欧姆定律计算，即

$$i = \frac{u_R}{R} = \frac{U_{\mathrm{m}}}{R} \sin \omega t = I_{\mathrm{m}} \sin \omega t \tag{4-7}$$

式（4-7）表明，在正弦电压的作用下，电阻中通过的电流也是一个同频率的正弦交流电流，且与加在电阻两端的电压同相位。图 4-15（a）为纯电阻电路，图 4-15（b）和（c）分别给出了此电路电流和电压的矢量图和波形图。

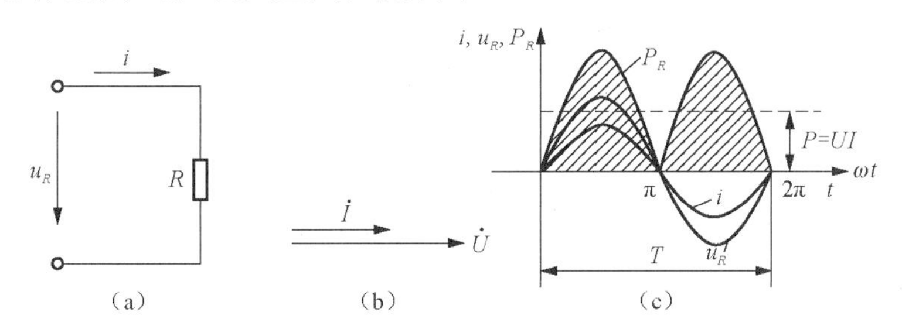

图 4-15　纯电阻电路及其电流和电压的矢量图和波形图

（2）电压与电流的数量关系

由式 $i=\frac{u_R}{R}=\frac{U_m}{R}\sin\omega t=I_m\sin\omega t$ 可知，通过电阻的最大电流为

$$I_m=\frac{U_m}{R}$$

由于纯电阻电路中正弦交流的电压和电流之间满足欧姆定律，因此把等式两边同时除以 $\sqrt{2}$，即得到有效值关系为

$$I=\frac{U}{R}$$

这说明，正弦交流电压和电流的有效值之间也符合欧姆定律。

（3）功率

在任一瞬间，电阻中电流瞬时值与同一瞬间的电阻两端电压的瞬时值的乘积，称为电阻获取的瞬时功率，用 P_R 表示，即

$$P_R=u_R i=\frac{U_m^2}{R}\sin^2\omega t$$

瞬时功率的曲线如图 4-15（c）所示。由于电流和电压同相，因此 P_R 在任一瞬间的数值是正值或等于零，这说明电阻总是消耗功率，是耗能元件。

由于瞬时功率时刻变动，不便计算，通常用电阻在交流电一个周期内消耗的功率的平均值来表示功率的大小，称为平均功率。平均功率又称有功功率，用 P 表示，单位是瓦（W）。用有效值表示电压、电流时，平均功率 P 的计算与直流电路相同，即

$$P=UI=I^2R=\frac{U^2}{R}$$

【例 4-3】 已知某白炽灯的额定功率为 220V/100W，其两端所加电压为 u=311sin 314t(V)。试求：

1）白炽灯的工作电阻；

2）电流有效值及解析式。

解：1）因白炽灯额定电压、额定功率分别为 220V 和 100W，所以

$$R=\frac{U^2}{P}=\frac{220^2}{100}\approx 484(\Omega)$$

2）由 $u=311\sin 314t(\mathrm{V})$，可知电压有效值为

$$U=\frac{U_\mathrm{m}}{\sqrt{2}}=\frac{311}{\sqrt{2}}\approx 220(\mathrm{V})$$

与白炽灯的额定电压相符。

$$I=\frac{U}{R}=\frac{220}{484}\approx 0.455(\mathrm{A})$$

解析式为

$$i=\frac{u}{R}=\frac{311\sin 314t}{484}\approx 0.643\sin 314t(\mathrm{A})$$

2. 纯电感电路

常见电感器的外形和电路符号如图 4-16 所示。

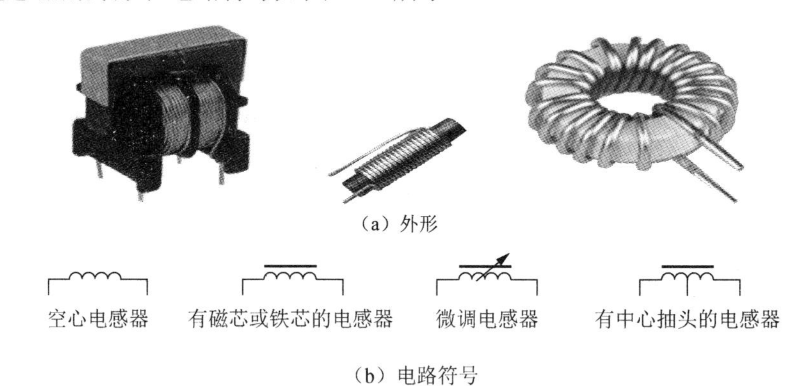

（a）外形

空心电感器　有磁芯或铁芯的电感器　微调电感器　有中心抽头的电感器

（b）电路符号

图 4-16　常见电感器的外形和电路符号

电感对交流电的阻碍作用：由交流电源与电感线圈（电阻近似为零）组成的电路，称为纯电感电路。当电感上有交变电流流过时，根据电磁感应定律，线圈上将产生感应电动势。图 4-17 为纯电感电路及其电压和电流的波形图和矢量图。

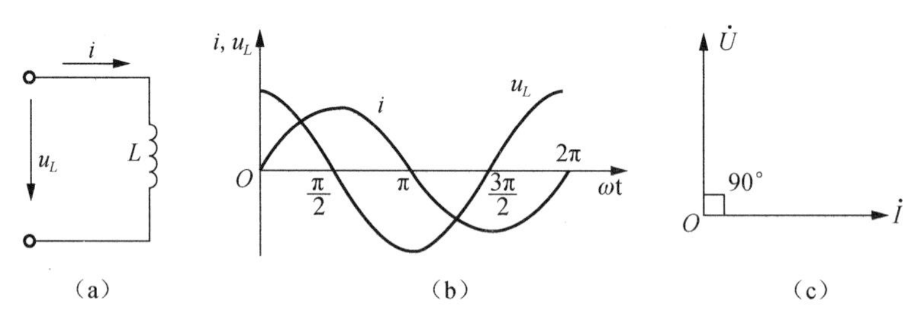

图 4-17　纯电感电路及其电压和电流的波形图和矢量图

（1）电流和电压的关系

1）电流和电压的相位关系。实验证明纯电感电路中电感两端的电压 u_L 与电流 i 频率相同，且相位 u_L 超前电流 90°，设电感中通过的电流为 $i=I_\mathrm{m}\sin\omega t$，则有

$$u_L = \omega L I_m \sin\left(\omega t + \frac{\pi}{2}\right) \tag{4-8}$$

如图 4-17（b）和（c）所示。

2）电流和电压的大小关系。由式（4-8）可知：

$$U_m = \omega L I_m \text{ 或 } U_L = \omega L I$$

对比纯电阻电路有

$$\frac{U_m}{I_m} = \frac{U_L}{I} = \omega L \tag{4-9}$$

说明ωL与电阻 R 相当，表示对电流的阻碍作用，称之为感抗，用 X_L 表示，单位是Ω，即

$$X_L = \omega L = 2\pi f L \tag{4-10}$$

讨论：从式（4-10）中知，感抗的大小决定于频率 f 和自感系数 L。对于一个线圈而言，L 是一确定数，因此其大小只决定于 f, f 越大，X_L 越大，阻碍电流的作用越大，反之，X_L 越小。对于直流电路而言，相当于 f=0，显然此时 $X_L = 0$，对电流无阻碍作用，此时纯电感电路相当于短路。所以感抗只有在交流电路中才有意义。

（2）纯电感电路的功率

$$P_L = u_L i = U_m \sin\left(\omega t + \frac{\pi}{2}\right) \times I_m \sin\omega t = U_L I \sin 2\omega t \tag{4-11}$$

由式（4-11）画出的波形图如图 4-18 所示。

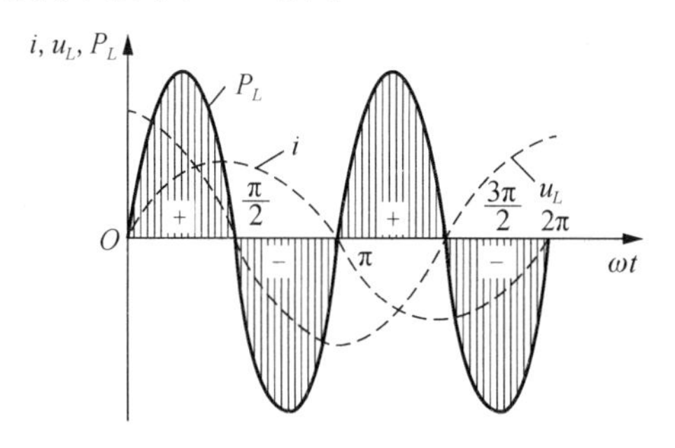

图 4-18　纯电感电路的功率曲线

从图 4-18 可知，一个周期中功率和为零，因此纯电感电路的平均功率 $P_L = 0$。

由图 4-18 分析可知，第一和第三个 1/4 周期内，P_L 为正值，即电源将电能传给线圈，并以磁能形式储存在线圈中；第二和第四个 1/4 周期内，P_L 为负值，即线圈将磁能转换成电能向电源充电。经过分析，说明纯电感电路中无能量损耗，只有磁能和电能的周期性互换。所以电感元件是一种储能元件。

虽然纯电感电路中平均功率为零，但瞬时功率不为零。将瞬时功率的最大值称为无功功率，用 Q_L 表示，即

$$Q_L = U_L I = I^2 X_L = \frac{U^2}{X_L} \tag{4-12}$$

无功功率的单位是 var（乏）。它表明了电感和电源交换能量规模的大小。

注意：“无功”的含意是“交换”，而不是“消耗”，决不能理解为“无用”。生产实践

中，无功功率占有很重要的地位。例如，具有电感性质的变压器、电动机等设备都是靠电磁能量转换工作的。

【例 4-4】 有一个电感 L=0.7H，电阻可以忽略的线圈接在交流电源上，已知：$u = 220\sqrt{2}\sin(314t + 30^\circ)\text{V}$ $\sin(314t + 30^\circ)\text{V}$。试求：

1）线圈的感抗；

2）流过线圈电流的瞬时值表达式；

3）电路的无功功率；

4）电压和电流的矢量图。

解：1）$X_L = \omega L = 314 \times 0.7 \approx 220(\Omega)$。

2）$I = \dfrac{U}{X_L} = \dfrac{220}{220} = 1(\text{A})$。

在纯电感电路中，电流滞后电压 90°，且 $\varphi_u = 30^\circ$，所以电流初相位为

$$\varphi_i = \varphi_u - 90^\circ = 30^\circ - 90^\circ = -60^\circ$$

得

$$i = \sqrt{2}\sin(314t - 60^\circ)\text{A}$$

3）$Q_L = U_L I = 220 \times 1 = 220(\text{var})$。

4）电压和电流的矢量图如图 4-19 所示。

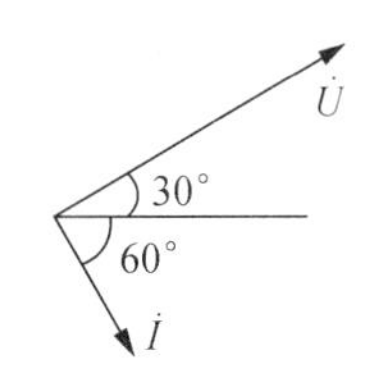

图 4-19　例 4-4 电压和电流的矢量图

3. 纯电容电路

电容器简称电容，是构成电路的基本元件之一，在电子产品和电气设备中应用广泛。几种常用电容器的外形如图 4-20 所示。

（a）电力电容器

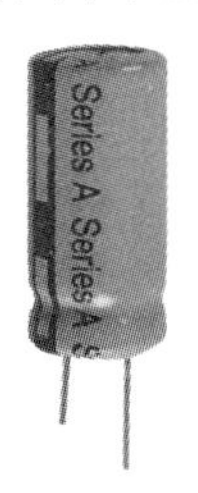

（b）电解电容器

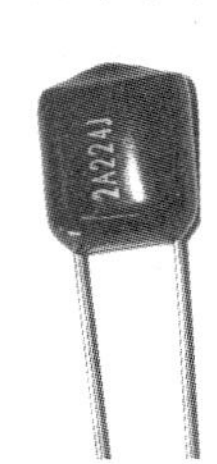

（c）涤纶电容器

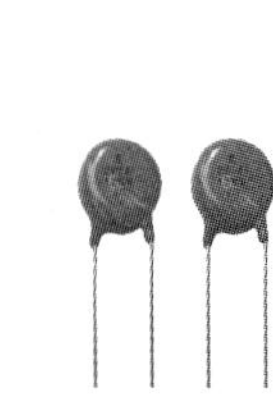

（d）瓷介质电容器

（e）可变电容器

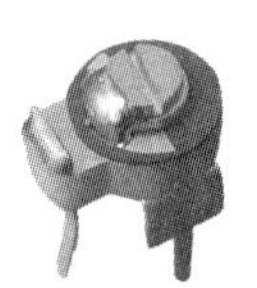

（f）微调电容器

图 4-20　常用电容器的外形

两个相互绝缘又靠得很近的导体就组成了一个电容器。这两个导体称为电容器的两个极板，中间的绝缘材料称为电容器的电介质。图 4-21 所示的纸介质电容器就是在两块铝箔之间插入纸介质，卷绕成圆柱形而成的。

电容器能储存电荷，也能将储存的电荷释放。外加电压使电容器储存电荷的过程称为充电，电容器向外释放电荷的过程称为放电。

电容器容量的单位是法拉（F），F 这个单位不常用，常用的单位是微法（μF）和皮法（pF）。它们之间的换算关系如下：

$$1\text{F} = 1\,000\,000\mu\text{F} = 10^6\mu\text{F}$$

$$1\mu\text{F} = 1\,000\,000\text{pF} = 10^6\text{pF}$$

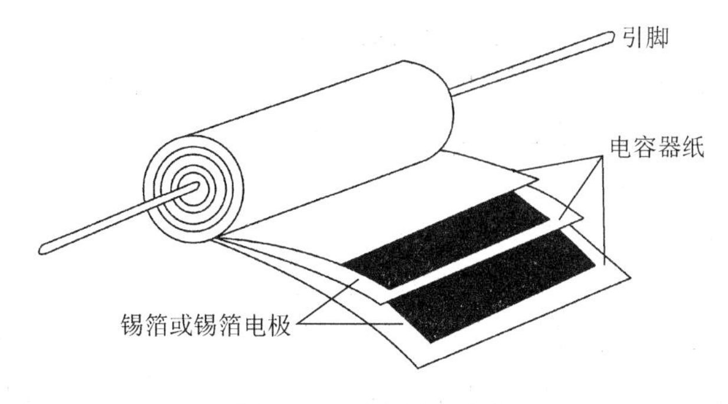

图 4-21　纸介质电容器

当把一个电容器接在交变电源上时，外加电压的大小和方向不断周期性地变化，当外加电压从负最大值到正最大值变化时，电容器充电；当外加电压从正最大值到负最大值变化时，电容器放电。这样只要有交变电压加在电容器上，电容器始终在不断充电、放电，电容电路中就始终维持有交变电流流过。

注意：在外加交变电压下，电容电路中的电流是充、放电而形成的电流，不是这个电流穿过电容器内从一个极板绝缘物到达另一个极板，称这种电流为位移电流。

将介质损耗很小、极板间绝缘电阻很大的电容接入交流电源组成的电路，称为纯电容电路，如图 4-22 所示。

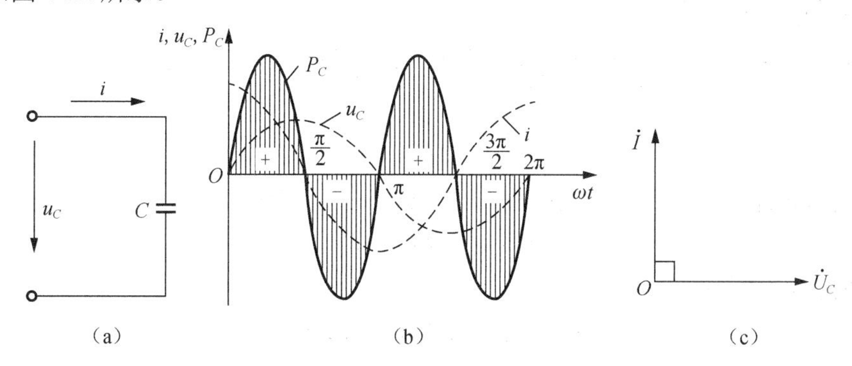

图 4-22　纯电容电路及其电压和电流的波形图和矢量图

（1）电流与电压的关系

1）电流与电压相位的关系。实验证明：在纯电容电路中，电流超前电压$\frac{\pi}{2}$，电流 i 与电压 u_C 频率相同，如图 4-22（b）所示。

设加在电容两端的电压为$u_C = U_m \sin\omega t$，则有

$$i = \omega C U_m \sin\left(\omega t + \frac{\pi}{2}\right) \tag{4-13}$$

2）电流与电压大小的关系。由式（4-13）可知：

$$I_m = \omega C U_{Cm} \text{或} I = \omega C U_C$$

$$X_C = \frac{U_C}{1} = \frac{1}{\omega C} = \frac{1}{2\pi f C} \tag{4-14}$$

式中，X_C——容抗，单位为Ω。

讨论：电容电路中容量 C 一般是一个确定的数，决定 X_C 大小的只有频率。f 越大，X_C 越小，说明频率越高阻碍电流的作用越小；反之，f 越小，X_C 越大。在直流电源中，因 $f=0$，故电容的容抗无限大，说明电容是“隔直通交”的。

（2）纯电容电路的功率

采用和纯电感电路相似的方法，可求得

$$P_C = U_C I \sin 2\omega t \tag{4-15}$$

根据式（4-15）所画波形图如图 4-22（b）所示。同样地，纯电容电路的平均功率 $P_C = 0$。从波形图可知电容也是个储能元件，在第一和第三个 1/4 周期内，它把电能转变成电场能量储存起来，第二和第四个 1/4 周期内，将电场能量变成电能。同理，为了表明电容和电源能量交换的规模，定义无功功率为 Q_C，即

$$Q_C = U_C I = I^2 X_C = \frac{U^2}{X_C} \tag{4-16}$$

【例 4-5】 已知某纯电容电路两端的电压为 $u = 220\sqrt{2}\sin(314t + 30°)\text{V}$，电容 C=15.9μF。试求：

1）电流的瞬时值表达式；

2）无功功率；

3）电流和电压的矢量图。

解： 1）$X_C = \dfrac{1}{\omega C} = \dfrac{1}{314 \times 15.9 \times 10^{-6}} \approx 200(\Omega)$。代入 U=220V，得

$$I = \frac{U}{X_C} = \frac{220}{200} = 1.1(\text{A})$$

因纯电容电路中，电流超前电压 90°，且 $\varphi_u = 30°$，得电流初相位为

$$\varphi_i = \varphi_u + 90° = 120°$$

电流的瞬时值表达式为

$$i = 1.1\sqrt{2}\sin(314t + 120°)\text{A}$$

2）根据式（4-16）可得电路的无功功率为

$$Q_C = U_C I = 220 \times 1.1 = 242(\text{var})$$

3）电流和电压矢量图如图 4-23 所示。

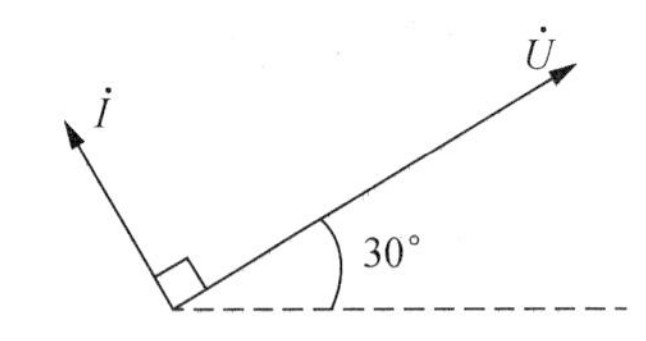

图 4-23 例 4-5 电流和电压矢量图

4. 电阻和电感的串联电路

由电阻和电感组成的串联电路称为 R–L 串联电路。例如，交流电路中线圈电阻不能忽略时就构成了 R–L 串联电路，此时将含有电阻的线圈组成的交流电路等效为纯电阻和纯电感的串联。

（1）电流和电压的关系

1）电流和电压相位关系。R–L 串联电路如图 4-24（a）所示。串联电路中，各元件流过电流相同，即 $i = i_R = i_L$，所以选取电路中电流为参考量。设 $i = I_m \sin\omega t$ 即电流初相位为零。由前述纯电阻、纯电感电路可知，流过电阻的电流与其电压同相，流过电感的电流滞后其电压 90°，所以据此可画出矢量图如图 4-24（b）所示。由图知电路总电压超前总电流角度为 φ，且 $0° < \varphi < 90°$。

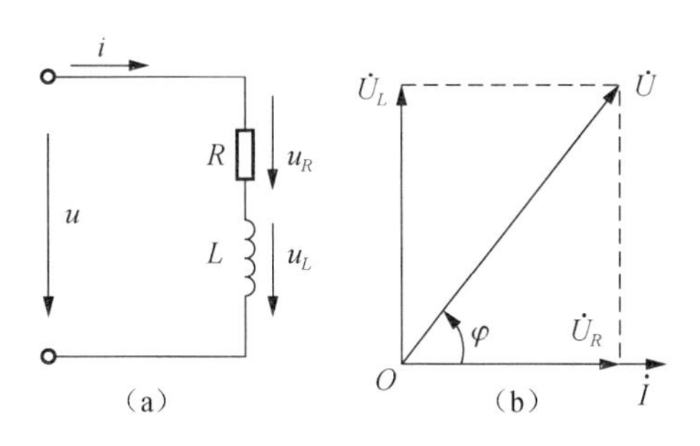

图 4-24　电阻与电感的串联电路及矢量图

通常将总电压超前总电流的电路称为感性负载，或称该电路中的负载是感性负载。

2）电流与电压的数量关系。由矢量图［图 4-24（b）］可知

$$U = \sqrt{{U_R}^2 + {U_L}^2} \tag{4-17}$$

将 $U_R = IR$，$U_L = IX_L$ 代入式（4-17）得

$$U = I\sqrt{R^2 + {X_L}^2}$$

$$\frac{U}{I} = \sqrt{R^2 + {X_L}^2}$$

令 $Z = \sqrt{R^2 + {X_L}^2}$，则有

$$I = \frac{U}{Z} \tag{4-18}$$

式中，Z 是电路中阻碍总电流的，称为阻抗，单位为 Ω，式（4-18）称为交流电路中的欧姆定律。

总电压超前总电流的角度为

$$\varphi = \arctan\frac{U_L}{U_R} = \arctan\frac{X_L}{R} \tag{4-19}$$

矢量图中 U_R、U_L、U 组成了一个三角形，将式（4-17）中两边各除以 I，即将电压三角形各边缩小 I 倍，得到一个与电压三角形相似的三角形称为阻抗三角形，如图 4-25 所示。

（2）功率与功率因数

因电阻是损耗元件，电感是储能元件，所以在 $R-L$ 串联电路中，既有有功功率（P），又有无功功率（Q_L）。有功功率是电阻上消耗的功率，无功功率是电感和电源进行能量交换的大小。它们分别为

$$P = U_R I = I^2 R = \frac{{U_R}^2}{R}$$

$$Q_L = U_L I = I^2 X_L = \frac{U_L^{\ 2}}{X_L}$$

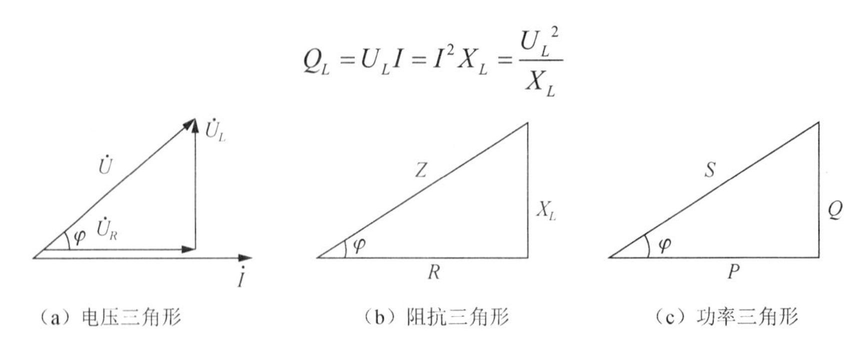

图 4-25　电压、阻抗、功率三角形

电源提供的总功率就是电路两端的电压和电流有效值的乘积，称为视在功率，用 S 表示。它表示电源提供的总功率或电源能量的大小，单位为伏安（V · A)。

$$S = IU$$

$$S = I\sqrt{U_R^{\ 2} + R_L^{\ 2}} = \sqrt{(IU_R)^2 + (IU_L)^2} = \sqrt{P^2 + Q_L^{\ 2}}$$

$$P = S\cos\varphi$$

$$Q_L = S\sin\varphi$$

可见 S、P、Q 也满足一个三角形，称为功率三角形，且和电压、阻抗三角形相似，如图 4-25（c）所示。

从功率三角形可知，电源提供的视在功率不能被电路完全转化为有功功率，因此，存在总功率的利用问题。为了反映这一问题，人们将 P 与 S 的比值称功率因数。

$$\text{功率因数} = \frac{\text{有功功率}}{\text{总功率}} = \frac{P}{S} = \cos\varphi$$

讨论：

① 在电源额定容量下，$\cos\varphi$ 越大（φ 越小），电源产生的电能转换成热能或机械能越多，电源利用率越高。

② 在同一电压下，要输送同一功率，$\cos\varphi$ 越大，线路中电流越小，线路上的损耗越小。

③ 提高功率因数的方法。在实际应用中电动机的功率因数较低，提高功率因数的一种方法是合理选用电动机（一般选用 Y 系列电动机并与实际使用功率匹配），减少电动机空转；另一种方法是在感性电路两端并联适当的电容，称为并联补偿法。

【例 4-6】 将电感为 25mH、电阻为 6Ω 的线圈串联在 $u = 220\sqrt{2}\sin(314t + 30°)$V 的交流电源上。求：

1）Z;

2）I 和 i;

3）P、Q、S；

4）$\cos\varphi$；

5）矢量图。

解： 1）$X_L = \omega L = 314 \times 25.5 \times 10^{-3} \approx 8(\Omega)$

$$Z = \sqrt{R^2 + X_L^{\ 2}} = \sqrt{6^2 + 8^2} = 10(\Omega)$$

2）$I=\dfrac{U}{Z}=\dfrac{220}{10}=22(\text{A})$

电压超前电流的角度为

$$\varphi=\arctan\frac{X_L}{R}=\arctan\frac{8}{6}\approx 53^\circ$$

$$\varphi_i=\varphi_u-53^\circ=30^\circ-53^\circ=-23^\circ$$

由此可得

$$i=22\sqrt{2}\sin(314t-23^\circ)\text{A}$$

3）$P=I^2R=22^2\times 6=2904(\text{W})=2.904(\text{kW})$

$Q_L=I^2X_L=22^2\times 8=3872(\text{var})=3.872(\text{kvar})$

$S=UI=220\times 22=4840(\text{V}\cdot\text{A})=4.84(\text{kV}\cdot\text{A})$

4）$\cos\varphi=\cos 53^\circ=0.6$　或　$\cos\varphi=\dfrac{R}{Z}=\dfrac{6}{10}=0.6$

5）矢量图如图 4-26 所示。

图 4-26　例 4-6 矢量图

四、常用电工工具的使用

1. 低压验电器

低压验电器又称测电笔，是检测电气设备、电路是否带电的一种常用工具。普通低压验电器的电压测量范围为 60～500V，高于 500V 的电压不能用普通低压验电器来测量。使用低压验电器时要注意以下几个方面：

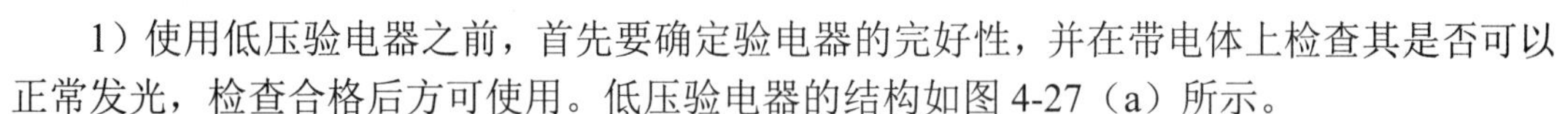

1）使用低压验电器之前，首先要确定验电器的完好性，并在带电体上检查其是否可以正常发光，检查合格后方可使用。低压验电器的结构如图 4-27（a）所示。

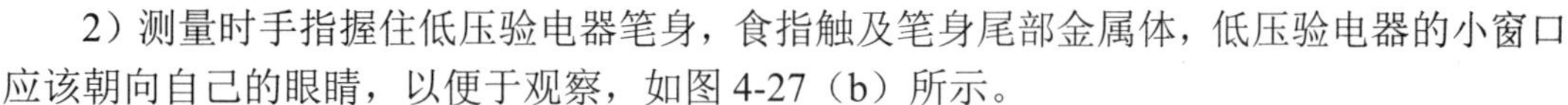

2）测量时手指握住低压验电器笔身，食指触及笔身尾部金属体，低压验电器的小窗口应该朝向自己的眼睛，以便于观察，如图 4-27（b）所示。

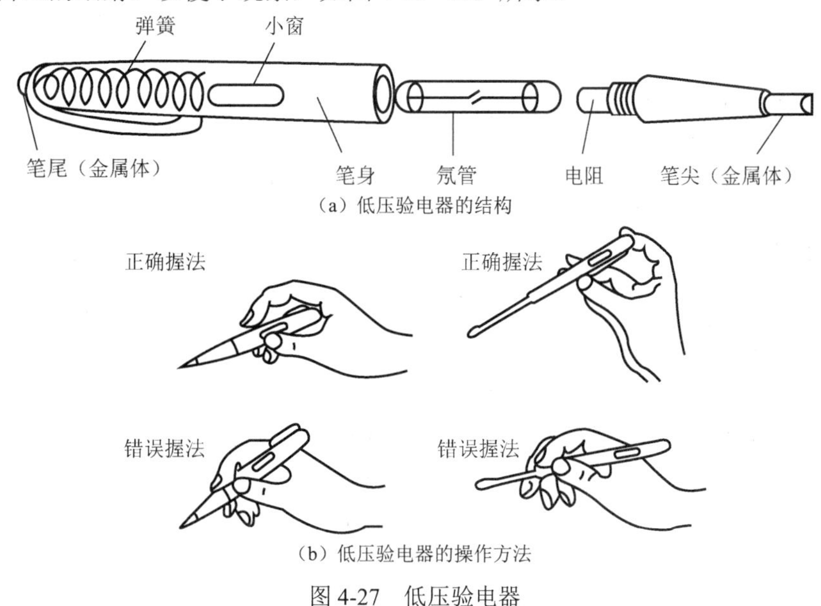

（a）低压验电器的结构

（b）低压验电器的操作方法

图 4-27　低压验电器

3）在较强的光线下或阳光下测试带电体时，应采取适当避光措施，以防观察不到氖管是否发亮，造成误判。

4）低压验电器可用来区分相线和中性线，接触时氖管发亮的是相线，不亮的是中性线。它也可用来判断电压的高低，氖管越暗，表明电压越低；氖管越亮，表明电压越高。

5）当用低压验电器触及电动机、变压器等电气设备的外壳时，如果氖管发亮，则表明该设备相线有漏电现象。

6）用低压验电器测量三相四线制电路，若发生单相接地现象，则用低压验电器测量中性线，氖管也会发亮。

7）用低压验电器测量直流电路时，把低压验电器连接在直流电的正负极之间，氖管里两个电极只有一个发亮，氖管发亮的一端为直流电的负极。

8）低压验电器笔尖与螺钉旋具形状相似，但其能承受的转矩很小，因此，应尽量避免用其安装或拆卸电气设备，以防受损。

2. 电工刀

电工刀是一种切削工具，主要用于剖削导线绝缘层、削制木榫、切削木台和绳索等。电工刀有普通型和多用型两种，按刀片尺寸的大小分为大、小两号，大号的刀片长度为112mm，小号的为88mm。多用型电工刀除具有刀片外，还有可收式的锯片、锥针和旋具，可用于锯割电线槽板、胶木管、锥钻木螺钉的底孔。电工刀的刀口磨制应在单面上磨出呈圆弧状的刀口，刀刃部分要磨得锋利一些。电工刀的外形如图4-28所示。

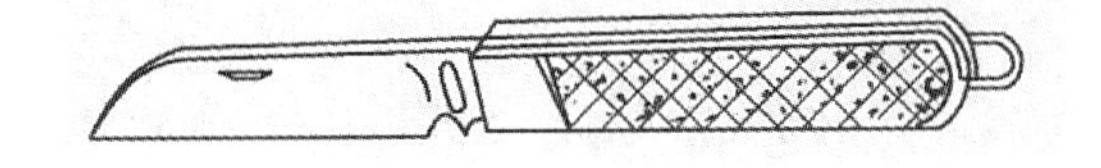

图4-28　电工刀的外形

使用电工刀时要注意以下几个方面：

1）在剖削电线绝缘层时，可把刀略微翘起一些，用刀刃的圆角抵住线芯，这样不易削伤线芯。

2）切忌把刀刃垂直对着导线切割绝缘，以免削伤线芯。

3）使用电工刀时，刀口应朝外进行操作。

4）电工刀的刀柄结构没有绝缘，不能在带电体上使用电工刀进行操作，以免触电。

3. 螺钉旋具

螺钉旋具俗称起子或改锥，主要用来紧固或拆卸螺钉。按头部形状的不同，常用螺钉旋具有一字形和十字形两种。

使用螺钉旋具时应该注意以下几个方面：

1）螺钉旋具的手柄应该保持干燥、清洁、无破损且绝缘完好。

2）电工不可使用金属杆直通柄顶的螺钉旋具，在实际使用过程中，不应让螺钉旋具的金属杆部分触及带电体，可以在其金属杆上套上绝缘塑料管，以免造成触电或短路事故。

3）不能用锤子或其他工具敲击螺钉旋具的手柄。

螺钉旋具的使用方法，如图 4-29 所示。

（a）大螺钉旋具的使用方法

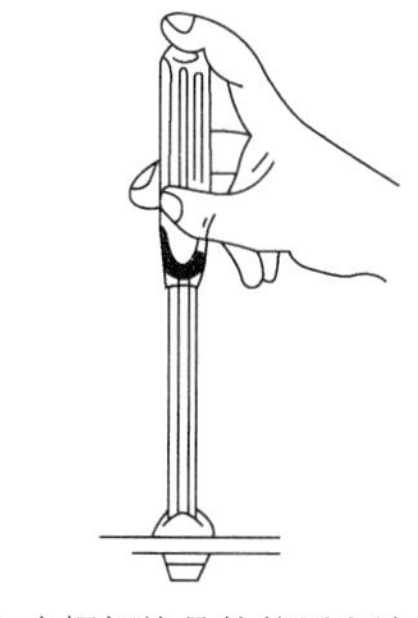

（b）小螺钉旋具的使用方法

图 4-29　螺钉旋具的使用方法

4. 钢丝钳

钢丝钳主要用于剪切、绞弯、夹持金属导线，也可用于紧固螺母、切断钢丝。其结构和使用方法，如图 4-30 所示。电工应该选用带绝缘手柄的钢丝钳，其绝缘性能为 500V。常用钢丝钳的规格有 150mm、175mm、200mm 共 3 种。

使用钢丝钳时应注意以下几个方面：

1）在使用钢丝钳以前，首先应该检查绝缘手柄的绝缘是否完好，如果绝缘破损，进行带电作业时会发生触电事故。

2）用钢丝钳剪切带电导线时，既不能用刀口同时切断相线和中性线，也不能同时切断两根相线，而且两根导线的断点应保持一定距离，以免发生短路事故。

3）不得把钢丝钳当作锤子敲打使用，也不能在剪切导线或金属丝时，用锤子或其他工具敲击钳头部分。另外，钳的轴要经常加油，以防生锈。

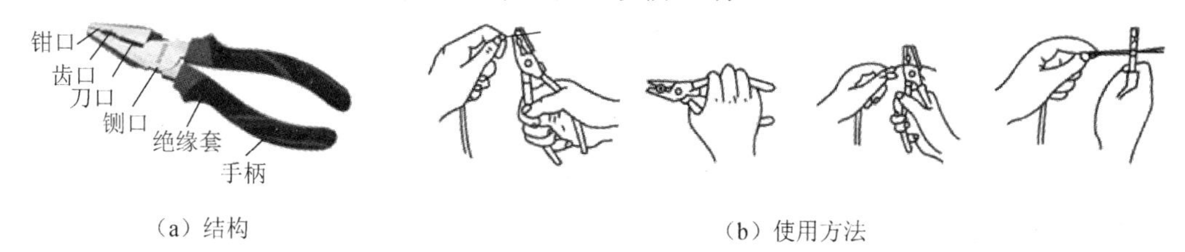

（a）结构　　（b）使用方法

图 4-30　钢丝钳的结构及使用方法

5. 尖嘴钳

尖嘴钳的头部尖细，适用于在狭小的工作空间操作。它主要用于夹持较小物件，也可用于弯曲导线、剪切较细导线和其他金属丝。电工使用的是一种带绝缘手柄的尖嘴钳，其绝缘手柄的绝缘性能为 500V，其外形如图 4-31 所示。尖嘴钳按其全长分为 130mm、160mm、180mm、200mm 等。

尖嘴钳在使用时的注意事项与钢丝钳一致。

6. 斜口钳

斜口钳专用于剪断各种电线电缆，如图 4-32 所示。对于粗细不同、硬度不同的材料，应选用大小合适的斜口钳。

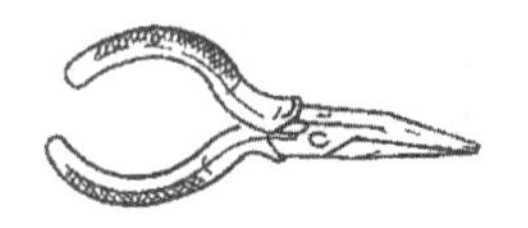

图 4-31 尖嘴钳的外形

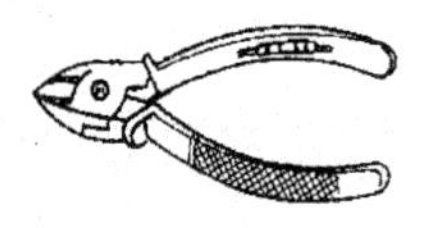

图 4-32 斜口钳

7. 剥线钳

剥线钳是用于剥除较小直径导线、电缆绝缘层的专用工具，它的手柄是绝缘的，绝缘性能为 500V。剥线钳的使用方法简便，确定要剥削的绝缘长度后，即可把导线放入相应的切口中（直径 0.5～3mm），用手握住钳柄，导线的绝缘层即被拉断后自动弹出。

项目实施

一、所需材料

照明电路实验电路板（图 4-33），材料：断路器（6.3A）、导线若干、常用电工工具。

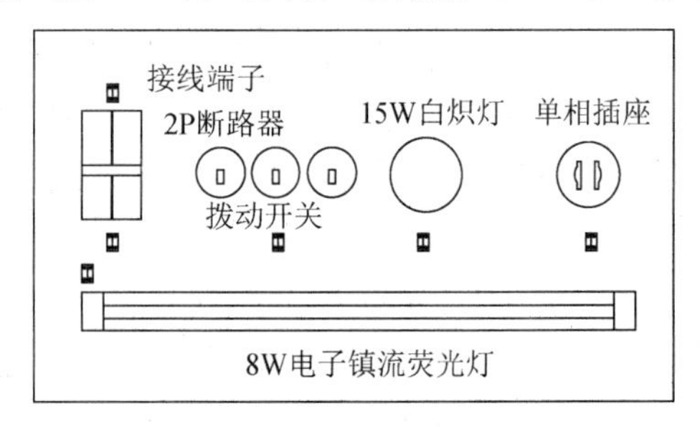

图 4-33 照明电路实验板

二、照明电路的安装操作

照明电路的安装步骤如下：

1）识读电路图（图 4-34）。

2）裁剪导线、剥线。

3）导线连接，按设计的电路图连接导线。

4）教师检查。

5）通电测试。

6）项目评价。

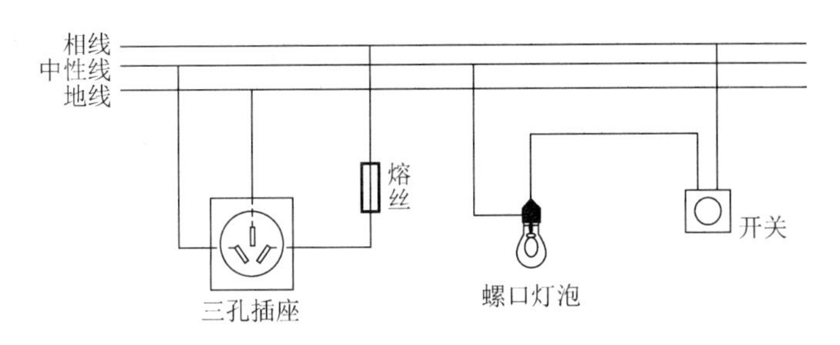

图 4-34　照明电路实验电路图

项目考核

项目评价表如表 4-1 所示。

表 4-1　项目评价表

评价内容	配分	评分标准	扣分	
装前检查	10	电气元件漏检或错检每只扣 2 分		
工具使用	10	(1) 工具选择错误扣 5 分； (2) 工具使用不当每次扣 2 分		
安装灯泡	10	(1) 不按电路图安装扣 5 分； (2) 安装不紧固，每只扣 2 分； (3) 漏装螺钉，每个扣 2 分； (4) 损坏器材每只扣 3 分		
布线	40	(1) 不按电路图接线扣 10 分； (2) 接点松动、露铜过长、压绝缘皮、反圈等，每个接点扣 2 分； (3) 损伤导线绝缘皮或线芯，每根扣 3 分； (4) 插座中性线、相线接反扣 5 分； (5) 漏接接地线扣 5 分		
通电测试	30	(1) 第一次试车不成功扣 10 分； (2) 第二次试车不成功扣 10 分； (3) 第三次试车不成功扣 10 分； (4) 烧坏熔丝扣 20 分		
安全文明生产	违反安全文明生产规定扣 5～40 分（从总得分中扣除）			
额定时间 120min	每超过 5min 扣 5 分（从总得分中扣除）			
备注	除额定时间外，各项目扣分不得超过该项配分		成绩	

思考与练习

1．直流电和交流电有什么区别？
2．什么是交流量的瞬时值和最大值？各有什么特点？
3．什么是正弦交流量的周期和频率？两者有什么关系？
4．工频交流电的频率是多少？周期是多少？
5．正弦交流量的三要素是什么？

6. 什么是正弦交流量的相位和初相位，它们与该正弦量的计时起点是否有关？与正弦量参考方向的选择是否有关？

7. 什么是角频率？它和周期、频率有什么关系？

8. 什么是正弦量的相位差？它与正弦量的计时起点是否有关？

9. 超前、滞后、同相、反相、正交各表示什么意思？

10. 什么是正弦交流电的有效值？正弦交流电的有效值与最大值之间有什么关系？

11. 把额定电压为 220V 的灯泡分别接到 220V 的交流电源和直流电源上，灯泡的亮度有无区别？

12. 已知某正弦电压的振幅 U_m=310V，频率 f=50Hz，初相 $\varphi=-30°$，试写出此电压的瞬时值表达式，并画出波形图。

13. 指出下列正弦量的最大值、角频率、频率、周期和初相位。

（1）$u_1=110\sin(314t+30°)\text{V}$；

（2）$i_1=10\sin(50t+135°)\text{A}$；

（3）$i_2=20\sin(2\pi\times 50t-240°)\text{A}$。

14. 已知正弦量分别如下：

（1）$V_m=311\text{V}$，$f=50\text{Hz}$，$\varphi=135°$；

（2）$I_m=100\text{A}$，$f=100\text{Hz}$，$\varphi=-90°$。

试分别写出其瞬时值的函数表达式。

15. 一只 220V、60W 的白炽灯泡，接在电压 $u=200\sqrt{2}\sin\left(314t+\frac{\pi}{6}\right)\text{V}$ 的电源上，试求流过灯泡的电流。写出电流的瞬时值表达式，画出电压和电流的矢量图。

16. 在图 4-35 所示电路中，已知 $L=63.7\text{mH}$，$u=141\sin(314t+30°)\text{V}$，求交流电流表、交流电压表的读数，写出电流的瞬时值表达式，画出电压和电流的矢量图。

17. 一个 L=0.5H 的线圈接在 220V、50Hz 的交流电源上，求线圈中的电流和无功功率。当电源频率变为 100Hz，其他条件不变时，线圈中的电流又是多少？

18. 在图 4-36 中，各电容器的电容、电源的电压、交流电的频率均相等，则哪一只电流表的读数最大？哪一只的读数最小？为什么？

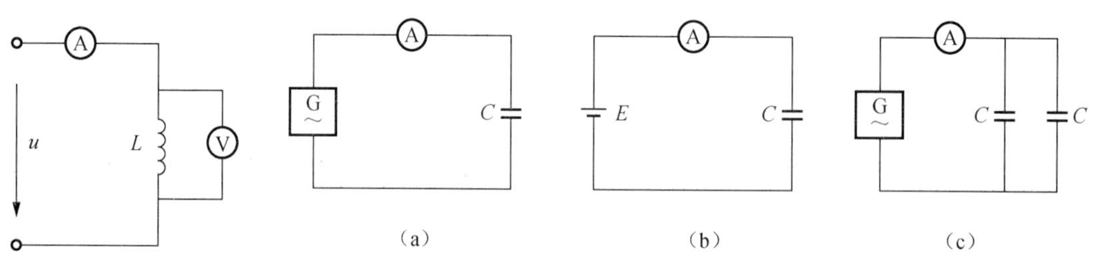

图 4-35　第 16 题图

图 4-36　第 18 题图

19. 在一个 1μF 的电容器两端加 $u=70.7\sqrt{2}\sin(314t-30°)\text{V}$ 的正弦电压，求通过电容器的电流有效值及瞬时值表达式，画出电压和电流矢量图。

20．观察自己房间电路的安装，并绘制电路图。

21．如果将空气断路器换成刀开关，是否可行？并给出理由。

22．简述低压验电器的用法。

知识拓展

一、荧光灯

荧光灯由荧光灯管、镇流器、启辉器等组成，其电路如图 4-37 所示。

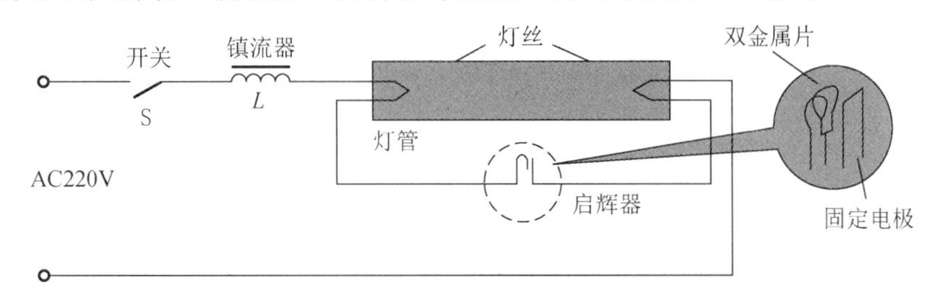

图 4-37　荧光灯电路

荧光灯的启辉过程如图 4-38 所示。

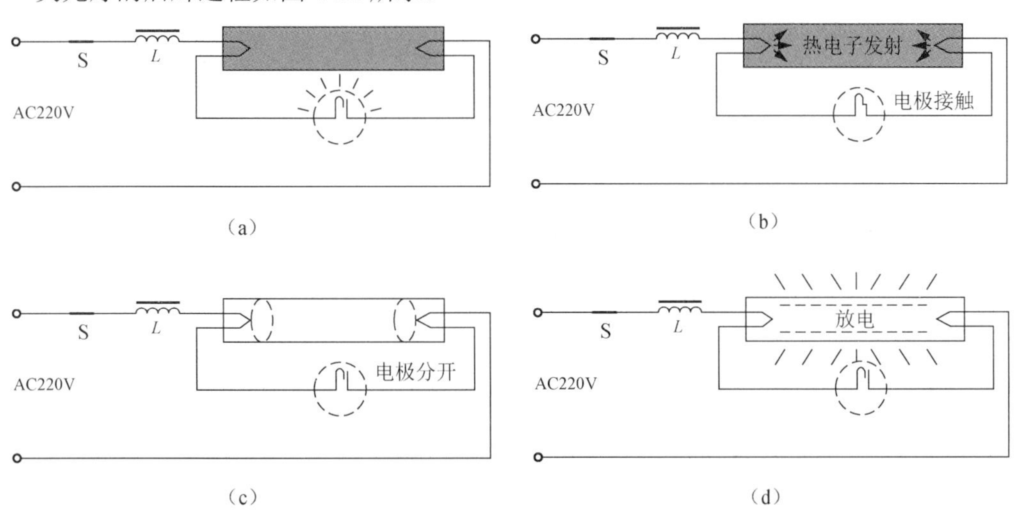

图 4-38　荧光灯的启辉过程

荧光灯的启辉过程具体如下：

（1）辉光发电

当合上开关 S 时，线路上的电压全部加在启辉器的两端，使启辉器发生辉光发电（一种低压气体显示辉光的气体放电现象），如图 4-38（a）所示。

（2）热电子发射

辉光放电所产生的热量使启辉器中的双金属片变形，并与固定电极接触，使电路接通，电流通过镇流器与灯丝，灯丝经加热后发射电子，如图 4-38（b）所示。

（3）产生高电压

启辉器的双金属片与固定电极接触后，启辉器停止放电，氖泡温度下降，双金属片因温度下降而断开。在启辉器断开的瞬间，镇流器线圈产生一个瞬时高压，这个电压与线路电压一起加在荧光灯两极。此过程如图 4-38（c）所示。

（4）荧光灯亮

热电子在高压作用下，加速撞击灯管内汞原子而产生紫外线激励管壁上的荧光物质，使之发出可见光，如图 4-38（d）所示。

有些荧光灯中没有安装启辉器，实际上它是用手动机构替代了启辉器的通断动作。近年来有许多新型荧光灯，不仅有各种不同的管形设计，有的还用新颖小巧的电子镇流器取代了原来比较笨重的镇流器和启辉器。

二、声光控自动照明灯电路

声光控自动照明灯是一种智能灯具，能够只在夜晚有人时自动开灯，人走后自动关灯，既满足了照明的需要，又最大限度地节约了电能。其电路如图 4-39 所示，主要元器件使用了数字集成电路，简化了电路结构，提高了工作可靠性。

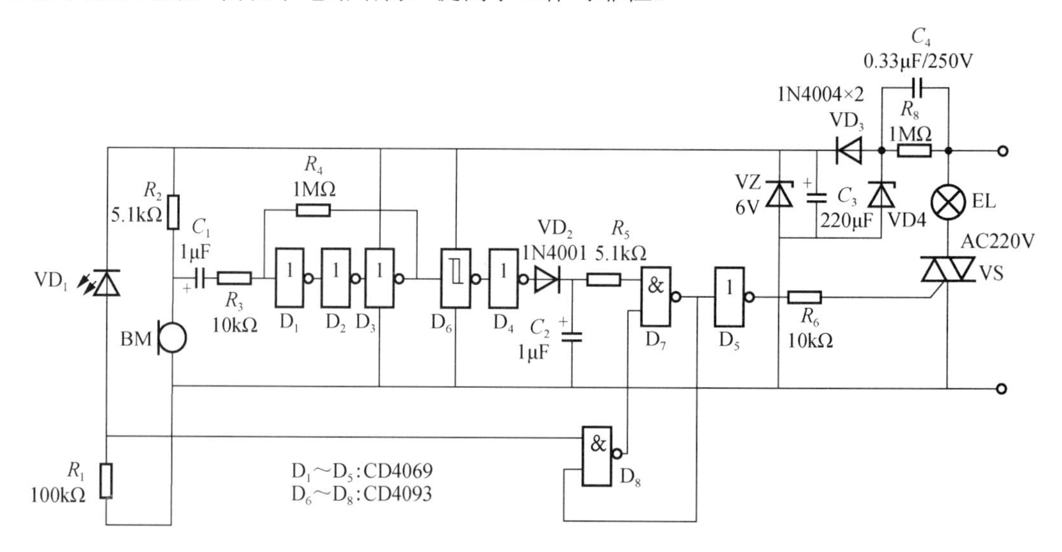

图 4-39　声光控自动照明灯电路

该电路的工作原理如下：

1）光敏二极管 VD_1 等组成光控电路。白天由于环境光很亮，VD_1 导通，D_8 输出低电平封闭了与非门 D_7，照明灯泡 EL 不亮。夜晚 VD_1 截止，D_8 输出高电平开启了与非门 D_7，灯泡 EL 亮或不亮取决于声控电路。

2）驻极体传声器 BM 等组成声控电路。没有行人时灯泡 EL 不亮。当有行人接近时，行人的脚步声或讲话声由传声器 BM 接收、D_1～D_3 放大、D_6 整形、D_4 倒相后，经过与非门 D_7 使双向晶闸管 VS 导通，照明灯 EL 点亮。

3）VD_2、C_2 等组成延时电路。当声音信号消失后，由于延时电路的作用，照明灯 EL

将继续点亮数十秒后才关闭。

4）与非门 D_7 输出端的信号又回送至光控门 D_8，在照明灯 EL 点亮时封闭光控电路信号，这样即使本灯的灯光照射到光敏二极管 VD_1 上，系统也不会误认为是白天而造成照明灯刚点亮就立即关闭。

该电路可以安放在灯座中，外表只留感光孔和感声孔，图 4-39 所示电路为一个整体，特别适合安装在楼梯、走廊等公共场所。

项目5 三相电动机直接起动控制线路的安装

◎ 学习目标

1. 了解三相交流电的基本概念。
2. 理解三相异步电动机的工作原理。
3. 熟悉常用低压电器。
4. 了解电气图的基本知识。
5. 会识读电动机起动控制原理图。
6. 了解电动机控制电路制作的工艺规范。
7. 掌握电动机起动控制线路的连接方法和调试方法。

◎ 项目任务

要安装一个小型喷泉，水泵是一台小功率的三相异步电动机（额定电压380V，额定功率5.5kW，额定转速1378r/min，额定功率50Hz）。要求按下启动按钮，喷泉连续喷涌；按下停止按钮，喷泉停止喷水。请设计并实现水泵的直接起动控制。

◎ 项目分析

要实现电动机的直接起动控制，需采用空气断路器、熔断器、交流接触器、热继电器和两只控制按钮。继电–接触器控制电路工作原理：合上空气断路器QF后，按下启动按钮SB_1，交流接触器KM的线圈得电吸合，KM的主触头闭合，电动机起动运行；松开起动按钮SB_1，因在启动按钮两端并联了交流接触器KM的常开触头，为KM线圈导通提供了另一条供电通路，从而实现了控制电路的自保持，电动机可以保持连续运行；按下停止按钮SB_2，KM线圈失电，KM主触头断开，电动机停止运行。这是典型的电动机直接起动控制电路。

知识链接

一、三相交流电

1. 三相交流电的基本概念

前述的交流电中电源只有一个电动势（发电机只有一个绕组），称为单相交流电。把三个大小相等、频率相同，初相位彼此相差 120° 的电动势称为对称三相电动势。三相电动势由三相发电机产生。

三相交流电和单相交流电的比较如下：

1）同等尺寸下，三相发电机比单相发电机输出功率大。

2）三相发电机的结构、制造工艺不比单相发电机复杂，而且使用、维护方便，对称性好，运转时比单相发电机振动小。另外，从三相中任取一相，就可得到单相交流电。

3）在同等条件下输送同样大的功率，特别是远距离输电时，三相交流电比单相交流电节约 25%左右的材料。

由于以上原因，1888 年世界上首次出现三相制电路以来，一直广泛应用于电力系统。

2. 三相交流电动势产生

三相交流发电机示意图如图 5-1 所示，它主要由定子和转子组成。

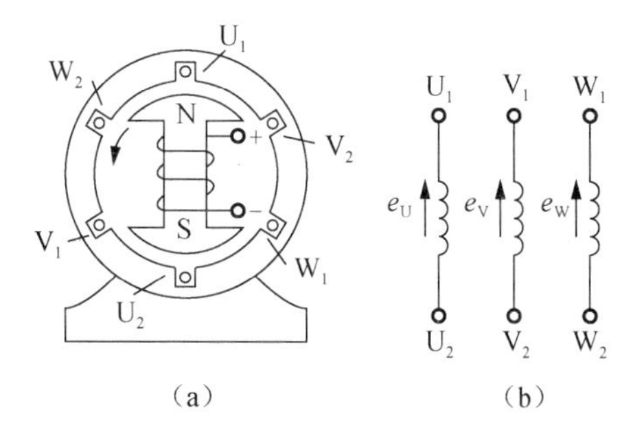

图 5-1　三相交流发电机示意图

当转子在原动机（蒸汽机、水轮机）带动下以角速度ω做逆时针匀速转动时，在定子三相绕组中就能产生大小相等、频率相同，彼此互为 120° 相位差的三相交流电动势：

$$\begin{cases} e_U = E_m \sin(\omega t + 0°) \\ e_V = E_m \sin(\omega t - 120°) \\ e_W = E_m \sin(\omega t + 120°) \end{cases} \tag{5-1}$$

若不做特别说明，所谓三相交流电就是指对称三相交流电，且规定每相电动势的正方向是从线圈末端指向始端，电流从始端流出时为正，反之为负。

图 5-2 为三相交流电动势的波形图和矢量图。

若将上述 3 个绕组各接上一个负载，就可得到互不相关的 3 个独立单相电路，组成三相六线制，如图 5-3 所示。由于三相六线制很不经济，因此在低压供电系统中，目前多采用三相四线制供电，如图 5-4 所示。

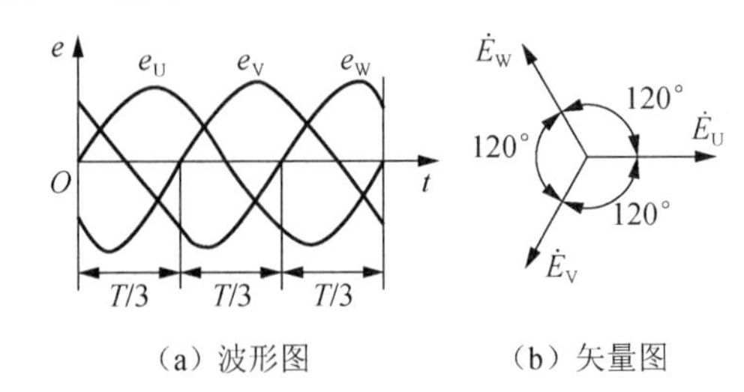

（a）波形图　　（b）矢量图

图 5-2　三相交流电动势的波形图和矢量图

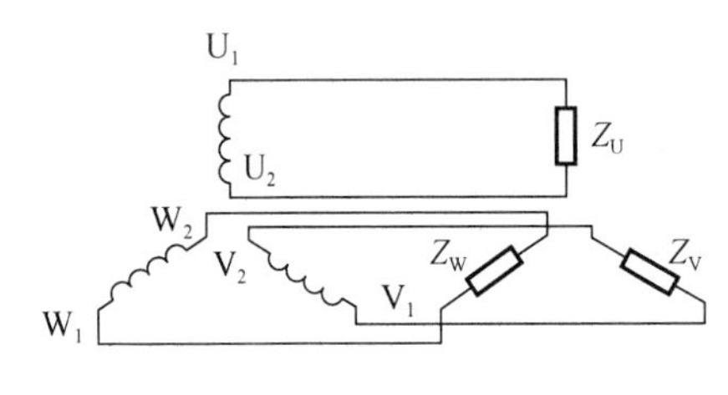

图 5-3　三相六线制电路

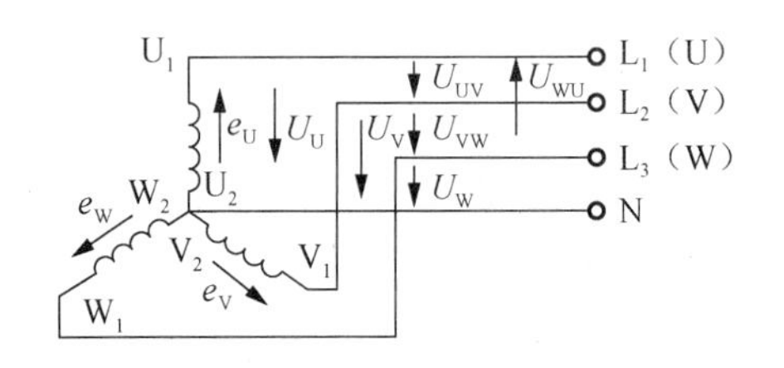

图 5-4　三相四线制电路

三相四线制是将发电机 3 个绕组的末端连接在一起，成为一个公共点，称为中性点。从中性点引出的输电线称为中性线，用符号“N”表示。中性线常与大地相连，并把接地的中性点称为零点，中性线也称为零线。三相绕组始端引出的输电线称为相线，有时为了简便，不画出发电机绕组，只画 4 根输电线表示相序（指三相电动势达到最大值的先后顺序），即 L_1（U）、L_2（V）、L_3（W）、N，如图 5-5 所示。

三相四线制可输送两种电压，一种是各端线与中性线间的电压，且有 $U_U = U_V = U_W = U_{相}$，称为相电压；另一种是端线间的电压，称为线电压，且有 $U_{UV} = U_{VW} = U_{WU} = U_{线}$。线电压和相电压的矢量图如图 5-6 所示。

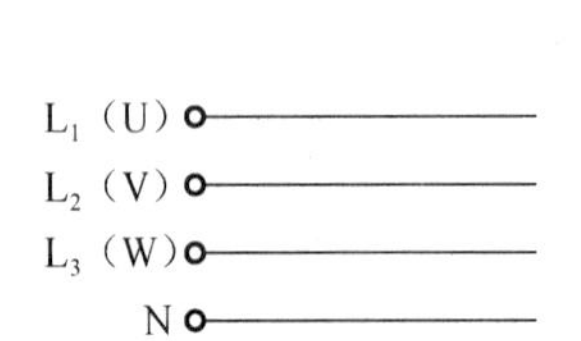

图 5-5　三相四线制供电

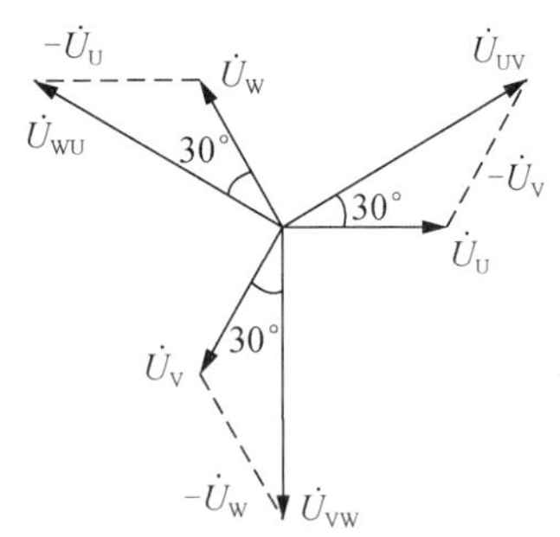

图 5-6　三相四线制线电压与相电压的矢量图

从图 5-6 可以看出：线电压和相电压的关系为

$$U_{线} = \sqrt{3}\, U_{相} \tag{5-2}$$

且 $U_{线}$ 总是超前相应的 $U_{相}$ 的角度为 30°。

3. 三相负载的联结方式

接在三相电源上的负载统称为三相负载。把各相负载相同的三相负载称为对称负载，如三相电动机、三相电炉中的负载等。若各相负载大小不同，则称为三相不对称负载，如三相照明电路中的负载。

由于三相四线制能提供两种电压（线电压和相电压），在低压系统中，任何电气设备，按照我国的标准，其额定电压通常是220V或380V。所以，负载要采用一定的联结方式，以满足对电压的要求。

（1）三相负载的星形联结

将三相对称负载分别接在三相电源的一根相线和中性线之间的接法称为三相负载的星形联结（用符号“Y”标记），如图5-7（a）所示。其中Z_U、Z_V、Z_W为各相负载的阻抗，负载两端的电压，称为负载的相电压，在忽略输电线上的电压降的情况下，负载两端的相电压就等于电源的相电压。把流过负载的电流称为相电流，即I_U、I_V、I_W或记为$I_{Y线}$。从图5-7可知：

$$I_{Y线}=I_{Y相}$$

对于三相对称电路，任一相就是一个单相电路，所以有

$$I_{Y相}=\frac{U_{Y相}}{Z_{相}} \tag{5-3}$$

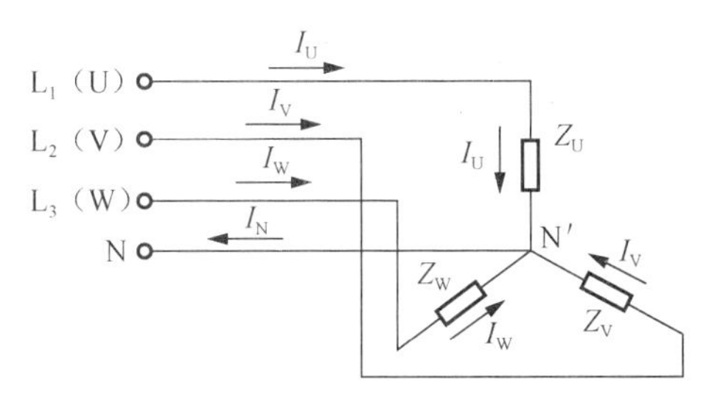

（a）负载的联结方法

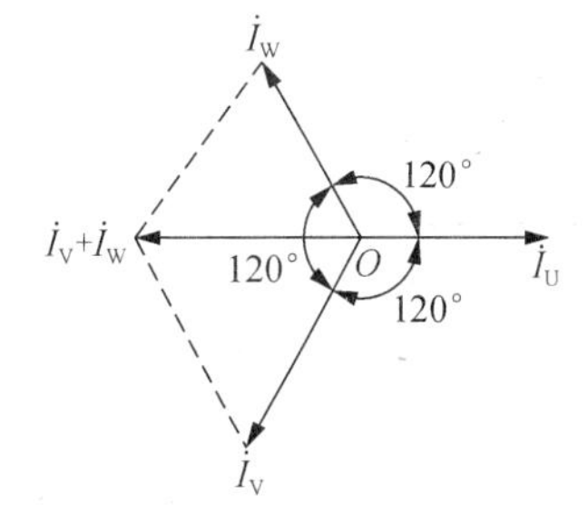

（b）三相对称负载的电流矢量图

图5-7　三相负载的星形联结及电流矢量图

对于感性负载，各相电压超前电流的相角为

$$\varphi=\arctan\frac{X_L}{R} \tag{5-4}$$

式中，R、X_L——任一相的电阻和感抗。

三相负载接成星形时，从图5-7（a）可知，中性线电流为各相电流的矢量和。对于三相对称负载，各相电流大小相等，每相的相位相差120°。由图5-7（b）可知，中性线的电流为零，即

$$I_N=I_U+I_V+I_W=0 \tag{5-5}$$

注意：

1）因三相对称负载星形联结时（如三相电动机）$I_N=0$，因而取消中性线，不会影响三相电路的工作，三相四线制变成三相三线制。通常在高压输电系统中，由于三相负载都

是对称负载（如三相变压器），因此都采用三相三线制。

2）当三相负载不对称时，各相电流会不相等，$I_N \neq 0$，此时中性线不能取消（如单相照明电路，各相负载不可能完全相同）。此时中性线存在，能平衡各相电压，确保三相成为互不影响的独立电路，各相电压保持不变。若中性线断开，阻抗小的相电压降低，阻抗大的相电压升高。这样就会损坏相电压升高的那一相的电气设备和用电器。所以在三相负载不对称的低压系统中，不允许在中性线上安装熔断器或开关，以免造成事故。

3）三相三线制用于高压输电系统，三相四线制用于低压供电系统。

【例 5-1】 已知星形联结的三相异步电动机上的对称电压 $U_{\curlyvee线}$=380V，R=6Ω，X_L=8Ω，电动机工作在额定状态下。求此时流入电动机的相电流和线电流。

解： 因为电源电压对称，各相负载对称，所以有

$$I_{\curlyvee线}=I_{\curlyvee相}$$

$$U_{\curlyvee相}=\frac{U_{\curlyvee线}}{\sqrt{3}}=\frac{380}{\sqrt{3}}\approx 220(\text{V})$$

$$Z_{相}=\sqrt{R^2+{X_L}^2}=\sqrt{6^2+8^2}=10(\Omega)$$

所以

$$I_{\curlyvee相}=\frac{U_{\curlyvee相}}{Z_{相}}=\frac{220}{10}=22(\text{A})$$

$$I_{\curlyvee线}=I_{\curlyvee相}=22(\text{A})$$

（2）三相负载的三角形联结

将三相负载分别接在三相电源的两根相线之间的接法称为三角形联结（常用“△”标记），如图 5-8（a）所示。

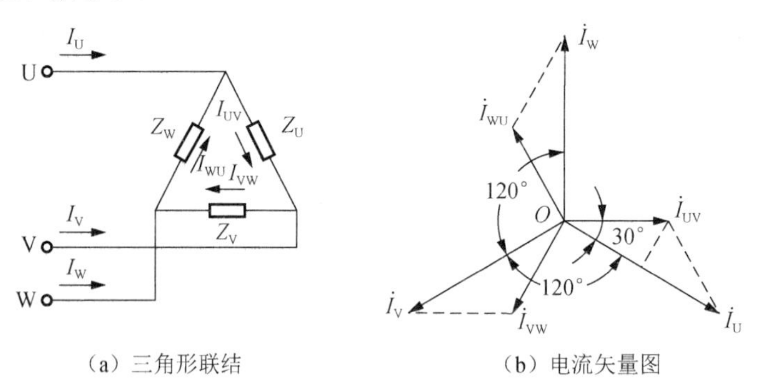

（a）三角形联结　　（b）电流矢量图

图 5-8　三相负载的三角形联结及电流矢量图

从图 5-8 中可知，负载的相电压就是电源的线电压，即

$$U_{\triangle线}=U_{\triangle相}$$

三相负载做三角形联结的每相电压是做星形联结时的相电压的 $\sqrt{3}$ 倍，即同一三相负载连成何种形式必须根据每相负载能承受多少额定电压来确定。

从图 5-8（b）可以看出，三相负载做三角形联结时有

$$I_{\triangle线}=\sqrt{3}\,I_{\triangle相} \tag{5-6}$$

且 $I_{\triangle线}$滞后和它对应 $I_{\triangle相}$的角度为 30°。

显然，三相对称负载消耗的总功率为各相负载消耗的功率之和，即

$$
\begin{aligned}
P &= P_U + P_V + P_W \\
&= U_U I_U \cos\varphi_U + U_V I_V \cos\varphi_V + U_W I_W \cos\varphi_W \\
&= 3U_{相} I_{相} \cos\varphi_{相} \\
&= 3P_{相}
\end{aligned} \tag{5-7}
$$

在实际操作中，对称接法的负载，测量线电流比测量相电流要方便，如电动机，测量线电流只在电动机外部端线上测量，测量相电流需在电动机内部各相绕组上测量，因此三相功率计算式常用线电流、线电压表示，即

$$P = \sqrt{3}\, I_{线} U_{线} \cos\varphi_{相} \tag{5-8}$$

同理：

$$Q = \sqrt{3}\, I_{线} U_{线} \sin\varphi_{相} \tag{5-9}$$

$$S = \sqrt{3}\, I_{线} U_{线} \tag{5-10}$$

注意：三相功率用线电流、线电压来表示时的相角是指相电流与相电压的角度。

【例 5-2】已知三相对称负载接在线电压为 380V 的三相电源上，其中 $R_{相}=6\Omega$，$X_{L相}=8\Omega$，求该负载做星形和三角形联结时的 $I_{相}$、$I_{线}$、P，并进行比较。

解：（1）做星形联结时

$$Z_{相}=\sqrt{R_{相}^{\ 2}+X_{L相}^{\ 2}}=\sqrt{6^2+8^2}=10(\Omega)$$

$$U_{Y相}=\frac{U_{Y线}}{\sqrt{3}}=\frac{380}{\sqrt{3}}\approx 220(\text{V})$$

$$I_{Y相}=\frac{U_{Y相}}{Z_{相}}=\frac{220}{10}=22(\text{A})$$

$$I_{Y线}=I_{Y相}=22(\text{A})$$

$$\cos\varphi_{相}=\frac{R_{相}}{Z_{相}}=\frac{6}{10}=0.6$$

$$P_Y=\sqrt{3}\, U_{Y线} I_{Y线} \cos\varphi_{相}=\sqrt{3}\times 380\times 22\times 0.6\approx 8.7(\text{kW})$$

或

$$P_Y=3U_{Y相} I_{Y相} \cos\varphi_{相}=3\times 220\times 22\times 0.6\approx 8.7(\text{kW})$$

（2）做三角形联结时

$$U_{\triangle相}=U_{\triangle线}=380(\text{V})$$

$$I_{\triangle相}=\frac{U_{\triangle相}}{Z_{相}}=\frac{380}{10}=38(\text{A})$$

$$I_{\triangle线}=\sqrt{3}\, I_{\triangle相}=\sqrt{3}\times 38\approx 66(\text{A})$$

$$P_{\triangle}=\sqrt{3}\, U_{\triangle线} I_{\triangle线} \cos\varphi_{相}=\sqrt{3}\times 380\times 66\times 0.6\approx 26(\text{kW})$$

或

$$P_{\triangle}=3\, U_{\triangle相} I_{\triangle相} \cos\varphi_{相}=3\times 380\times 38\times 0.6\approx 26(\text{kW})$$

比较两种接法有

$$\frac{U_{\triangle相}}{U_{Y相}}=\frac{380}{220}\approx\sqrt{3}$$

$$\frac{I_{\triangle相}}{I_{Y相}}=\frac{38}{22}\approx\sqrt{3}$$

$$\frac{I_{\triangle线}}{I_{Y线}}=\frac{66}{22}=3$$

$$\frac{P_{\triangle}}{P_{Y}}=\frac{26}{8.7}\approx 3$$

二、三相异步电动机

1. 三相异步电动机的转动原理

电动机的作用是将电能转换为机械能。现代各种生产机械都广泛应用电动机来驱动。有的生产机械只装配一台电动机，如单轴钻床；有的需要好几台电动机，如某些机床的主轴、刀架、横梁及润滑油泵和冷却油泵等都是由单独的电动机来驱动的。

生产机械由电动机驱动有很多优点：①简化生产机械的结构；②提高劳动生产率和产品质量；③能实现自动控制和远距离操纵；④减轻繁重的体力劳动。

电动机可分为交流电动机和直流电动机两大类。交流电动机又分为异步电动机（或称感应电动机）和同步电动机。在生产上主要用的是交流电动机，特别是三相异步电动机。

三相异步电动机接上电源就会转动。这是什么道理呢？为了说明这个转动原理，下面先来做个演示。

图 5-9 是一个装有手柄的蹄形磁铁，磁极间放有一个可以自由转动的、由铜条组成的转子。铜条两端分别用铜环连接起来，形似鼠笼，称为笼式转子。磁极和转子之间没有机械联系。当摇动磁极时，发现转子跟着磁极一起转动。摇得快，转子转得也快；摇得慢，转得也慢；反摇，转子马上反转。

异步电动机转子转动的原理与上述演示实验相似。当磁极向顺时针方向旋转时，磁极的磁感应线切割转子铜条（图 5-10），铜条中就感应出电动势。

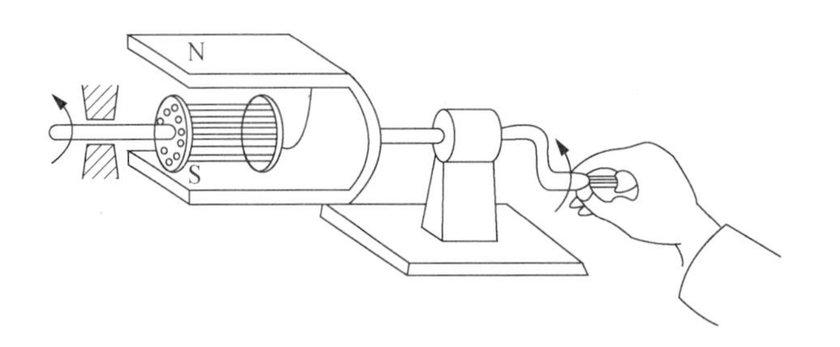

图 5-9　异步电动机转子转动的演示

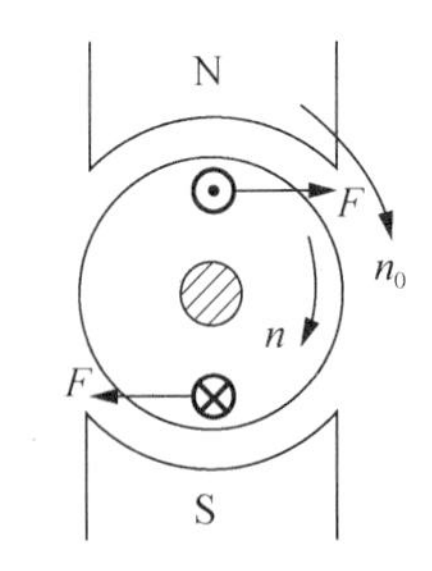

图 5-10　转子转动的原理图

在电动势的作用下，闭合的铜条中就有电流。该电流与旋转磁极的磁场相互作用，而使转子铜条受到电磁力 F。由电磁力产生电磁转矩，转子就转动起来。由图 5-10 可见，转子转动的方向和磁极旋转的方向相同。

在实际的异步电动机中，它的转子之所以会转动，也是因为旋转磁场的作用。但在异步电动机中，看不到有永久磁极在旋转，那么磁场从何而来，又怎么会旋转呢？下面就来讨论这个问题。

三相异步电动机的定子铁芯中嵌有三相对称绕组 U_1U_2、V_1V_2 和 W_1W_2。设将三相绕组联结成星形，接在三相电源上，绕组中便通入三相对称电流如图 5-11 所示。规定绕组始端到末端的方向作为电流的正方向。在电流的正半周时，其值为正；在电流的负半周时，其值为负。

1）当 ωt=0 时，$i_{U_1}=0$，U_1U_2 绕组不产生磁场；i_{V_1} 是负值，i_{W_1} 是正值，V_1V_2 和 W_1W_2 内磁场如图 5-12（a）所示。

2）当 ωt=60° 时，$i_{W_1}=0$，W_1W_2 绕组不产生磁场；i_{V_1} 是负值，i_{U_1} 是正值，V_1V_2 和 U_1U_2 内磁场如图 5-12（b）所示。

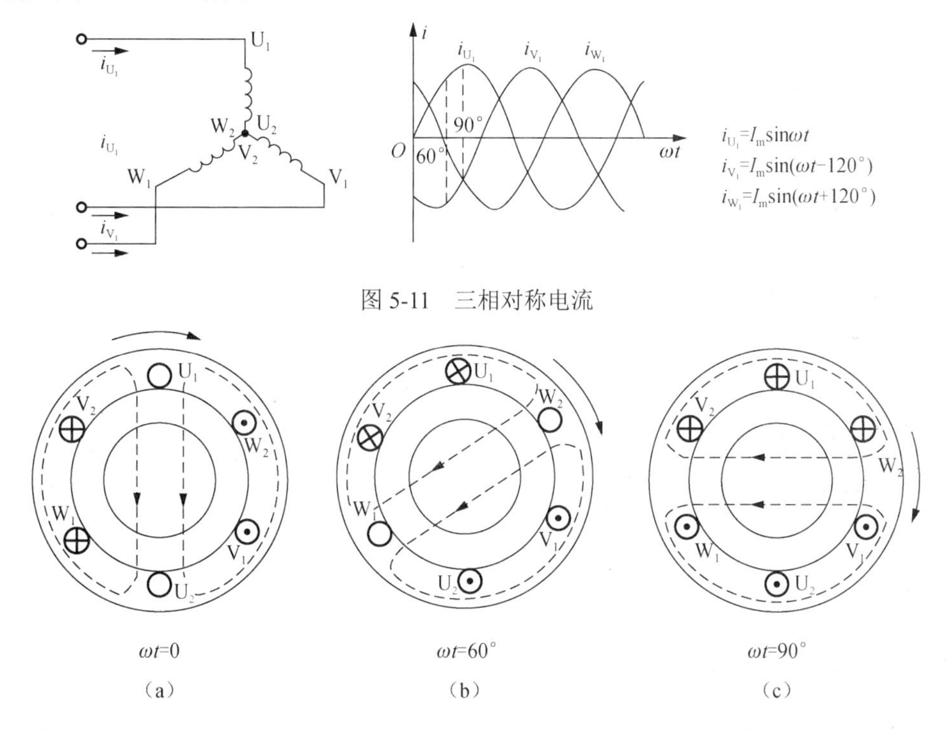

图 5-11 三相对称电流

图 5-12 三相电流产生的旋转磁场

3）当 ωt=90° 时，i_{U_1} 是正值，i_{V_1} 和 i_{W_1} 是负值，三相绕组内磁场如图 5-12（c）所示。

通过以上分析，可以看到，在 ωt=0 到 ωt=90°，电流变化了 90°，三相绕组产生的磁场也相应旋转了 90°；三相绕组中电流做周期性变化，产生的磁场也做周期性旋转。放置在旋转磁场中的转子也跟着一起旋转。

4）当 U_1、V_1、W_1 中任意两相调换，线圈所产生的旋转磁场方向将发生改变，从而转子转动方向同时改变。

2. 三相异步电动机的基本结构

三相异步电动机主要由定子和转子两个部分组成，如图 5-13 所示。

三相异步电动机的定子部分包括机座、定子铁芯和定子绕组。机座用铸铁或铸钢制成，它支承着定子铁芯。定子铁芯由互相绝缘的硅钢片叠加制成。铁芯的内圆有槽孔，定子绕组嵌在槽内。

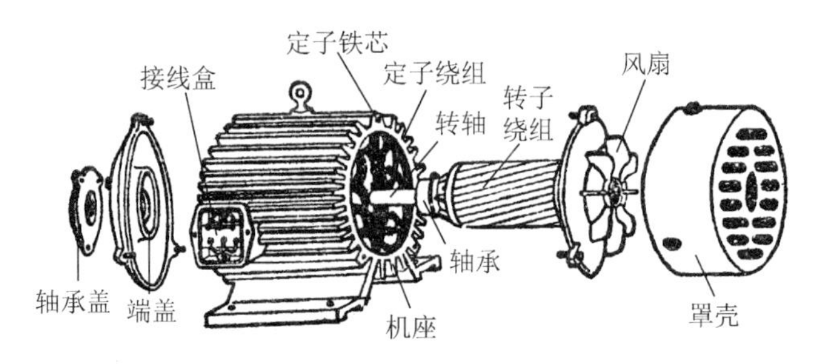

图 5-13　三相异步电动机的构造

定子绕组是电动机的电路部分，由三相对称绕组组成。三相绕组的各相绕组彼此独立，按互差 120° 的电角度嵌放在定子槽内，并与铁芯绝缘。一般以 U_1、V_1、W_1 分别代表 3 个绕组的首端，以 U_2、V_2、W_2 分别代表 3 个绕组的末端。未装绕组的定子和定子冲片如图 5-14 所示。

三相异步电动机转子由转子铁芯、转子绕组和转轴等部分组成。转子铁芯由外圆有槽孔的硅钢片叠制而成，槽内放置铜条（或铸铝），在铁芯两端分别用导电的端环将槽孔内的铜条连接起来，形成回路，如果去掉转子铁芯，转子的结构呈笼形，所以三相异步电动机也称为三相笼形电动机。笼形转子如图 5-15 所示。

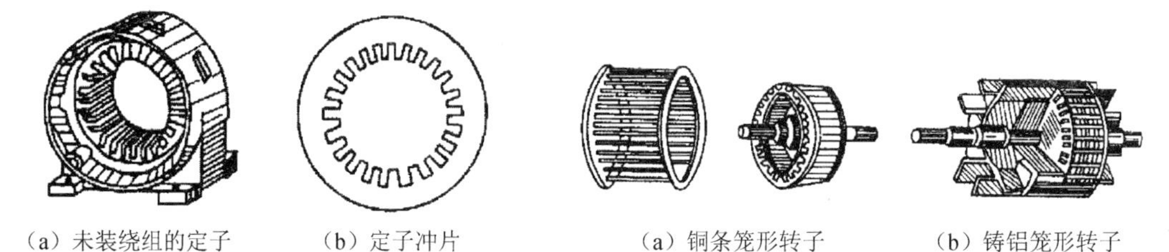

（a）未装绕组的定子　（b）定子冲片

图 5-14　未装绕组的定子和定子冲片

（a）铜条笼形转子　（b）铸铝笼形转子

图 5-15　笼形转子

3. 三相异步电动机的联结

三相电动机可以通过接线盒中的接线柱将定子绕组联结成星形和三角形，如图 5-16 所示。一般来说，电动机采用星形联结还是三角形联结可以参照铭牌规定。

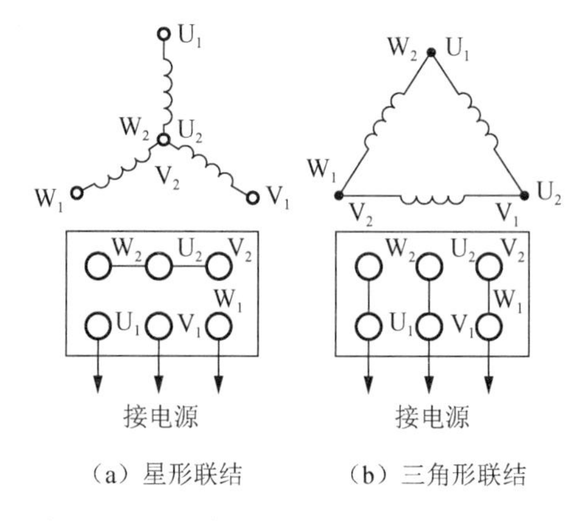

（a）星形联结　（b）三角形联结

图 5-16　定子绕组的星形联结和三角形联结

4. 三相异步电动机的铭牌

每台电动机都有铭牌，铭牌标有该电动机的主要性能和技术数据。这对正确使用和维护电动机非常必要。图 5-17 为某 Y 系列电动机的铭牌。

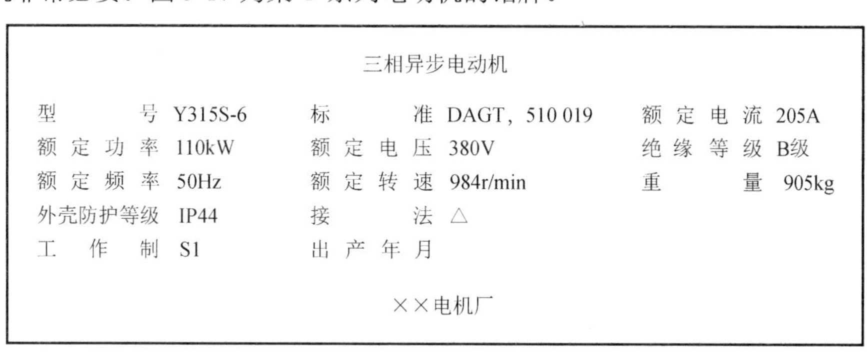

三相异步电动机

型号	Y315S-6	标准	DAGT，510 019	额定电流	205A
额定功率	110kW	额定电压	380V	绝缘等级	B级
额定频率	50Hz	额定转速	984r/min	重量	905kg
外壳防护等级	IP44	接法	△		
工作制	S1	出产年月			

××电机厂

图 5-17　某 Y 系列电动机的铭牌

1）型号：Y 系列电动机的型号由 4 部分组成，第一部分，英文字母 Y 表示异步电动机；第二部分，数字表示机座中心高（机座不带底脚时与机座带底脚时相同）；第三部分，英文字母为机座长度代号（S——短机座、M——中机座、L——长机座），若字母后有数字，则该数字为铁芯长度代号；第四部分，横线后的数字为电动机的极数。

2）额定功率：在额定转速下电动机转轴输出的功率，单位是 W 或 kW。

3）额定频率：电动机在额定运行时的电源频率，一般国产交流电动机的额定频率为 50Hz。

4）额定电压：电动机定子绕组规定使用的线电压，单位是 V 或 kV。

5）额定电流：电动机在输出额定功率时，定子绕组所允许通过的线电流，单位是 A。

6）额定转速：电动机满载时的转子转速，单位是 r/min。

7）绝缘等级：绝缘材料的耐热等级，通常分为 7 个等级，如表 5-1 所示。

表 5-1　绝缘材料的耐热等级

绝缘等级	Y	A	E	B	F	H	C
最高工作温度/℃	90	105	120	130	155	180	＞180

8）接法：电动机定子绕组的联结方法。若铭牌上的电压为 380V，则表明电动机每相定子绕组的额定电压是 380V，应接成三角形。若铭牌上的电压为 380/220V，接法为Y/△，则表明电动机每相定子绕组的额定电压是 220V。所以，当电源电压为 380V 时，定子绕组应接成星形；当电源电压为 220V 时，定子绕组应接成三角形。

9）工作制：电动机的运转状态，通常分连续、短时和断续 3 种。

10）防护等级：如 IP44 表示电动机外壳防护的方式为封闭式。

三、低压电器常识

1. 低压电器的定义及分类

电器是所有电工器械的简称。低压电器是指在交流50Hz（或60Hz），额定电压为1200V及以下，直流额定电压为1500V及以下的电路中起通断、保护、控制或调节作用的电器。

工作机械所用电器的种类很多。按照低压电器在电气线路中的地位和作用，通常将其分为低压配电电器和低压控制电器两类，表5-2所列是常用低压电器的分类与用途。

表5-2 常用低压电器的分类与用途

电器名称		主要品种	用途
低压配电电器	刀开关	负荷开关	主要用于电路的隔离，也能接通和分断电流
		熔断器式开关	
		板形刀开关	
		大电流开关	
	转换开关	组合开关	用于两种以上电源或负载的转换，接通或分断电路
		换向开关	
	断路器	塑壳式断路器	用于线路过载、短路或欠电压保护，也可用作不频繁接通和分断电路
		框架式断路器	
		限流式断路器	
		漏电保护断路器	
	熔断器	无填料熔断器	用于线路或电器的过载和短路保护
		有填料熔断器	
		快速熔断器	
		自动熔断器	
低压控制电器	接触器	交流接触器	主要用于远距离频繁起动电动机或接通和分断正常工作的电路
		直流接触器	
	继电器	热继电器	主要用于控制系统控制其他电器或用作主电路保护
		中间继电器	
		时间继电器	
		速度继电器	
	起动器	磁力起动器	主要用于电动机的起动和正反转控制
		降压起动器	
	主令电器	按钮	主要用于接通和分断控制电路
		行程开关	
		万能转换开关	
		微动开关	
	电磁铁	起重电磁铁	用于起重、操纵或牵引机械装置
		牵引电磁铁	
		制动电磁铁	

2. 空气断路器

空气断路器（图5-18）主要用作线路保护开关、电动机及照明系统的控制开关等，也可用于输配电系统的某些重要环节中。它带有多种保护功能，当线路中发生短路、过载、欠电压等不正常现象时，能自动切断故障电路，因此，空气断路器又称为自动空气开关。

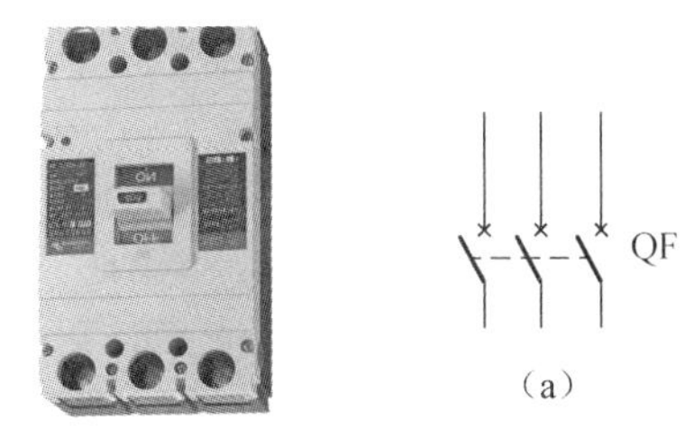

图 5-18　空气断路器及图形符号

空气断路器的主要保护装置是电磁脱扣器、欠电压脱扣器和热脱扣器。其中，电磁脱扣器用作短路保护，欠电压脱扣器用作欠电压（零电压）保护，热脱扣器用于过载保护。

空气断路器与刀开关和熔断器相比，具有安装方便、操作安全的特点。当电路发生短路时，电磁脱扣器自动脱扣进行短路保护，故障排除后可恢复使用，不像刀开关需更换熔丝。空气断路器分断电源时将三相电源同时切断，因而可避免电动机的断相运行。空气断路器在机床电气线路中被广泛应用。

3. 熔断器

熔断器是电动机控制电路中用作短路保护的电器。熔断器串联在被保护的线路中，当线路或用电设备发生短路时，能在设备尚未损坏之前及时熔断，使设备与电路断开，起到保护供电线路的作用；熔断器还能在配电电路中用作过载保护。

最常用的熔断器有圆帽形熔断器和螺旋式熔断器两种。

1）圆帽形熔断器（图 5-19）。圆帽形熔断器适用于在交流 50Hz、额定电压至 500V，额定电流至 63A 的配电装置中作过载保护和短路保护。

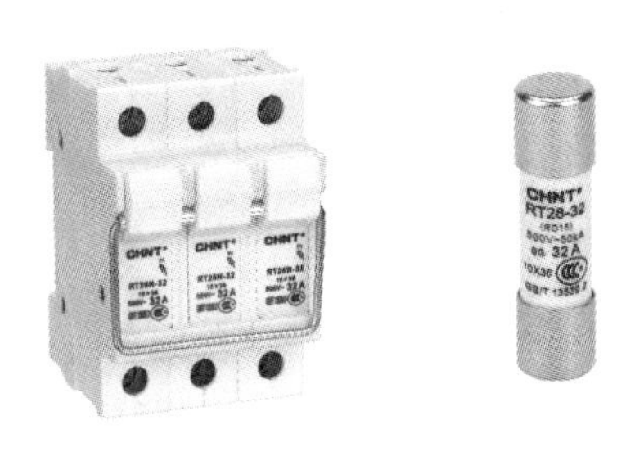

图 5-19　圆帽形熔断器及熔断管

2）螺旋式熔断器（图 5-20）。螺旋式熔断器由上接线端、底座、下接线端、瓷套、熔断管及瓷帽 6 部分组成。

熔断器的主要元件是熔体。熔体的材料有两种：在小容量线路中，一般用低熔点铅-锡合金（铅 95%，锡 5%），俗称保险丝；在大容量线路中，一般用铜、银等做成薄片。熔体在熔断时会产生强烈的电弧，被熔化的铜会飞溅出来，易伤人或引起电气故障，因此，熔体多安装在熔管（熔座）里。熔体主要技术参数有两项：额定电流和熔断电流。额定电流是指长时间通过熔体而不熔断的最大电流；熔断电流是指线路中不能较长时间维持，否则会使熔体熔断的电流。

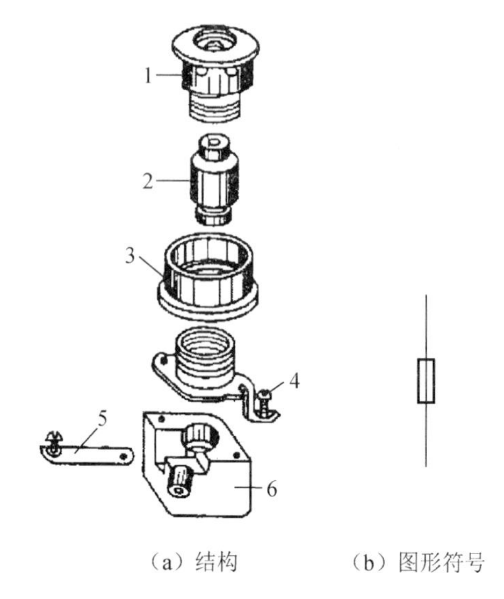

（a）结构　　　　（b）图形符号

图 5-20　螺旋式熔断器

1—瓷帽；2—熔断管；3—瓷套；4—上接线端；5—下接线端；6—底座

熔体的额定电流绝对不能大于熔断器的额定电流，否则当线路电流过大时，会造成熔断器的动触头、静触头严重发热，引起导线损坏，甚至引起爆炸，发生火灾。

熔丝的粗细是根据线路负载性质及工作情况来确定的。照明、电热等性质的负载选用的熔丝的额定电流等于或稍大于线路负载的工作电流，这时的熔断器既可用作短路保护又可用作过载保护。在异步电动机直接起动的线路中，由于起动电流通常可达到电动机额定电流的 4～7 倍，而起动过程一般只有十几秒，因此，选择熔丝的额定电流应取电动机额定电流的 1.5～2.5 倍。这时的熔断器仅用作短路保护，不能用作过载保护（过载保护可选用热继电器）。

4. 交流接触器

交流接触器（图 5-21）有 CJ0、CJ10、CJ12、CJ20、CJX 等系列产品，其结构和工作原理基本相同。下面以 CJX1-16 为例，介绍其结构和原理。

交流接触器主要由电磁系统、触头系统和灭弧装置构成，如图 5-22 所示。

电磁系统是由线圈、静铁芯、动铁芯（又称衔铁）等组成。线圈通电时产生磁场，动铁芯被吸向静铁芯，带动触头控制电路的接通与分断。动铁芯被吸合时会产生振动，为了消除这一弊端，在铁芯端面上嵌入一只铜环，一般称为短路环。

交流接触器有三对主触头和至少一对辅助触头，三对主触头用于接通和分断主电路，允许通过较大的电流；辅助触头用于控制电路，只允许小电流通过。触头有常开和常闭之分，当线圈通电时，所有的常闭触头首先分断，然后所有的常开触头闭合；当线圈断电时，在反向弹簧力作用下，所有触头都恢复平常状态。交流接触器的主触头均为常开触头，辅助触头有常开、常闭之分，并按上述联动。

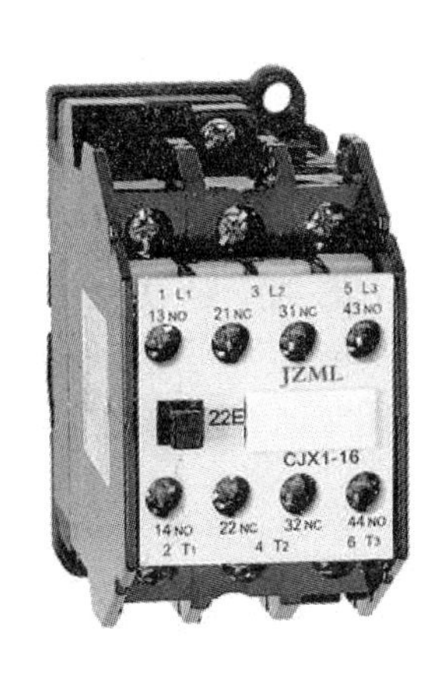

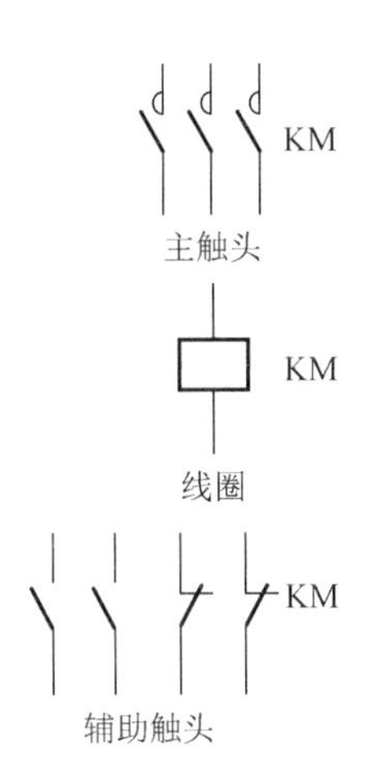

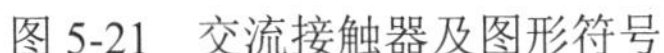

图5-21　交流接触器及图形符号

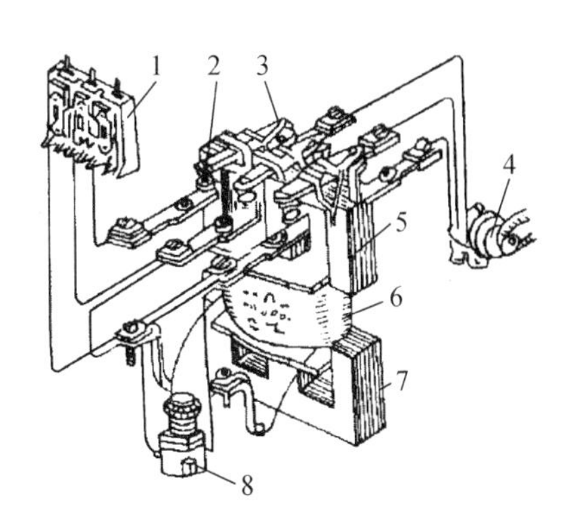

图5-22　交流接触器结构示意图

1—熔断器；2—静触头；3—动触头；4—电动机；
5—动铁芯；6—线圈；7—静铁芯；8—按钮

交流接触器在分断大电流电路时，在动触头、静触头之间会产生较大的电弧，它不仅会烧坏触头，延长电路分断时间，严重时还会造成相间短路。所以在20A以上的接触器中主触头上均装有陶瓷灭弧罩，以迅速切断触头分断时所产生的电弧，交流接触器在工作时不允许打开灭弧罩。

在选用交流接触器时应注意两点：第一，主触头的额定电流应不小于电动机的额定电流；第二，所用接触器线圈额定电压必须与线圈所接入的控制回路电压相符。

5. 热继电器

热继电器（图5-23）是利用电流的热效应对电动机或其他用电设备进行过载保护的控制电器。热继电器主要由热元件、触头、动作机构、复位按钮和整定电流调节装置等组成。热元件由双金属片及绕在外面的电阻丝组成，它是热继电器的主要部件。如果电路和设备工作正常，通过热元件的电流未超过允许值，则热元件温度不高，不会使双金属片产生过大的弯曲，热继电器处于正常的工作状态。一旦电路过载，有较大电流通过热元器件上的电阻丝，电阻丝发热并使双金属片弯曲，通过机械联动机构将常闭触头断开，切断控制电路，控制电路分断主电路，从而起到过载保护的作用。分断电流后，双金属片散热冷却，恢复初态，使机械联动机构也恢复原始状态，常闭触头重新闭合，线路中的用电设备可重新起动。除上述自动复位外，也可采用手动方法复位，即按复位按钮手动复位。

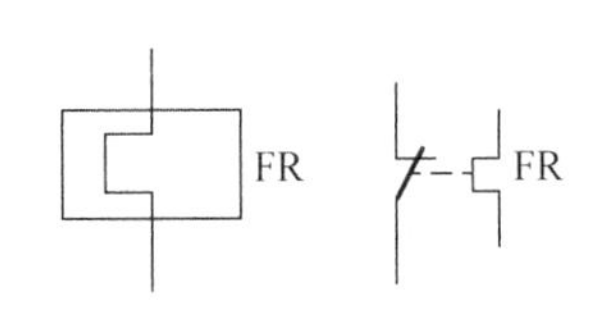

图5-23　热继电器及图形符号

热继电器在电路中只能用作过载保护，不能用作短路保护，因为双金属片从升温到发生弯曲直至断开常闭触头需要一段时间，不可能在短路瞬间迅速分断电路。

在选用热继电器时应注意两点：第一，选择热继电器的额定电流等级时应根据电动机或其他用电设备的额定电流来确定。例如，若电动机的额定电流为 8.4A，则可选用数值相近的 10A 等级的热继电器，使用时将整定电流调整到约 8.4A。第二，热继电器的热元件有两相和三相两种形式（老产品以两相为主），在一般的工作机械电路中可选用两相的热继电器，但是当电动机做三角形联结并以熔断器作为短路保护时，应选用带断相保护装置的三相热继电器。

6. 按钮

按钮用来接通和断开控制电路，是电力拖动中一种发送指令的电器。利用按钮和接触器配合来控制电动机的起动和停止有如下优点：①能对电动机实现远距离的自动控制；②以小电流控制大电流，操作安全；③可减轻劳动强度。

按照用途和触头配置情况，可把按钮分为常闭的停止按钮、常开的启动按钮和复合按钮 3 种类型，如图 5-24 所示。按钮在停按后，一般能自动复位。

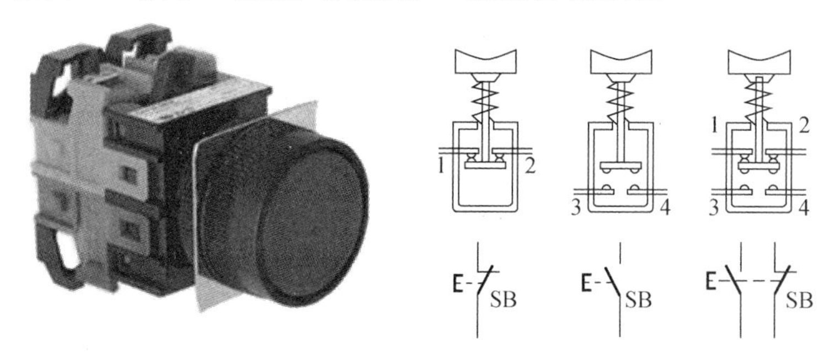

图 5-24　按钮及图形符号

复合按钮有两对触头，桥式动触头和上部两个静触头组成一对常闭触头，桥式动触头和下部两个静触头组成一对常开触头。按下按钮时，桥式动触头向下移动，先断开常闭触头，后闭合常开触头；停按后，在弹簧作用下自动复位。若复合按钮只使用其中一对触头，则其将成为常开的启动按钮或常闭的停止按钮。

四、电气图基本知识

1. 电气图分类

电气控制系统是由许多电气元件和导线按照一定要求连接而成的。为了表达生产机械电气控制系统的结构、原理等设计意图，同时也为了便于电气元件的安装、接线、运行、维护，需将电气控制系统中各元器件的连接用一定的图形表达出来，这种图就是电气图。

电气图的种类有电路图（原理图）、接线图、布置图。

（1）电路图

电路图是根据生产机械运动形式对电气控制系统的要求，采用国家统一规定的电路符号和文字符号，按照电气设备的工作顺序，详细表示电路，以及设备或成套装置全部基本组成和连接关系的一种简图。

（2）接线图

接线图是根据电气设备和电气元件的实际位置和安装情况绘制的，用来表示电气设备和电气元件位置、配线方式和接线方式的图形。其主要用于安装接线、线路检修和故障处理。

（3）布置图

布置图是根据电气元件在控制板上的实际安装位置，采用简化的图形符号（如正方形、矩形、圆形等）绘制的一种简图。它不表示各电器的具体结构、作用、接线情况及工作原理，主要用于电气元件的布置和安装。布置图中各电器的文字符号必须与电路图和接线图的标注一致。

一般情况下，布置图是与接线图组合在一起使用的，这样既能起到电气安装接线图的作用，又能清晰表示出所使用电器的实际安装位置。

2. 电路图、图形符号及文字符号的关系

工作机械的电气控制线路可用电路图表示，电路图是用图形符号、文字符号和线条表明各个电气元件的功能及连接关系和电路的具体安排的示意图。电路图使用广泛，它可描述千差万别的对象，使用时不受对象实际大小和复杂程度的限制。

电路图的一个重要特征是将元件和器件以图形符号和文字符号的形式表示在图上。图上符号必须采用国家标准 GB/T 4728《电气简图用图形符号》所规定的图形符号和文字符号来绘制。因此，在识读电气原理图前必须熟悉、理解国家标准《电气简图用图形符号》，需要时应随时查阅。

3. 元器件的标注、工作状态的表示法及布置方法

（1）标注

电路图除使用图形符号外，还加上了适当的标注。标注的内容包括以下几个方面。

1）项目代号。一般电路图中的项目代号，在可识别项目内容的前提下，大部分做简化处理。通常情况下，电路图中只标出项目种类字母代码和数字，此数字是同类项目中各元器件在电路中按其位置而编定的数码。在电路图中标注项目代号除了具有使各个图形符号与实物上的具体元器件确切地一一对应的作用外，还具有可获知该项目在实物上的实际安装位置和该项目的种类、主要特征及项目之间的从属和层次关系等作用。

2）元器件的主要参数。在图形符号旁加注元器件主要参数的目的是帮助人们对电路工作原理的分析和理解。

（2）工作状态的表示法

在实际的电路中，电路工作情况是复杂的，而电路中元器件有可动部分（或可动装置）及固定装置之分。因此在电路中很难将实际工作状态和位置画得与电路的某一工作情况严格一致，必须通过一系列规定来统一。

在电路图中，元器件和设备的可动部分（或装置）通常应表示在非激励、不工作的状

态或位置上。

（3）布置方法

常用元器件在电路图中的布置如下：

在电气系统中，有大量元器件的驱动部分和被驱动部分采用机械连接，如断路器、各种继电器等。这些元器件在电气图中的表示方法有 3 种：集中表示法、半集中表示法和分开表示法。

1）集中表示法：把一个元器件或项目的图形符号的各个部分，在图上集中绘制的一种表示方法，如图 5-25 所示。集中表示法仅适用于图面内容比较简单、连线不多的电路。

2）半集中表示法：把一个元器件或项目的图形符号的各个部分或其中几个部分分开绘制在电路图上，并采用机械连接符号，即用虚线来表示它们之间的关系，如图 5-26 所示。这样表示可减少电路连线的往返和交叉，便于识读，图面清晰、美观。

3）分开表示法：把一个元器件或项目的图形符号的各个部分或其中某些部分分开绘制在电路图上，并且用项目代号来表示它们之间的关系，如图 5-27 所示。

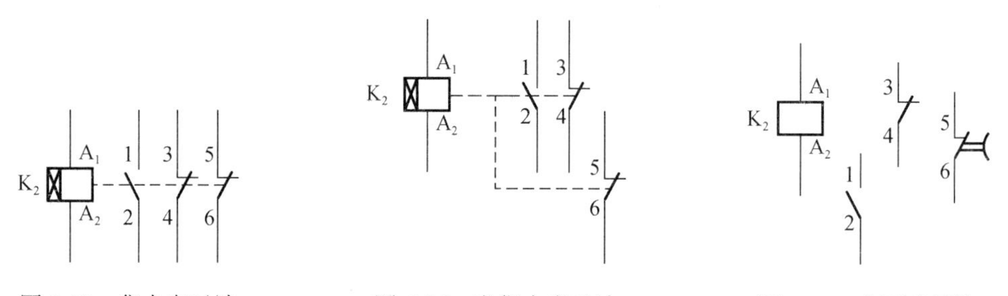

图 5-25　集中表示法　　图 5-26　半集中表示法　　图 5-27　分开表示法

分开表示法的优点是既减少了电路连接的往返和交叉，又可不在图面上出现穿越画面的机械连接符号。因此，分开表示法是在实际运用中最多、最广的一种表示方法。

4. 识读电路图的一般方法和步骤

为了正确、快速识读电路图，除了要有电工学知识和熟悉电气元件的符号外，还应了解电路图格式和布局。下面以电力拖动系统的电路图为例进行说明。电力拖动系统的电路图通常在图的上方有一功能说明栏，该栏分成若干列，每列中说明的电路功能应与电路图中的电路在垂直方向对应。电路图下方有一排编号，即为电路编号。识读电路时要分清主电路、控制电路、信号电路、保护电路及它们之间的联系。尤其是接触器、中间继电器等多触头的电气元件，要注意它们的触头在图中的分布位置及所起的作用。在电力拖动系统的电路图中，元器件或项目的图形符号的各个部分均采用分开表示法。通常在接触器线圈符号下面，标出与该线圈配套的触头在图中的位置。该位置用电路编号来表示。如图 5-28 所示，图中 KM_1 有三对常开触头在电路编号 2 范围内，另各有一对常开触头分别在电路编号 7～9 范围内。

识读电路图一般是先看标题栏，了解电路图的名称及标题栏中有关内容，对电路图有一个初步认识。其次看主电路，了解主电路控制的电动机有几台，各具有什么功能，如何与机械配合。最后看控制电路，了解用什么方法来控制电动机，与主电路如何配合，属哪一种典型电路。

图 5-28 是 CA6140 型车床电气控制线路图，下方编号中 2、3、4 是主电路；5、6、7、8、9 是控制电路；10 是信号电路，11 是照明电路，图 5-28 中的 XB、PE 是保护电路。

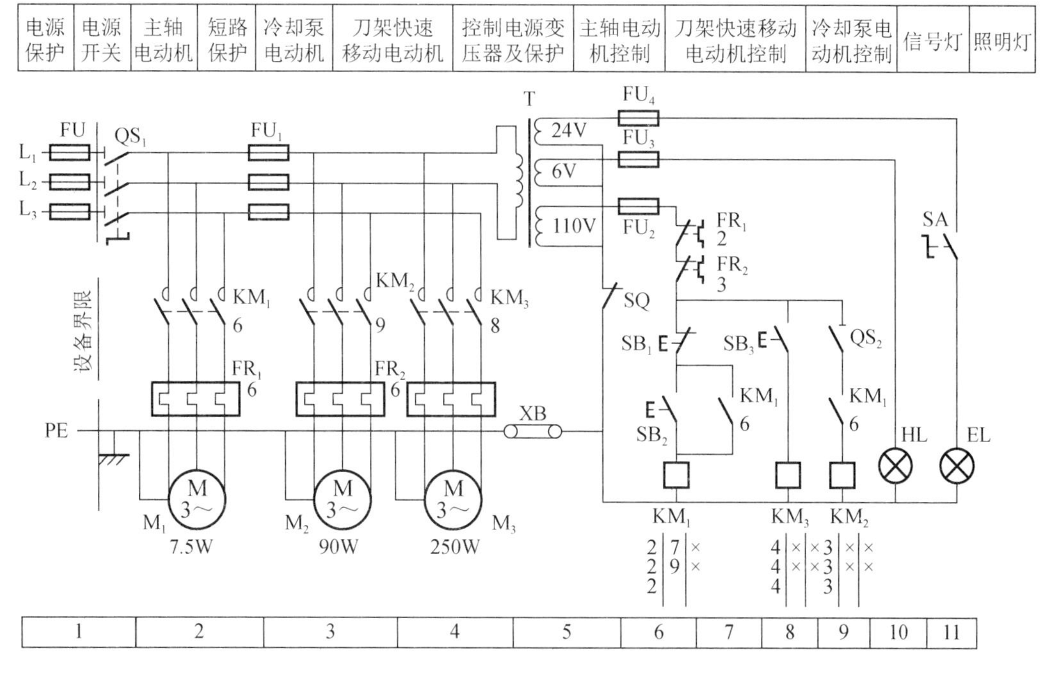

图 5-28 CA6140 车床电气控制线路

下面以 CA6140 型车床电气控制线路为例，说明识读电路图的方法。

1）从主标题栏（本图省略）可知该电路图是 CA6140 型车床电气控制线路图。如对该车床有所了解就能联想到车床的功能和它的一些动作，这对理解电路图的控制原理是很有帮助的。

2）该图采用电路编号来绘制，对于电路或支路数用数字编号来表示其位置。

3）从功能栏来看，该电路图有主轴电动机、冷却泵电动机、刀架快速移动电动机，以及信号灯、照明灯等，并与相应电路对应。

4）从布局来看，电路图自左向右分别为电源进线、主电路、控制电路、信号电路、照明电路，布局清晰，简单明了，能很方便地进行原理分析。

5）电路图采用垂直为主的画法。在符号上采用分开表示法，即在接触器线圈的下方列表格来表示该接触器的触头所在位置。

弄清电路图的布局、结构及大致工作情况以后，即可结合专业知识进一步分析电路原理。

五、三相异步电动机直接起动控制线路

一般情况下，当电动机容量小于 10kW 或容量不超过电源变压器容量的 15%～20%时，都允许直接起动。常见的直接起动控制线路有点动控制线路、接触器自锁控制线路和具有

过载保护的自锁控制线路等。

1. 点动控制线路

点动控制线路是用按钮、接触器控制电动机运转的最简单的控制线路，如图 5-29 所示。该电路的特点是按下按钮，电动机开始转动，松开按钮，电动机停转，故称为点动控制线路。它用于电动葫芦的起重电动机控制和车床拖板箱快速移动的电动机控制等。

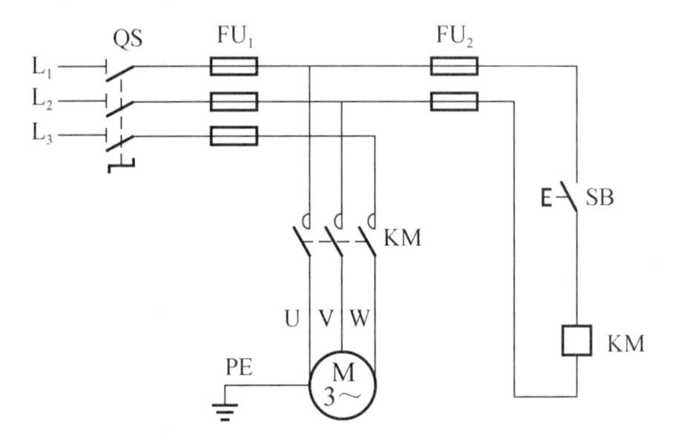

图 5-29　点动控制线路

线路的工作原理如下（已合上 QS）：

1）起动：按下按钮 SB→接触器线圈 KM 通电→接触器主触头 KM 闭合→主电路接通→电动机M通电起动。

2）停止：松开按钮 SB→接触器线圈 KM 断电→接触器主触头 KM 断开→主电路断开→电动机M断电停转。

停止使用时，应断开电源开关 QS。在分析各种控制线路原理时，为了简单明了，常用电气文字符号和箭头配以少量的文字说明来表达线路的工作原理。

2. 接触器自锁控制线路

电动机起动后若要求连续运转，可采用图 5-30 所示的接触器自锁控制线路。该线路的主电路与点动控制线路相同，但在控制电路中串联了一个停止按钮 SB_1，在启动按钮 SB_2 的两端并联了接触器 KM 的一对常开辅助触头。

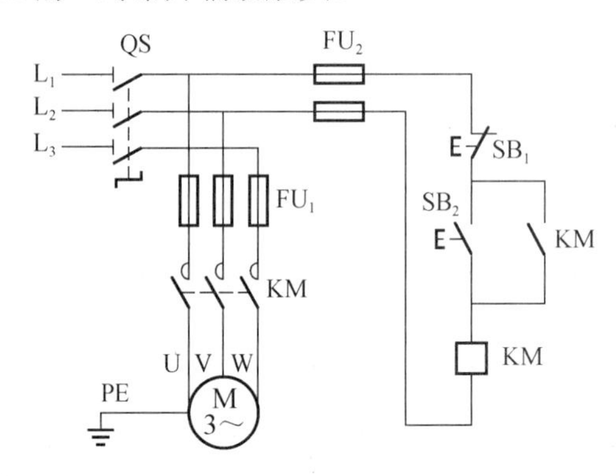

图 5-30　接触器自锁控制线路

线路的工作原理如下所述（已合上 QS）。

1）起动：按下按钮SB_2→线圈KM得电→主触头KM闭合、常开辅助触头KM闭合→电动机M起动运转。

当松开 SB_2，其常开触头恢复分断后，因为接触器 KM 的常开辅助触头闭合时已将 SB_2 短接，控制电路仍保持接通，所以接触器 KM 继续得电，电动机 M 实现连续运转。这种松开启动按钮后接触器能够自己保持通电的作用称为自锁（或自保），与启动按钮并联的接触器常开辅助触头称为自锁触头（或自保触头）。

2）停止：按下按钮SB_1→线圈KM失电→主触头KM分断、自锁触头KM分断→电动机M断电停转。

松开 SB_1，其常闭触头恢复闭合，但接触器的自锁触头在切断控制电路时已解除自锁，SB_2 也是分断的，所以接触器线圈不能得电，电动机 M 也不会转动。

接触器自锁控制线路还有一个重要特点，就是具有失压保护作用。当线路由于某种原因突然断电时，电动机被迫停转，与此同时机床的运动部件也跟着停止运动，切削刀具刃口便卡在工件表面上。如果操作人员没有及时切断电源，且忘记退刀，当故障排除恢复供电时，电动机和机床会自动起动，从而引起设备或人身事故。采用接触器控制线路后，由于自锁触头和主触头在断电时已一起分断，控制电路和主电路都不能接通，因此在恢复供电时，电动机不会自行起动。这样，操作人员可以从容退刀后，再重新起动电动机。在突然断电时能自动切断电动机电源的保护作用称为失压保护。

3. 具有过载保护的自锁控制线路

在接触器自锁控制线路中，由熔断器 FU 用作短路保护，由接触器 KM 用作失压保护，但缺少过载保护，这对长期运转的电动机是不利的。过载保护是指电动机出现过载时能自动切断电源，使电动机停转的一种保护。最常用的过载保护是通过热继电器 FR 来实现的，具有过载保护的自锁控制线路如图 5-31 所示。在电动机运行过程中，由于过载或其他原因使电流超过额定值，那么经过一定时间，串联在主电路中的热继电器的热元件因受热发生弯曲，通过机械联动机构使串联在控制电路中的常闭触头分断，切断控制电路，接触器 KM 的线圈失电，其主触头、自锁触头分断，电动机 M 失电停转，达到了过载保护的目的。

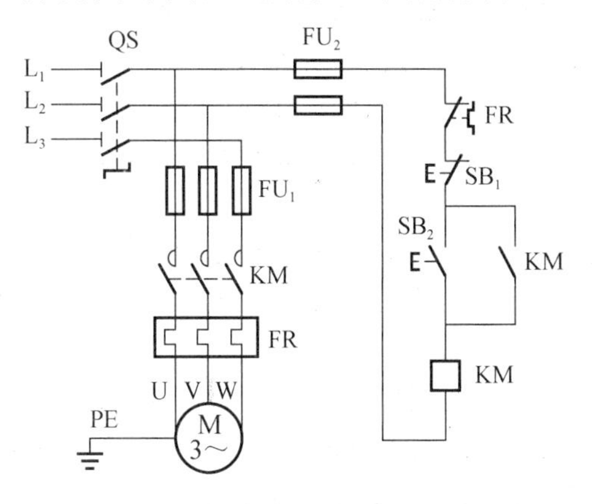

图 5-31　具有过载保护的自锁控制线路

项目实施

一、安装点动控制线路

1. 实施器材

工具：电工工具一套、导线、控制线路板等。
仪表：MF47 型万用表。
元件：点动控制线路元件如表 5-3 所示。

表 5-3　点动控制线路元件

代号	名称	型号	规格	数量
M	三相异步电动机	Y112M-4	4kW，380V	1
QF（替代 QS）	空气断路器	DZ5-25	25A	1
FU	熔断器	RL1-15/2	500V，15A	2
KM	交流接触器	CJ10-20	20A，线圈电压为 380V	1
SB	按钮	LA10-3H	380V，5A，按钮数 3	1
XT	端子板	JX2-1015	380V，10A，15 节	1

2. 实施步骤

该线路的实施步骤如下：

1）根据表 5-3 准备有关电气元件并进行质量检查，电气元件应完好无损，各项技术指标符合规定要求，否则予以更换。

2）按照小组讨论所画接线图（教师已检查过）进行板前布线和套号码管。要求做到布线横平竖直、整齐、分布均匀、紧贴安装面、走线合理；套号码管要正确，严禁损伤线芯和导线绝缘；接点牢固，不得松动，不得压绝缘层，不反圈、不露铜过长等。

3）根据原理图检查控制板布线的正确性，安装电动机，做到安装牢固、平稳。

4）可靠连接电动机和金属外壳的保护接地线。

5）连接电源、电动机等控制线路板外部导线。

6）自检。安装完毕的控制线路板，必须按照要求进行认真检查，确认无误才允许通电试车。

7）自检合格后，通电试车。通电时，必须经过指导教师同意后，由指导教师接电源，并在现场进行监护。出现故障后，学生应立即检修。若需要带电检查，则必须有教师在现场监护。

8）通电试车完毕后，停转、切断电源。先拆除三相电源线，再拆除电动机负载线。

注意：熔断器、交流接触器接线必须正确，以确保安全；通电试车时，应先合上 QF，再按下 SB，看控制是否正常；操作应在规定的时间完成，同时要做到安全操作文明生产。

二、安装具有过载保护的自锁控制线路

1. 实施器材

工具：电工工具一套、导线、控制线路板等。

仪表：MF47 型万用表。

元件：具有过载保护的自锁控制线路元件如表 5-4 所示。

表 5-4　具有过载保护的自锁控制线路元件

代号	名称	型号	规格	数量
M	三相异步电动机	Y112M-4	4kW，380V	1
QF（替代 QS）	空气断路器	DZ5-25	25A	1
FU	熔断器	RL1-15/2	500V，15A	2
KM	交流接触器	CJ10-20	20A，线圈电压为 380V	1
SB	按钮	LA10-3H	380V，5A，按钮数 3	2
FR	热继电器	JR16-20/3	20A，额定电流为 8.8A	1
XT	端子板	JX2-1015	380V，10A，15 节	1

2. 实施步骤

该线路的实施步骤如下：

1）根据表 5-4 准备有关电气元件并进行质量检查，电气元件应完好无损，各项技术指标符合规定要求，否则予以更换。

2）按照小组讨论所画接线图（教师已检查过）进行板前布线和套号码管。要求做到布线横平竖直、整齐、分布均匀、紧贴安装面、走线合理；套号码管要正确，严禁损伤线芯和导线绝缘；接点牢固，不得松动，不得压绝缘层，不反圈、不露铜过长等。

3）根据原理图检查控制线路板布线的正确性，安装电动机，做到安装牢固、平稳。

4）可靠连接电动机和金属外壳的保护接地线。

5）连接电源、电动机等控制线路板外部导线。

6）自检。安装完毕的控制线路板，必须按照要求进行认真检查，确认无误才允许通电试车。

7）自检合格后，通电试车。通电时，必须经过指导教师同意后，由指导教师接电源，并在现场进行监护。出现故障后，学生应立即检修。若需要带电检查，则必须有教师在现场监护。

8）通电试车完毕后，停转、切断电源。先拆除三相电源线，再拆除电动机负载线。

注意

1）热继电器的热元件应串联在主电路中，辅助常闭触头应串联在控制电路中。

2）热继电器应置于手动复位的位置。若要自动复位，可将复位调节螺钉沿顺时针方向

向里旋紧。

3）热继电器因电动机过载动作后，若需再次起动电动机，则必须待热元件冷却后，才能使热继电器复位。一般自动复位时间不大于5min；手动复位时间不大于2min；操作应在规定的时间内完成，同时要做到安全操作文明生产。

项目考核

项目评价表如表5-5所示。

表5-5　项目评价表

评价内容	配分	评分标准	扣分	
装前检查	15	（1）电动机质量不合格扣5分； （2）电气元件漏检或错检，每只扣2分		
安装元件	15	（1）不按接线图安装扣5分； （2）元件安装不紧固，每只扣2分； （3）安装元件时漏装螺钉，每个扣2分； （4）元件安装不整齐、不均匀、不合理，每只扣2分； （5）损坏元件每只扣3分		
布线	30	（1）不按接线图接线扣10分； （2）布线不合要求，主电路扣3分，控制电路每根扣3分； （3）接点松动、露铜过长、压绝缘皮、反圈等，每个接点扣1分； （4）损伤导线绝缘皮或线芯，每根扣5分； （5）漏套或错套号码管，每处扣2分； （6）漏接接地线扣10分		
通电试车	40	（1）熔体规格配错，主电路、控制电路各扣10分； （2）第一次试车不成功扣10分； （3）第二次试车不成功扣10分； （4）第三次试车不成功扣10分		
安全文明生产	违反安全文明生产规定扣5～40分（从总得分中扣除）			
额定时间120min	每超过5min扣5分（从总得分中扣除）			
备注	除额定时间外，各项目扣分不得超过该项配分		成绩	

思考与练习

1．三相绕组的作用是什么？
2．为什么称三相异步电动机为三相笼形电动机？
3．如何改变三相异步电动机的转动方向？
4．三相异步电动机有几种接法？
5．图5-32所示控制电路有些地方画错了？试加以改正，并写出工作原理。

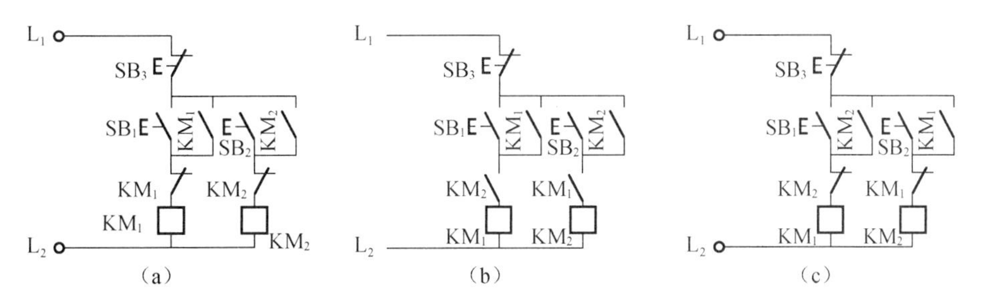

图 5-32　第 5 题图

6. 图 5-33 所示控制线路只能实现电动机的单向起动和停止，试在图中填画出电动机反转的控制线路，要求采用接触器联锁，并具有过载保护作用，然后写出其工作原理。

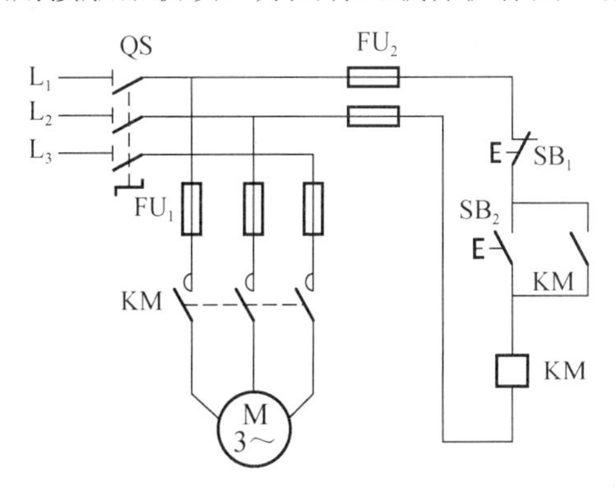

图 5-33　第 6 题图

7. 设计：有两台电动机 M_1 和 M_2，要求 M_1 起动后 M_2 才能起动，M_2 停止后 M_1 才能停止，试画出其控制线路图。

知识拓展

一、电动机的保护

电动机在运行过程中，除按生产机械的工艺要求完成各种正常运转外，还必须在线路出现短路、过载、失压等现象时，能自动切断电源停转，以防止和避免电气设备和机械设备的损坏事故，保证操作人员的人身安全。为此，在生产机械的电气控制线路中，采取了对电动机的各种保护措施，常用的有短路保护、过载保护、失压保护等。

1. 短路保护

当电动机绕组和导线的绝缘损坏或控制电器及线路发生故障时，线路将出现短路现象，产生很大的短路电流，使电动机、控制电器及导线等电气设备严重损坏。因此，在发生短路故障时，保护电器必须立即动作，迅速将电源切断。

常用的短路保护电器是熔断器和低压断路器。熔断器的熔体与被保护的电路串联，当电路正常工作时，熔断器的熔体不起作用，相当于一根导线，其上面的压降很小，可忽略不计。当电路短路时，很大的短路电流流过熔体，使熔体立即熔断，切断电动机电源，电动机停转。同样，若电路中接入低压断路器，当出现短路时，低压断路器会立即动作，切断电源使电动机停转。

2. 过载保护

当电动机负载过大、起动操作频繁或断相运行时，会使电动机的工作电流长时间超过其额定电流，电动机绕组过热，温升超过其允许值，导致电动机的绝缘材料变脆，寿命缩短，严重时会使电动机损坏。因此，当电动机过载时，保护电器应动作切断电源，使电动机停转，避免电动机在过载下运行。

常用的过载保护电器是热继电器。当电动机的工作电流等于额定电流时，热继电器不动作；当电动机短时过载或过载电流较小时，热继电器不动作，或经过较长时间才动作；当电动机过载电流较大时，串联在主电路中的热元件会在较短时间内发热弯曲，使串联在控制电路中的常闭触头断开，先后切断控制电路和主电路的电源，使电动机停转。

3. 失压保护

生产机械在工作时，由于某种原因而发生电网突然停电，这时电源电压下降为零，电动机停转，生产机械的运动部件也随之停止运转。一般情况下，操作人员不可能及时拉开电源开关，如不采取措施，当电源电压恢复正常时，电动机便会自行起动运转，很可能造成人身和设备事故，并引起电网过电流和瞬间网络电压下降。因此，必须采取失压保护措施。

在电气控制线路中，起失压保护作用的电器是接触器和中间继电器。当电网停电时，接触器和中间继电器线圈中的电流消失，电磁吸力减小为零，动铁芯释放，触头复位，切断了主电路和控制电路电源。当电网恢复供电时，若不重新按下启动按钮，则电动机就不会自行起动，实现了失压保护。

二、电动机分类概况

电动机是一种旋转式电动机器，它将电能转变为机械能。它主要包括一个用以产生磁场的电磁铁绕组或定子绕组和一个旋转电枢或转子。在定子绕组旋转磁场的作用下，其在电枢笼形铝框中有电流通过并受磁场的作用而使其转动。通常电动机的做功部分做旋转运动，这种电动机称为转子电动机；也有做直线运动的，称为直线电动机。电动机的分类如图 5-34 所示。

几种常见电动机的介绍如下：

（1）直流电动机

直流电动机是将直流电能转换为机械能的电动机。因其良好的调速性能而在电力拖动系统中得到了广泛应用。直流电动机按励磁方式分为永磁、他励和自励 3 类，其中自励又分为并励、串励和复励 3 种。

（2）交流电动机

交流电动机是将交流电的电能转变为机械能的一种机器。交流电动机主要由一个用以产生磁场的电磁铁绕组或定子绕组和一个旋转电枢或转子组成。电动机是利用通电线圈在磁场中受力转动的现象而制成的。交流电动机的定子和转子采用同一电源，所以定子和转子中电流的方向变化总是同步的。

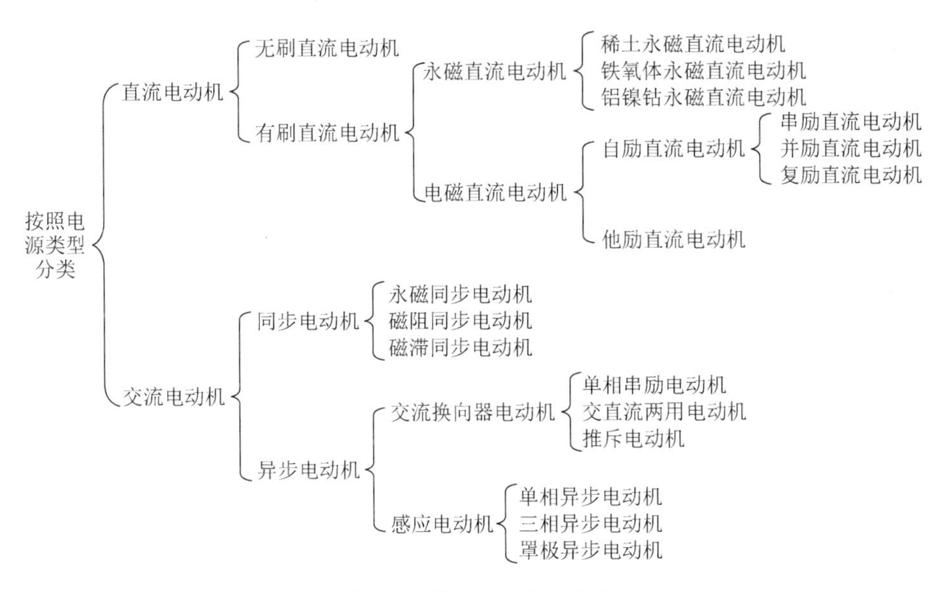

图5-34　常用电动机的分类

（3）同步电动机

同步电动机就是在交流电的驱动下，转子与定子的旋转磁场同步运行的电动机。同步电动机的定子和异步电动机的定子完全一样；但其转子有凸极式和隐极式两种。凸极式转子的同步电动机结构简单、制造方便，但是机械强度较低，适用于低速运行场合；隐极式转子的同步电动机制造工艺复杂，但机械强度高，适用于高速运行场合。同步电动机具有“可逆行”的特性，即它既可以按发电机方式运行，也可以按电动机方式运行。

（4）步进电动机

步进电动机是将电脉冲信号转变为角位移或线位移的开环控制电动机，是现代数字程序控制系统中的主要执行元件，应用极为广泛。在非超载的情况下，电动机的转速、停止的位置只取决于脉冲信号的频率和脉冲数，而不受负载变化的影响，当步进驱动器接收到一个脉冲信号时，它就驱动步进电动机按设定的方向转动一个固定的角度，称为步距角。由于它的旋转是以固定的角度一步一步运行的，因此可以通过控制脉冲个数来控制角位移量，从而达到准确定位的目的；同时可以通过控制脉冲频率来控制电动机转动的速度和加速度，从而达到调速的目的。

（5）伺服电动机

伺服电动机广泛应用于各种控制系统中，其能将输入的电压信号转换为电动机轴上的机械输出量，拖动被控制元件，从而达到控制目的。 伺服电动机有直流和交流之分。直流伺服电动机的机械特性能够很好地满足控制系统的要求，但是由于换向器的存在，其存在许多不足，如换向器与电刷之间易产生火花，干扰驱动器工作，不能应用在有可燃气体的场合；电刷和换向器存在摩擦，会产生较大的死区；结构复杂，维护比较困难。交流伺服电动机本质上是一种两相异步电动机，其控制方法主要有幅值控制、相位控制和幅相控制3种。

项目6 CA6140车床控制线路的安装

◎ 学习目标

1. 掌握电动机正、反转控制和降压起动控制线路的安装方法。
2. 了解位置控制线路、顺序控制线路与多地控制线路。
3. 了解CA6140车床的组成和工作原理。
4. 能识读车床电气控制线路图。
5. 会应用电工工具安装CA6140车床电气控制线路。
6. 会分析CA6140车床电气控制线路的常见故障。

◎ 项目任务

CA6140车床（图6-1）是一种机械结构比较复杂而电气系统简单的机电设备，是用来进行车削加工的机床。现需对CA6140车床的电气控制线路进行安装和调试，并对车床常见电气故障进行查找及排除。

图6-1 CA6140车床

◎ 项目分析

CA6140车床电气控制系统主要由电源电路、主电路、控制电路和辅助电路4部分组成，如图5-28所示。其中，电源电路由电源保护器和电源开关组成，主电路由电动机、交流接触器及其保护电器等组成，控制电路由按钮、交流接触器的线圈、指示灯等元件组成。辅助电路由变压器、照明灯等低压电器组成。

知识链接

一、电动机正、反转控制线路

在机械加工中，很多生产机械的运动部件都需要向正、反两个方向运动，如机床工作台的前进与后退、万能铣床主轴的正转与反转、起重机的上升与下降等，这些需求均可由电动机的正反转来实现。

当改变通入电动机定子绕组的三相电源相序，即把接入电动机三相电源进线中的任意两相对调接线时，电动机就可以反转。简单的控制线路是应用倒顺开关直接使电动机做正反转运动，但它只适用于电动机容量小，正、反转不频繁的场合。常用的控制电动机正、反转的方法是接触器联锁的正、反转控制线路。

图 6-2 为接触器联锁的正、反转控制线路，线路中采用了两个接触器 KM_1 和 KM_2，它们分别由正转按钮 SB_2 和反转按钮 SB_3 控制。由图 6-2 可知，两个接触器的主触头所接电源相序不同，KM_1 按 L_1—L_2—L_3 相序接线，KM_2 则按 L_3—L_2—L_1 相序接线。相应的控制电路有两条，一条是由按钮 SB_2 和 KM_1 线圈等组成的正转控制电路；另一条是由按钮 SB_3 和 KM_2 线圈等组成的反转控制电路。

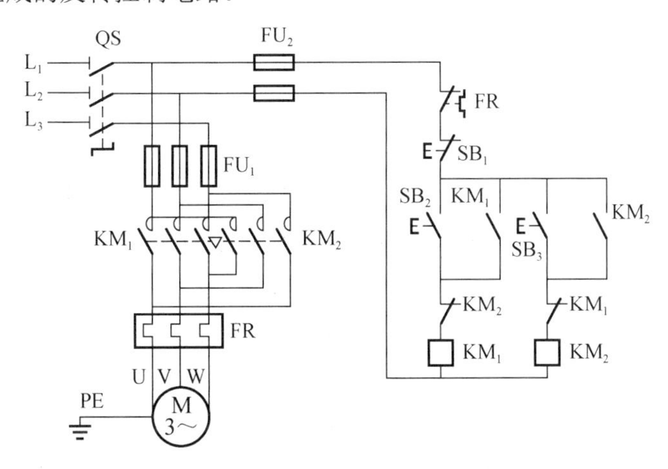

图 6-2　接触器联锁的正、反转控制线路

必须指出，接触器 KM_1 和 KM_2 的主触头绝不允许同时闭合，否则将造成两相电源（L_1 相和 L_3 相）短路事故。为了避免两个接触器 KM_1 和 KM_2 同时得电动作，在正、反转控制电路中分别串联了对方接触器的一对常闭辅助触头，这样，当一个接触器得电动作时，通过其常闭辅助触头使另一个接触器不能得电动作，接触器间这种相互制约的作用称为接触器联锁（或互锁）。实现联锁作用的常闭辅助触头称为联锁触头（或互锁触头），联锁符号用“▽”表示。

线路的工作原理如下（已合上 QS）：

1）正转控制：按按钮SB_2→接触器KM_1线圈通电→KM_1常闭联锁触头分断；KM_1主触头闭合→电动机M正转；KM_1常闭自锁触头闭合→电动机M正转。

2）反转控制：按按钮SB_3→接触器KM_2线圈通电→KM_2常闭联锁触头分断；KM_2主触头闭合→电动机M反转；KM_2常闭自锁触头闭合→电动机M反转。

停止时，按下SB_1→控制电路失电→KM_1（或KM_2）主触头分断→电动机M失电停转。

通过以上分析可见，接触器联锁正、反转控制线路的优点是工作安全、可靠，缺点是操作不便。当电动机从正转变为反转时，必须先按下停止按钮后才能按反转启动按钮，否则由于接触器的联锁作用，不能实现反转。

为克服此线路的不足，可采用图 6-3 所示的按钮-接触器双重联锁的正、反转控制线路（读者可自行分析动作原理）。

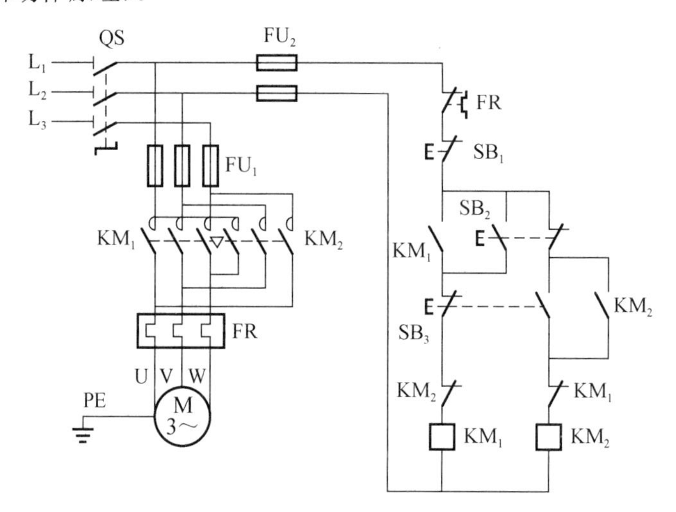

图 6-3　按钮-接触器双重联锁的正、反转控制线路

二、位置控制线路

在生产过程中，一些生产机械运动部件的行程或位置要受到限制，或者需要其运动部件在一定范围内自动往返循环等，如在摇臂钻床、万能铣床、镗床、桥式起重机及各种自动或半自动控制设备中就经常遇到这种控制要求。实现这种控制要求所依靠的主要电器是位置开关（又称限位开关或行程开关）。

位置开关是一种小电流的控制电器。它利用生产设备的某些运动部件的机械位移碰撞操作头，使其触头产生动作，从而将机械信号转换成电信号，控制接通和断开其他控制电路，以实现机械运动的电气控制要求。位置开关通常用于限制机械运动的位置或行程，使运动机械实现自动停止、反向运动、自动往返运动、变速运动等控制要求。

位置开关一般由操作头、触头系统和外壳 3 部分组成。操作头接收机械设备发出的动作指令和信号，并将其传递到触头系统。触头系统将操作头传递的指令或信号变为电信号，输出到有关控制电路，进行控制。位置开关的结构形式很多，按其动作及结构可分为按钮式

（又称直动式）、旋转式（又称滚轮式）、微动式 3 种。位置开关的外形和电路符号如图 6-4 所示。

（a）外形

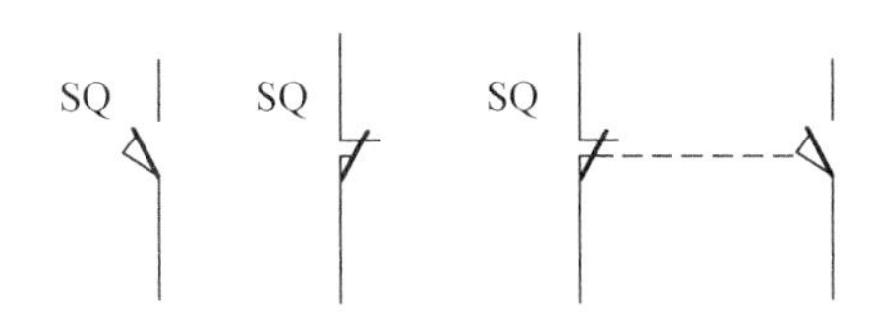

（b）电路符号

图 6-4 位置开关的外形和电路符号

位置控制就是利用生产机械运动部件上的挡铁与位置开关碰撞，使其触头动作来接通或断开电路，以实现对生产机械运动部件的位置或行程的自动控制。

位置控制线路如图 6-5 所示。工厂车间里的行车常采用这种线路，右下角是行车运动示意图，行车的两端终点处各安装一个位置开关 SQ_1 和 SQ_2，将这两个位置开关的常闭触头分别串联在正转和反转控制线路中。行车前后装有挡铁 1 和挡铁 2，行车的行程和位置可通过移动位置开关的安装位置来调节。

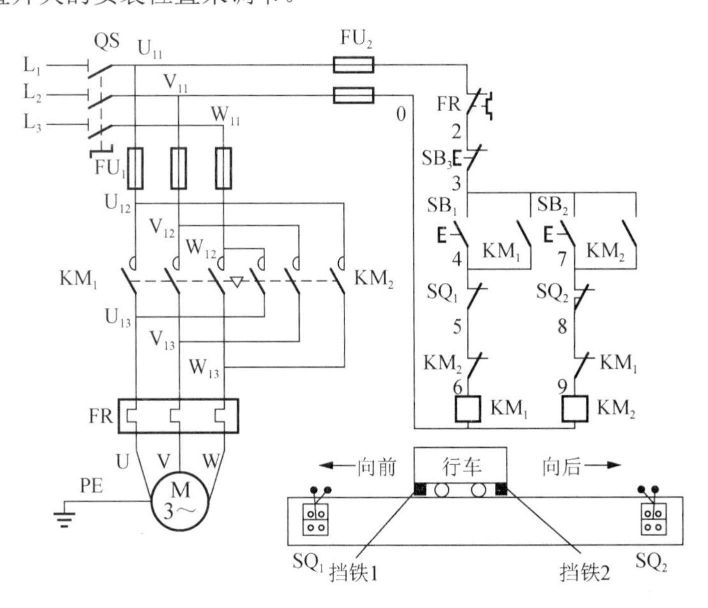

图 6-5 位置控制线路

线路的工作原理如下（已合上 QS）：

1）行车向前运动：按下SB_1 → KM_1线圈得电 → KM_1自锁触头闭合自锁；→ KM_1主触头闭合 →；→ KM_1联锁触头分断对KM_2联锁

→ M起动连续正转 → 行车前移至限定位置，挡铁1碰撞位置开关SQ_1 → SQ_1常闭触头分断 → KM_1线圈失电 → KM_1自锁触头分断，解除自锁；→ KM_1主触头分断 → M失电停转 → 行车停止前进；→ KM_1联锁触头恢复闭合，解除联锁

此时，即使再按下 SB_1，由于 SQ_1 常闭触头已分断，接触器 KM_1 线圈也不会得电，保证了行车不会超过 SQ_1 所在的位置。

2）行车向后运动：按下SB_2 → KM_2线圈得电 → KM_2自锁触头闭合自锁 →；→ KM_2主触头闭合；→ KM_2联锁触头分断对KM_1联锁

→ M起动连续反转 → 行车后移（SQ_1常闭触头恢复闭合）→ 移至限定位置，挡铁2碰撞位置开关SQ_2 → SQ_2常闭触头分断 → KM_2线圈失电 →

→ KM_2主触头分断 → 电动机失电停转行车停止后移；→ KM_2自锁触头分断，解除自锁；→ KM_2联锁触头恢复闭合，解除联锁

三、顺序控制线路与多地控制线路

在装有多台电动机的生产机械上，各电动机所起的作用是不同的，有时需按一定的顺序起动或停止，才能保证操作过程的合理和工作的安全、可靠。例如，X6132 型万能铣床上要求主轴电动机起动后，进给电动机才能起动；M7120 型平面磨床要求砂轮电动机起动后冷却泵电动机才能起动。这种要求几台电动机的起动或停止必须按一定的先后顺序来完成的控制方式，称为顺序控制。

1. 主电路实现顺序控制

主电路实现顺序控制的线路如图 6-6 所示，线路的特点是电动机 M_2 的主电路接在 KM_1 主触头的下面，电动机 M_1 和 M_2 分别通过接触器 KM_1 和 KM_2 来控制，KM_2 的主触头接在 KM_1 主触头的下面，这样保证了当 KM_1 主触头闭合、电动机 M_1 起动后，M_2 才可能接通电源运转。

线路的工作原理如下（已合上 QS）：

1）M_1起动连续运转：按下SB_1 → KM_1线圈得电 → KM_1主触头闭合；→ KM_1自锁触头闭合自锁 → 电动机M_1起动连续运转。

2）M_2起动连续运转：再按下SB_2 → KM_2线圈得电 → KM_2主触头闭合；→ KM_2自锁触头闭合自锁 → 电动机M_2起动连续运转。

3）M_1、M_2同时停转：按下SB_3→控制电路失电→KM_1、KM_2主触头分断→电动机M_1、M_2同时停转。

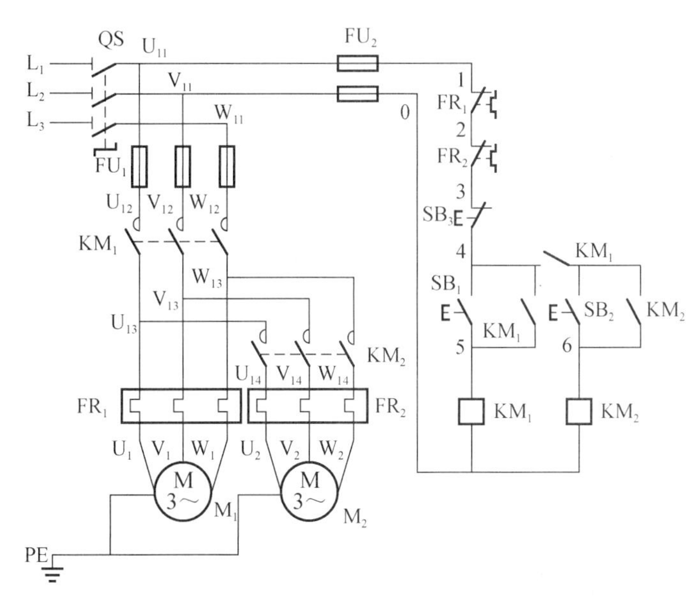

图 6-6　主电路实现顺序控制的线路

2. 控制电路实现顺序控制

两种控制电路实现电动机顺序控制的线路如图 6-7 所示。

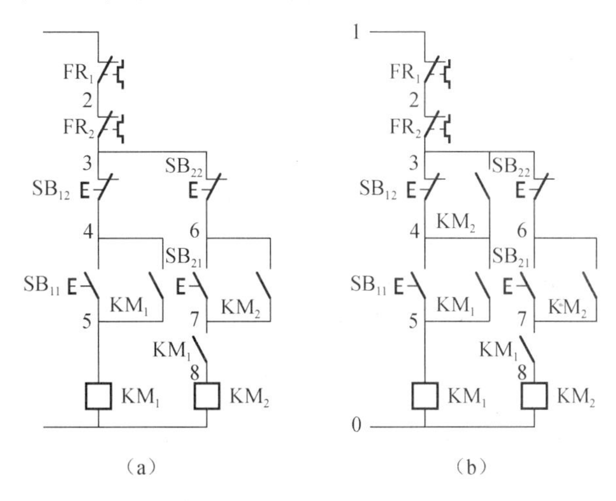

图 6-7　控制电路实现电动机顺序控制的线路

图 6-7（a）所示控制线路的特点：在电动机 M_2 的控制电路中串联了接触器 KM_1 的常开辅助触头。显然，只要 M_1 不起动，即使按下 SB_{21}，由于 KM_1 的常开辅助触头未闭合，KM_2 线圈不能得电，从而保证了 M_1 起动后，M_2 才能起动的控制要求。线路中停止按钮 SB_{12} 控制两台电动机同时停止，SB_{22} 控制 M_2 单独停止。

图 6-7（b）所示控制线路是在图 6-7（a）所示线路中的 SB_{12} 的两端并联了接触器 KM_2

的常开辅助触头，从而实现了 M_1 起动后，M_2 才能起动；而 M_2 停止后，M_1 才能停止的控制要求，即 M_1、M_2 是顺序起动，逆序停止的。

3. 多地控制线路

能在两地或多地控制同一台电动机的控制方式称为电动机的多地控制。图 6-8 为具有过载保护和接触器自锁控制的两地控制线路。其中 SB_{11}、SB_{12} 为安装在甲地的启动按钮和停止按钮，SB_{21}、SB_{22} 为安装在乙地的启动按钮和停止按钮。该线路的特点：两地的启动按钮 SB_{11}、SB_{21} 要并联在一起；停止按钮 SB_{12}、SB_{22} 要串联在一起。这样就可以分别在甲、乙两地起动和停止同一台电动机，达到操作方便的目的。

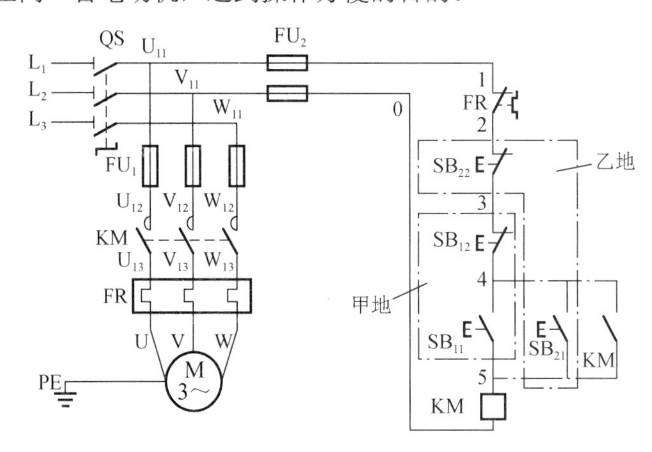

图 6-8　具有过载保护和接触器自锁的两地控制线路

对于三地控制或多地控制，只要把各地的启动按钮并联，停止按钮串联即可。

四、降压起动控制线路

前面介绍的各种控制线路起动时，加在电动机定子绕组上的电压为电动机的额定电压，属于全压起动（或直接起动），起动电流较大，为额定电流的 4～7 倍。在电源变压器容量不够大而电动机功率较大的情况下，直接起动将导致电源变压器输出电压下降，不但会减小电动机的起动转矩，而且会影响同一供电线路中其他电气设备的正常工作。因此，较大容量的电动机需采用降压起动。

降压起动是指利用起动设备将电压适当降低后加到电动机的定子绕组上进行起动，待电动机起动运转后，再使其电压恢复到额定值正常运转。

常见的降压起动方法有 4 种：定子绕组串联电阻降压起动、自耦变压器降压起动、Y-△降压起动、延边△降压起动。下面主要讨论应用广泛的由时间继电器控制的Y-△降压起动控制线路。

时间继电器是一种自动控制电器，它能使触头延时闭合或延时断开，从而达到机械运动的某些要求。时间继电器的种类很多，有空气阻尼式、电磁式、电动式、晶体管式等多种。

下面介绍一种应用广泛、结构简单、延时范围较大的晶体管时间继电器。

JS14A 系列晶体管时间继电器［图 6-9（a）］是利用电子线路延时原理来获得延时动作的，根据触头的延时特点，它可以分为通电延时与断电延时两种。

时间继电器的电路符号［图 6-9（b）］比一般继电器复杂。其触头有 6 种情况，尤其对于常开触头延时断开，常闭触头延时闭合，要仔细领会。

时间继电器控制的Y-△降压起动控制线路如图 6-9（c）所示。该电路由 3 个接触器、一个热继电器、一个通电延时继电器和两个按钮等组成。时间继电器 KT 用来控制Y降压起动时间和完成Y-△自动切换。

（a）外形　　（b）电路符号

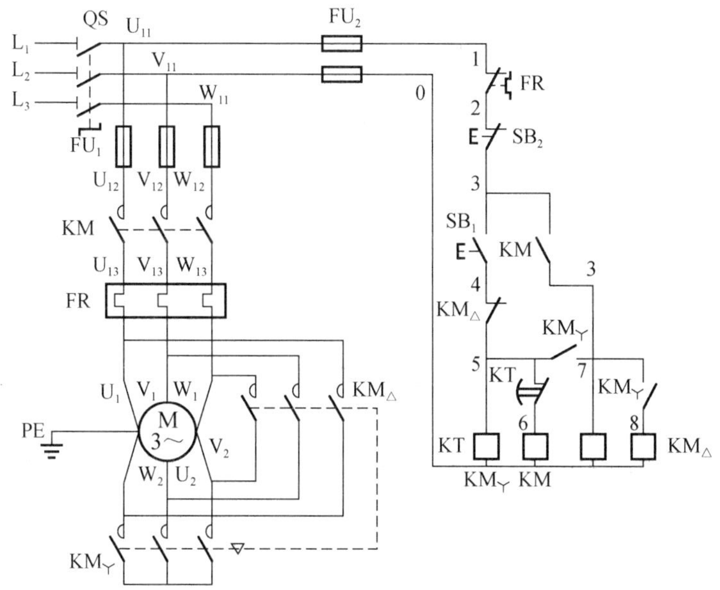

（c）Y-△降压起动控制线路

图 6-9　时间继电器及Y-△降压起动控制线路

该线路的工作原理如下（已合上 QS）：

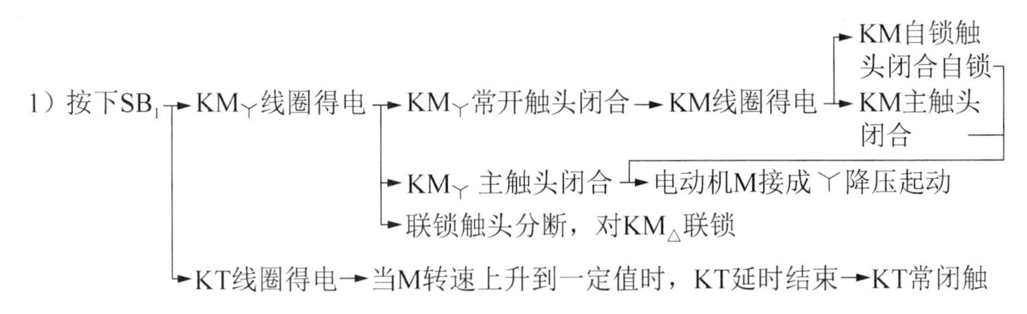

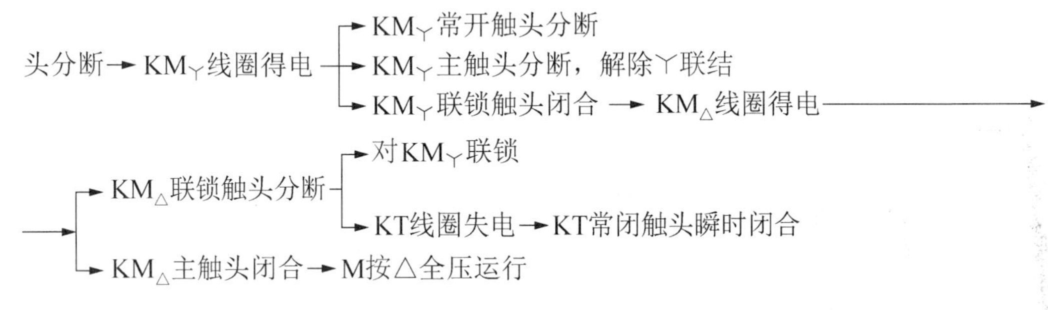

2）停止时按下SB_2即可。

时间继电器延时时间（即电动机降压起动时间）的长短，由电动机的容量和起动时的负载情况决定，一般电动机的容量小、负载轻时，延时时间短些，反之长些。

五、电气控制系统在运行中的常见故障

1. 常见电气故障及简易处理方法

生产机械在生产过程中会产生各种故障，有些是电气故障，有些是机械故障，有些最初是机械故障，由于没有及时排除，而导致电气故障，还有些是因为操作人员不遵守操作规程或误操作而引起的事故等。这就要求每一位机械操作人员，不但要遵守机械的操作规程，而且要懂得一些故障的判断，掌握一些简单的处理方法。

常见的电气故障，如熔断器中熔体熔断、电动机不转、电动机发出嗡嗡声、接触器发出振动声、电动机运行时不能自锁、电动机运行后无法停转、电气控制箱冒烟等。对于这类故障应采取以下措施。

1）立即切断生产机械的电源线，确保生产机械不再带电。

2）检查生产机械的安全，如卷扬机是否有重物悬挂在上面，机床上刀架是否已退离工件等。

3）在生产机械上挂好警告牌，如“有故障，不准使用”的牌子，并及时向值班电工报告故障情况。

2. 常见机械故障

以上所述是故障发生后的紧急处理方法。在日常生产过程中，操作人员要注意生产机械的运行情况，通过听、闻、看、摸等直接感觉来监测机械的工作状态，及时发现隐患，防止事故的扩大与蔓延。常见的故障隐患主要有以下几种：

（1）电动机温升异常

操作人员可以经常用手摸电动机的外壳，热而不烫手是正常的，否则说明有问题，这时应注意以下几个方面：①热继电器的规格是否正确；②生产机械本身是否有故障，如齿轮配合过紧、机械卡住等；③电动机本身通风是否良好；④电动机轴承油封是否损坏，如轴承无油、润滑不良将引起升温。

（2）熔断器熔体经常熔断

熔体经常熔断必属于不正常的情况，说明线路中有隐患，应仔细检查，决不可随意加大熔体的容量。熔体经常熔断可能有以下几方面的原因：①线路时有短路现象；②接触器主触头有烧毛现象，主触头间的胶木可能烧焦；③线路中导线的绝缘层被磨破，有时会对地短路。

（3）热继电器经常跳闸

热继电器经常跳闸，按复位按钮后，线路又能正常工作，说明线路存在故障隐患。热继电器是电动机的过载保护装置，所以检查方法同电动机温升过高情况相似。

生产机械操作人员虽然不是电工，不能直接对生产机械的电力部分进行维修，但是掌握一定的电工知识，对确保生产机械的正常运行和安全用电等都会起到积极作用。

六、CA6140 车床电气控制线路

CA6140 车床电气控制线路如图 5-28 所示。下面对线路中的各部分进行介绍。

1. 主电路分析

在分析电气线路时，一般应先从电动机着手，根据主电路中有哪些控制元件的主触头、电阻等大致判断电动机是否有正反转控制、制动控制和调速要求等。

主电路（图 5-28 中编号 2、3、4）中共有 3 台电动机，M_1 为主轴电动机。M_1、M_2、M_3 均为三相异步电动机，容量均小于 10kW，全部采用全压直接起动，都由交流接触器控制单向旋转。

2. 控制电路分析

通常对控制电路按照由上往下或由左往右的顺序依次阅读，可以按主电路的构成情况，把控制电路分解成与主电路相对应的几个基本环节，一个环节一个环节地分析，再把各个环节串起来。

控制电路（图 5-28 中编号为 5、6、7、8、9）的主电路可以分成主轴电动机 M_1、冷却泵电动机 M_2 和刀架快速移动电动机 M_3 共 3 个部分，其控制电路也可相应地分解成 3 个基本环节：外加变压电路、信号电路和照明电路。

1）主轴电动机控制：按下启动按钮 SB_2，接触器 KM_1 的线圈得电动作，其主触头闭合，主轴电动机 M_1 起动运行。同时 KM_1 的自锁触头和另一对常开触头闭合。按下停止按钮 SB_1，主轴电动机 M_1 停车。

2）冷却泵电动机控制：当 QS_2 闭合后，如果车削加工过程中，工艺需要使用冷却液时，在主轴电动机 M_1 运转情况下，接触器 KM_1 线圈得电吸合，其常开触头闭合，冷却泵电动机运行。由电气原理图可知，只有当主轴电动机 M_1 起动后，冷却泵电动机 M_2 才有可能起

动，当 M_1 停止运行时，M_2 也就自动停止。

3）刀架快速移动电动机控制：刀架快速移动电动机 M_3 的起动由按钮 SB_3 控制，它与 KM_3 组成点动控制环节。

3. 照明和信号电路分析

控制变压器 T 的二次侧分别输出 24V 和 6V 电压，作为机床照明灯和信号灯的电源。EL 为机床的低压照明灯，由开关 SA 控制；HL 为电源的信号灯。

4. 线路中的保护设置

1）短路保护：由熔断器 FU 实现主轴电动机 M_1 的短路保护，FU_1 实现对冷却泵电动机 M_2 和刀架快速移动电动机 M_3 的短路保护，FU_2 实现控制电路的短路保护，FU_3 和 FU_4 分别实现照明和信号电路的短路保护。

2）过载保护：由热继电器 FR_1、FR_2 实现主轴电动机 M_1、冷却泵电动机 M_2 的长期过载保护。

项目实施

进行 CA6140 车床电气控制线路的安装时，在分析其电气控制线路原理的基础上，首先要了解和准备所需安装工具、仪表、元件种类及其型号参数；其次要了解各个元件在车床中的位置并绘制元器件安装的接线图；在掌握正确的安装步骤的基础上，了解安装的工艺要求和注意事项；安装完成后按安装的顺序对连接的线路和元件的正确性进行逐个检查；为确保安装不出现错误，自检完成后，还要进行互检，在进行多次检查后未发现安装错误的条件下，才能进行通电运行。

1. 实施器材

1）工具：电工常用工具。
2）仪表：MF47 型万用表、500V 兆欧表、钳形电流表等。
3）器材：控制线路板、走线槽、各种规格的软线和紧固件、金属软管、编码套管等。
4）CA6140 型车床所需元器件参见图 5-28。

2. 安装步骤

1）根据原理图设计安装图、接线图、互连图（可参考资料）。
2）根据安装图布置元件。
3）连接主电路。
4）连接控制电路。
5）控制线路板上电动机互连，控制线路板上按钮互连，控制线路板上照明灯具互连。
6）检查、试车。
7）故障排除。

3. 工艺要求

1）逐个检验电气设备和元件规格及质量是否合格。

2）正确选配导线的规格、导线通道类型和数量、接线端子板型号等。

3）在控制线路板上安装电气元件，并在各电气元件附近做好与电路图上相同代号的标记。

4）按照控制线路板内布线的工艺要求进行布线和套编码套管。

5）选择合理的导线走向，做好导线通道的支持准备，并安装控制线路板外部的所有电气元件。

6）进行控制箱外部的布线，并在导线线头上套装与电路图相同线号的编码套管。对于可移动的导线通道应留有适当的余量，使金属软管在运动时不承受拉力，并按规定在通道内放置备用导线。

7）检查电路的接线是否正确，以及接地通道是否具有连续性。

8）检查热继电器的规格是否符合要求，以及各级熔断器的熔体是否符合要求，如不符合要求应予以更换。

9）检查电动机的安装是否牢固，以及其与生产机械传动装置的连接是否可靠。检测电动机及线路的绝缘电阻，清理安装场地。点动控制各电动机起动，观察转向是否符合要求。

10）进行通电空转实验时，应认真观察各电气元件、线路、电动机及传动装置的工作情况是否正常。如不正常，应立即切断电源进行检查，在调整或修复后方能再次通电试车。

4. 注意事项

1）不要漏接接地线，导线管、导线通道一般放置一根或两根备用线。严禁采用金属软管作为接地通道。

2）在控制箱外部进行布线时，导线必须穿在导线通道内或敷设在车床座内的导线通道里。所有的导线不允许有接头。

3）在对导线通道内敷设的导线进行接线时，必须集中精力，做到查出一根导线，立即套上编码套管，接上后进行复验。

4）在进行快速进给时，要注意使运动部件处于行程的中间位置，以防运动部件与车头或尾架相撞产生设备事故。

5）在安装、调试过程中，工具、仪表的使用应符合要求。

项目考核

项目评价表如表 6-1 所示。

表 6-1　项目评价表

评价内容	配分	评分标准	扣分
装前检查	15	（1）电动机未检扣 5 分； （2）电气元件漏检或错检，每只扣 2 分	

续表

评价内容	配分	评分标准		扣分
安装元件	15	(1)不按图安装扣5分； (2)元件安装不紧固，每只扣2分； (3)安装时漏装螺钉，每个扣2分； (4)元件安装不整齐、不均匀、不合理，每只扣3分； (5)损坏元件每只扣3分		
布线	30	(1)不按电路图接线扣25分； (2)布线不合要求，主电路扣3分，控制电路每根扣3分； (3)接点松动、露铜过长、压绝缘皮、反圈等，每个接点扣1分； (4)损伤导线绝缘皮或线芯，每根扣5分； (5)漏套或错套号码管，每处扣2分； (6)漏接接地线扣10分		
通电试车	40	(1)熔体规格配错，主、控电路各扣10分； (2)第一次试车不成功扣10分； (3)第二次试车不成功扣10分； (4)第三次试车不成功扣10分		
安全文明生产	违反安全文明生产规定扣5～40分（从总得分中扣除）			
额定时间60min	每超过5min扣5分（从总得分中扣除）			
备注	除额定时间外，各项目扣分不得超过该项配分		成绩	

思考与练习

1．设计：有两台电动机 M_1 和 M_2，要求 M_1 起动后 M_2 才能起动，M_2 停止后 M_1 才能停止，试画出其控制线路图。

2．在什么条件下电动机可直接起动？在什么条件下电动机要降压起动？

3．说明Y-△降压起动控制线路的起动过程和时间继电器的作用。

4．设某机床电气控制系统突然发生故障，操作者按下停止按钮仍不能停车，问此时操作者应该怎样办？

5．CA6140车床主轴电动机 M_1 不能起动，试分析其故障原因。

6．CA6140车床合上冷却泵开关，冷却泵电动机不能起动，试分析其故障原因。

知识拓展

一、车床电气控制线路常见故障分析

在实际检修过程中，CA6140车床电气故障是多样的，既使同一种故障现象，发生的部位也是不同的。因此，在检修时，不能生搬硬套，而应按不同的故障现象灵活分析，力求迅速、准确地找出故障点，查明故障原因，及时排除故障。

CA6140车床电气控制系统常见故障及检修方法如表6-2所示。

表6-2　CA6140车床电气控制系统常见故障及检修方法

故障现象	故障原因分析	故障排除与检修
车床电源自动开关不能合闸	(1)带锁开关没有将QS电源切断； (2)电箱门没有关好	(1)将钥匙插入SB，向右旋转，机床切断QS电源； (2)关上电箱门，切断QS电源

续表

故障现象	故障原因分析	故障排除与检修
车床主轴电动机接触器 KM 不能吸合	（1）传动带罩壳没有装好，位置开关 SQ 没有闭合； （2）带自锁停止按钮 SB_1 没有复位； （3）热继电器 FR_1 脱扣； （4）KM 接触器线圈烧坏或开路； （5）熔断器 FU_3 熔丝熔断； （6）控制线路断线或松脱	（1）重新装好传动罩壳，机床压迫限位； （2）旋转并拔出停止按钮 SB_1； （3）查出脱扣原因，手动复位； （4）用万用表测量检查，并更换新线圈； （5）检查线路是否有短路或过载，排除后按原有规格接上新的熔丝； （6）用万用表或灯逐级检查断在何处，查出后更换新线或装接牢固
车床主轴电动机不转	（1）接触器 KM 没有吸合； （2）接触器 KM 主触头烧坏或卡住造成断相； （3）主电动机三相线路个别线烧坏或松脱； （4）电动机绕组出现断线； （5）电动机绕组烧坏或开路； （6）机械传动系统咬死，使电动机堵转	（1）按 KM 故障检查修复； （2）拆开灭弧罩查看主触头是否完好，机床是否有不平或卡住现象，调整或更换触头； （3）查看三相线路各连接点是否烧坏或松脱，更换新线或重新接好； （4）用万用表检查，并重新接好； （5）用万用表检查，拆开电动机重绕； （6）拆去传送带，单独开动电动机，如果电动机正常运转，则说明机械传送系统中有咬死现象，检查机械部分故障。首先判断是否过载，可先将刀具退出，重新起动，如果电动机不能正常运转，再按照传动路线逐级检查
车床主轴电动机能起动，但空气断路器跳闸	（1）主回路有接地或相间短路现象； （2）主电动机绕组接地或匝间、相间有短路现象； （3）断相起动	（1）用万用表或兆欧表检查相与相及对地的绝缘状况； （2）用万用表或兆欧表检查匝间、相间及接地绝缘状况； （3）检查三相电压是否正常
车床主轴电动机能起动，但转动短暂时间后又停止转动	接触器 KM 吸合后自锁不起作用	检查 KM 自锁回路导线是否松脱，触头是否损坏
主轴电动机起动后冷却泵不转	（1）旋转开关 SB_4 没有闭合； （2）KM 辅助触头接触不良； （3）热继电器 FR_2 脱扣； （4）KM_1 接触器线圈烧毁或开路； （5）熔断器 FU_1 熔丝熔断； （6）冷却泵叶片堵住	（1）将 SB_4 扳到闭合位置； （2）用万用表检查触头是否良好； （3）查明 FR_2 脱扣原因，排除故障后手动复位； （4）更换线圈或接触器； （5）查明原因，排除故障后，换上相同规格熔丝； （6）清除铁屑等异物
车床溜板快速移动电动机不转	（1）传动带罩壳限位 SQ 没有压迫； （2）停止按钮在自锁停止状态； （3）按钮 SB_3 接触不良； （4）电动机绕组烧坏； （5）熔断器 FU_2 熔断； （6）机械故障	（1）调整限位器距离与行程； （2）修理或更换停止按钮； （3）修理或更换按钮 SB_3； （4）重绕绕组或更换电动机； （5）检查短路原因并排除； （6）排除机械故障
机床照明灯 EL 不亮	（1）灯泡坏； （2）灯泡与灯头接触不良； （3）开关接触不良或引出线断开； （4）灯头短路或电线破损，对地短路	（1）更换相同规格的灯泡； （2）将此灯头内舌簧适当抬起再旋紧灯泡； （3）更换或重新焊接； （4）查明原因、排除故障后，更换相同规格熔丝
车床主轴电动机不能停转	（1）停止按钮 SB_1 的常闭触头短路； （2）接触器 KM_1 的铁芯面上的油污使铁芯不能释放； （3）KM_1 的主触头发生熔焊	（1）用万用表检查触头是否短路，若短路，修理更换常闭触头或停止按钮 SB_1； （2）打开接触器 KM_1，检查铁芯面上的油污情况，清理铁芯面上的油污或更换接触器 KM_1； （3）用万用表检查接触器 KM_1 触头是否熔焊短接，若短接，清理接触器 KM_1 触头的熔焊点进行修复。若触头的熔焊点不能清理修复，可以更换一只新的接触器 KM_1

注意：车床所有控制回路接地端必须连接牢固，并与大地可靠接通，以确保机床安全。

二、可编程序控制器及其应用

1. 可编程序控制器的介绍

PLC 是可编程序控制器的简称，是在继电器-接触器技术和计算机技术的基础上开发出来，并逐渐发展成为以微处理器为核心，将自动化技术、计算机技术和通信技术融为一体的新型工业控制装置。它具有结构简单，可靠性高，通用性强，易于编程和使用方便等优点。PLC 实物如图 6-10（a）所示，PLC 主要由 CPU 模块、输入/输出（I/O）模块和编程装置 3 部分组成，如图 6-10（b）所示。

（a）PLC实物

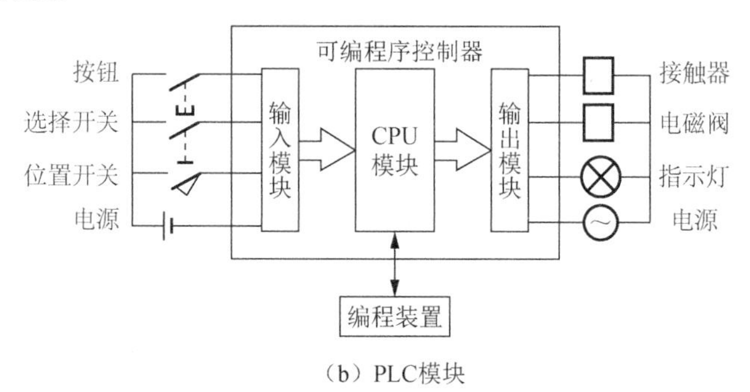

（b）PLC模块

图 6-10　PLC 实物及其模块

（1）CPU 模块

CPU 模块是 PLC 的核心，包括微处理器、系统程序储存器和用户程序存储器。其中，微处理器不断地采集输入信号，执行用户程序，刷新系统输出。系统程序存储器用于存放系统管理程序和监控程序等系统程序，用户不能修改。用户程序存储器用来存放用户编制的应用控制程序，可通过编程器改写程序。

（2）I/O 模块

I/O 模块包括输入模块和输出模块两部分。输入模块接收现场设备的控制信号，并将这一信号转换成 CPU 能够接收处理的数字信号；输出模块则相反，它接收经过 CPU 处理过的数字信号，并将它转换成被控设备或显示设备能接收的电压或电流信号，以驱动电磁阀和接触器等电气设备动作。

（3）编程装置

编程装置是 PLC 最重要的外围设备。PLC 通过编程装置输入、检查、修改、调试用户程序。PLC 的编程语言有梯形图、指令表、顺序功能图、功能块图和结构文本。用户程序通常用梯形图语言编写，它类似于继电器控制电路的原理图，只是图中元件的符号表达方式不同。

PLC 电路中的触头都是瞬时动作的，延时需要用定时器实现，延时时间通过编程设定，数值相对继电器的延时大了很多。PLC 中还有计数器和辅助继电器等元件，可通过编程实现其逻辑控制功能。

2. PLC 实现电动机长动控制的线路

图 6-11 为由三菱 PLC 组成的三相异步电动机长动控制线路，主电路与继电器-接触器控制电路完全相同。控制电路由 PLC 与外部输入电路、输出电路组成。如图 6-11 是 PLC 接线图，图 6-11（b）是其梯形图。PLC 的输入端 X0 接启动按钮 SB_2，X1 接停止按钮 SB_1，输出端 Y0 接交流接触器的线圈 KM。

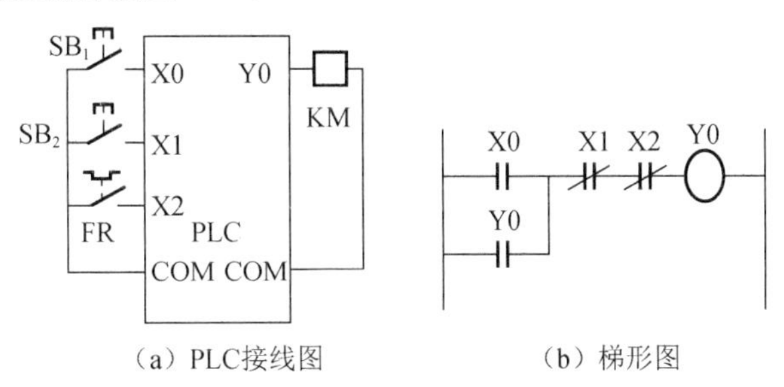

（a）PLC接线图　　（b）梯形图

图 6-11　由三菱 PLC 组成的三相异步电动机长动控制的线路

使用编程器将梯形图程序输入 PLC 内，PLC 就可以按照设定的控制方式工作，当按下 SB_2 时，内部控制电路中的常开触点 X0 闭合，因 SB_1 未按下，常闭触点 X1 仍然闭合，使输出继电器 Y0 线圈接通，并且 Y0 的常开触点闭合实现自锁，从而使接触器线圈 KM 通电，主电路中 KM 接通，电动机运转。当 SB_1 按下时，常闭触点 X1 断开，输出继电器线圈 Y0 断开，接触器 KM 线圈失电，电动机停转。

项目7 直流稳压电源的制作

◎ 学习目标

1. 了解二极管和晶体管在稳定电源中的作用。
2. 了解整流电路、滤波电路、稳压电路的相关知识。
3. 会制作直流稳压电源。

◎ 项目任务

在电子设备工作过程中，通常需要电压稳定的直流电源供电。直流稳压电源是一种当电网电压波动或负载发生变化时，输出直流电压仍能基本保持不变的电源。图 7-1 为三端直流稳压电源电路的原理图，图 7-2 为电路制作完成后的实物图。

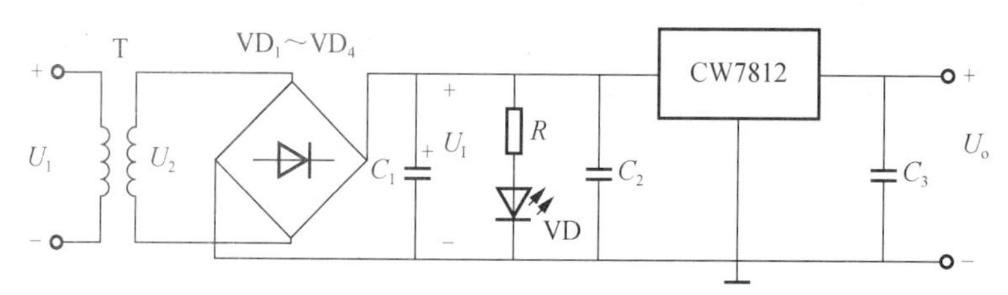

图 7-1　三端直流稳压电源电路的原理图

图 7-2　三端稳压电源电路实物图

◎ 项目分析

常用小功率直流稳压电源通常由电源变压器、整流电路、滤波电路、稳压电路 4 部分组成，如图 7-3 所示，其各组成部分的作用如下：电源变压器将 220V 交流电变成所需电压大小的交流电；整流电路将交流电转变成脉动直流电；滤波电路将脉动直流电中的交流成分滤除，获得比较平滑的直流电；稳压电路用于当电网电压波动或负载发生变化时，保持输出直流电压稳定。通过以上分析，电流变化的过程是越来越接近直线的，这样才能为电子设备提供高质量的电能。本项目制作直流稳压电源，所需元器件清单如表 7-1 所示。

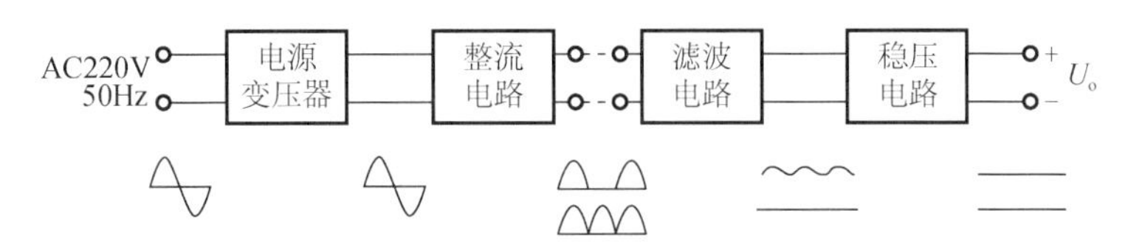

图 7-3　直流稳压电源的组成

表 7-1　元器件清单

序号	名称	文字符号	型号/规格	数量	序号	名称	文字符号	型号/规格	数量
1	电源变压器	T	220V/15V	1	7	电解电容	C_3	1000μF，16V	1
2	二极管	VD_1～VD_4	1N4001	4	8	三端稳压器	IC	CW7812	1
3	固定电阻	R	2kΩ	1	9	印制电路板			1
4	发光二极管	VD	ϕ3mm，红色	1	10	接线端子		XK127-2p	2
5	电解电容	C_1	2200μF，25V	1	11	排针		2 针	2
6	瓷片电容	C_2	0.33μF	1	12	导线		0.5mm^2	若干

知识链接

一、电子技术概述

电子技术是 19 世纪末、20 世纪初发展起来的技术。随着物理学方面有了重大的突破，电子技术以迅猛的速度发展起来，其广泛的应用成为科学技术发展的一个重要标志。电子技术是研究电子元器件、电子电路及其应用的科学技术，是其他高新技术发展的基础，它的发展带动了其他高新技术的发展。人类进入信息时代以来，信息的生产、存储、传输和处理等过程一般均由电子电路来完成，尤其是近年来，随着计算机技术、通信技术和微电子技术等高新科技的迅猛发展，大量的生产实践和科学技术领域都存在着大量与电子技术有关的问题。目前，电子技术的应用极其广泛，涉及通信、科学技术、工农业生产、计算机产业、医疗卫生等各个领域，如电视信号传播、无线电通信、光纤通信、军事雷达、医疗 X 射线透视等，这些方面均与电子技术紧密相连。

电子技术由模拟电子技术、数字电子技术两部分构成。模拟电子技术是研究模拟电路（模拟信号波形如图 7-4 所示）也就是连续变化的电压或电流信号工作的电子电路，是整个电子技术的基础，在信号放大、功率放大、整流稳压、模拟量反馈、混频、调制解调电路领域具有无法替代的作用。例如，一个扩音器电路就是一个典型的模拟电路。如图 7-5 所示，声音首先被传感器采集，转变为微弱的电信号，然后经过多级放大，包括电压放大、功率放大，将这个微弱的电信号功率提高，驱动能力加强，最后这个放大的电信号被传送至扬声器重新还原为声音信号，人们就能听到比之前响亮许多的声音了。

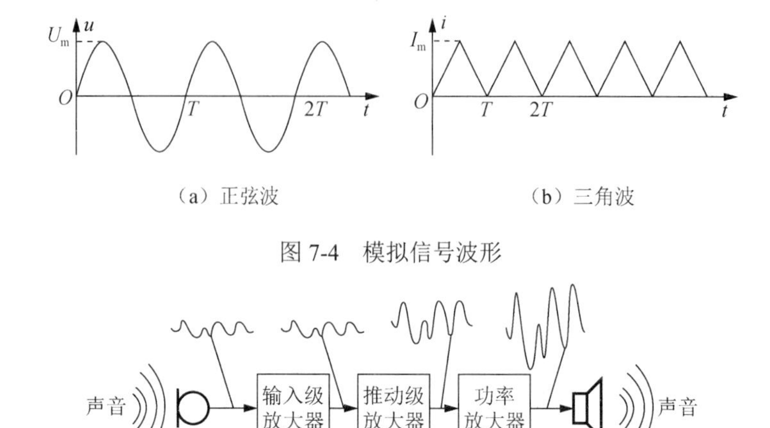

图 7-4　模拟信号波形

图 7-5　扩音器电路

与模拟电路相比，数字电路是研究数字信号也就是离散的不连续的电压或电流工作的电子电路，它具有精度高、稳定性好、抗干扰能力强、程序软件控制等一系列优点。随着微电子和计算机网络等基础技术的飞速发展，数字电子技术已渗透到科研、生产和人们日常生活的各个领域。众所周知，电子技术即使再强大，也要结合其他技术才能充分发挥其真正的作用。例如，电子技术与信息技术相结合，形成了现在信息社会的工程领域，即通信工程专业。电子技术与物理电子与光电子学等相关物理基础理论相结合解决了电子元器件、集成电路、仪器仪表及计算机与制造等工程技术问题。信息技术是在电子技术发展的基础上，研究通过电子技术进行的信息传播、信息交换、信息处理及信号检测等理论与技术。电子技术及微电子技术的迅猛发展给新技术革命带来了根本性及普遍性的影响。电子技术水平的不断提高，使超大规模集成电路、计算机、现代通信得以实现。

电子技术作为信息化产业中的一种，是当今世界经济和社会发展的大趋势，也是我国产业实现工业化、现代化的最关键环节。它的快速发展对国民经济各个领域和人们的生活质量都有着巨大的影响。但我国的电子技术发展水平还处于落后状态，借鉴较多，自主研发较少，还需要经过大家的不断努力和学习，去创造未来的高速发展。学习电子技术一定要理论密切联系实际，重在实践操作，要能举一反三、勇于创新，做到在学会基本制作和测量技术的同时，提高对电路的分析和设计能力，提高知识的应用能力。

二、常用半导体器件

1. 半导体的基础知识

自然界中的物质按导电能力的不同分为导体、绝缘体和半导体三大类。导电能力介于导体和绝缘体之间的称为半导体。典型的半导体材料有硅（Si）、锗（Ge）、硒（Se）、砷化镓（GaAs）及许多金属氧化物和金属硫化物。为了提高其导电能力，采用先进的工艺，在半导体中掺入微量的其他元素（称为掺杂），形成杂质半导体。若掺入微量的五价元素（如磷、砷、锑等），可大大提高自由电子浓度，这种杂质半导体称为 N 型半导体。若在纯净的半导体材料中掺入微量的三价元素（如硼、铟），则可增加空穴数目，这种杂质半导体称为 P 型半导体。

利用特殊的制造工艺，在一块本征半导体（硅或锗）上，一边掺杂成 P 型半导体，一边形成 N 型半导体，这样在两种半导体的交界面就会形成一个空间电荷区，即 PN 结。PN 结主要的特性就是单向导电性。PN 结加正向电压时，形成较大的正向电流；加反向电压时，反向电流很小，这种特性称为单向导电性。

2. 半导体二极管

将一个 PN 结用玻璃或塑料等绝缘材料封装起来，引出两个电极，就构成半导体二极管，简称二极管。其图形符号如图 7-6（a）所示，二极管的外形如图 7-6（b）所示。

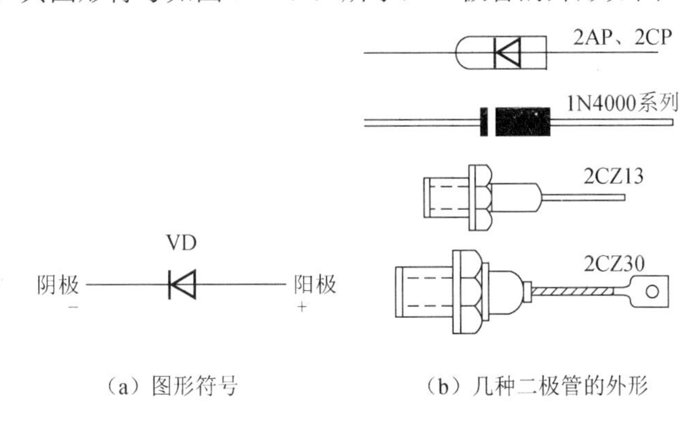

（a）图形符号　　（b）几种二极管的外形

图 7-6　半导体二极管

3. 二极管的伏安特性

二极管的内部其实就是一个 PN 结，所以它的工作特性就是 PN 结的工作特性即单向导电性。当正向电压足够大，超过开启电压后，内电场的作用被大大削弱，电流很快增加，二极管正向导通，如图 7-7（1）段所示。此时二极管两端的电压较小，几乎不随正向导通电流的变化而变化，近似于定值，这个电压称为导通电压。

经实验研究，硅二极管和锗二极管的伏安特性相似，只是开启电压和导通压降不同。硅二极管的开启电压约为 0.5V，锗二极管的开启电压约为 0.1V。硅二极管的正向导通压降为 0.6～0.8V，典型值取 0.7V；锗二极管的正向导通压降为 0.1～0.3V，典型值取 0.2V。二极管的反向特性对应图 7-7 曲线的（2）段，此时二极管加反向电压，阳极电位低于阴极电位。

在二极管两端加反向电压时，其外加电场和内电场的方向一致，当反向电压小于反向击穿电压时，由图 7-7 中可以看出，反向电流基本恒定，而且电流几乎为零，这是由少数载流子漂移运动所形成的反向饱和电流。硅管的反向电流要比锗管小得多，小功率硅管的反向饱和电流一般小于 0.1μA，锗管为几微安。

当二极管反向电压过高超过反向击穿电压时，二极管的反向电流急剧增加，对应图 7-7 中的（3）段。由于这一段电流大、电压高，因此 PN 结消耗的功率很大，容易使 PN 结过热烧坏，一般二极管的反向电压在几十伏以上。

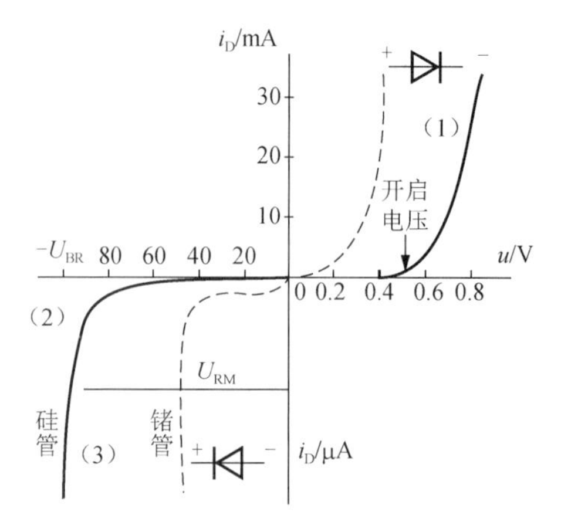

图 7-7　二极管的伏安特性

三、整流电路与滤波电路

1. 整流电路

整流就是把大小、方向都随时间变化的交流电变换成脉动直流电，完成这一任务的电路称为整流电路。整流电路中起整流作用的元器件是具有单向导电性的二极管。常见的单相整流电路有单相半波整流电路、全波整流电路、单相桥式整流电路和倍压整流电路，这里着重讨论单相半波整流电路和单相桥式整流电路。

（1）单相半波整流电路

单相半波整流电路如图 7-8（a）所示，电源变压器是将 220V 交流电 u_1 变换成整流所需的较低的交流电 u_2，二极管 VD 起整流作用，称为整流器件。R_L 是电路的负载。

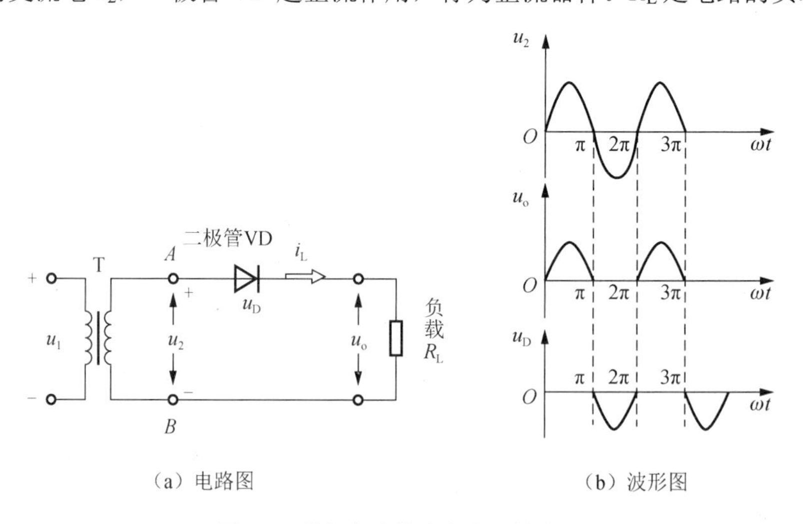

（a）电路图　　（b）波形图

图 7-8　单相半波整流电路及其波形

当 u_2 为正半周时，二极管 VD 正向偏置导通，电流从 A 点经过 VD 和负载电阻 R_L 至 B 点构成回路，R_L 两端电压为 u_o；当 u_2 为负半周时，二极管 VD 反向偏置截止，电路中无电流通过，R_L 两端电压 u_L 为零。在交流电压 u_2 变化的一个周期内，负载 R_L 上得到的是半个周期的单一方向的脉动直流电压，故此电路被称为半波整流电路，电路中输出电压波形和二极管两端电压的波形如图 7-8（b）所示。

该电路的特点是电路简单，元器件少，但电源利用率低，输出电压脉动大，只适用于对直流电波形要求不高的场合，如蓄电池、充电器等，因此很少单独用作直流电源。

（2）单相桥式整流电路

图 7-9 为单相桥式整流电路及其波形。整流元件有 4 个，即 VD_1～VD_4，它们组成桥式电路结构。

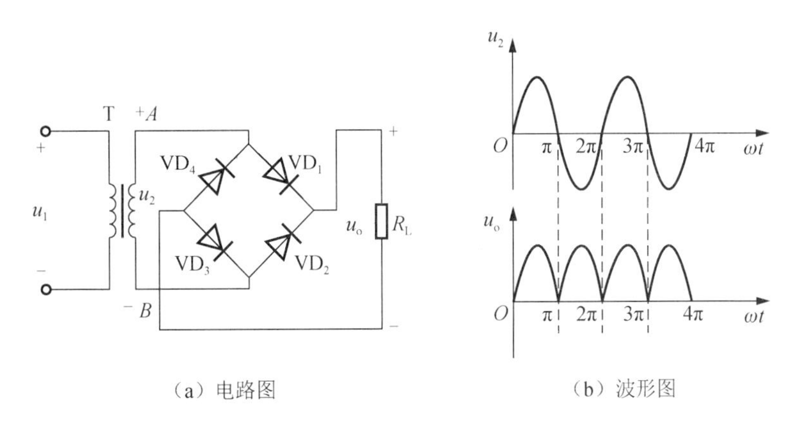

（a）电路图　　（b）波形图

图 7-9　单相桥式整流电路及其波形

当 u_2 为正半周时，A 点电位高，B 点电位低，VD_1、VD_3 正向偏置导通，VD_2、VD_4 反向偏置截止。电流通过的路径是 $A \to VD_1 \to R_L \to VD_3 \to B$。负载上得到一个正弦半波电压，如图 7-9（b）中 u_o 波形 0～π段所示。

当 u_2 为负半周时，B 点电位高，A 点电位低，VD_2、VD_4 正向偏置导通，VD_1、VD_3 反向偏置截止。电流通过的路径是 $B \to VD_2 \to R_L \to VD_4 \to A$。负载上同样得到一个正弦半波电压，如图 7-9（b）中 u_o 波形π～2π段所示。

在一个周期内，流过负载 R_L 的电流方向始终是从上向下的，所以 R_L 上的电压降 u_o 均是同一方向的脉动直流电压，故此电路也称为桥式全波整流电路。

桥式整流电路的优点是输出电压高，电压纹波小，二极管所承受的平均电流较小，同时由于电源变压器在正、负半周内都有电流供给负载，电源变压器的利用率高。因此，此电路在整流电路中有较为广泛的应用。

2. 滤波电路

经过整流，电路输出的电压是单一方向的脉动直流电压，这个电压含有较大的交流成分，这样的直流电压不能保证仪器仪表的正常工作，因此需要降低其输出电压中的交流成分，同时还要保留其中的直流成分，从而使输出的电压更加平滑。滤波电路就是实现这样功能的电路，常用的滤波电路有电容滤波电路、电感滤波电路和复式滤波电路。

（1）电容滤波电路

桥式整流电容滤波电路及其波形如图 7-10 所示。加上电容 C 后，负载 R_L 上的电压波形就与没有滤波电容时的电压波形大不一样。

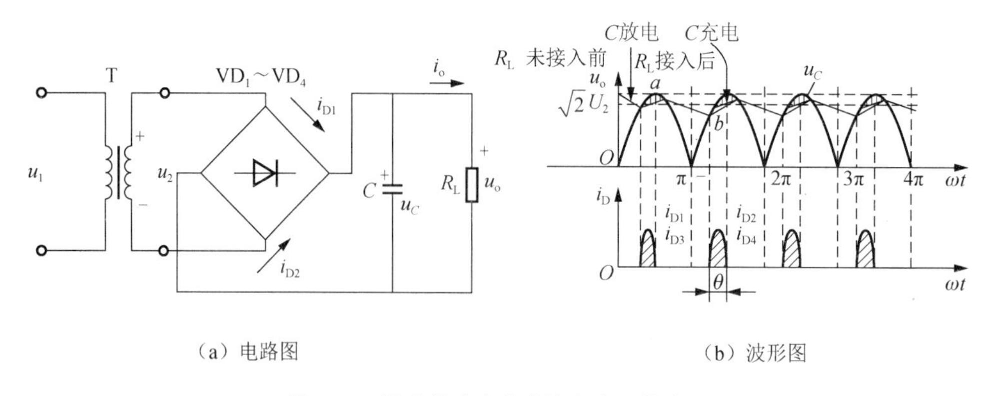

（a）电路图　　（b）波形图

图 7-10　桥式整流电容滤波电路及其波形

由于电容两端电压不能突变，因而负载两端的电压也不能突变，使输出电压波形变得平滑，从而达到滤波的目的。假定接通电路，u_2为正半周，当u_2由零上升时，电源向 C 充电。充电完毕开始计时，电容 C 向负载电阻 R_L 放电，电容电压 u_C 缓慢下降。直到 $u_2>u_C$，电容 C 再次被充电，输出电压增加，以后重复上述充、放电过程。

电容滤波电路简单，输出电压平均值 u_o（R_L 两端电压）较高，脉动较小，但是二极管中有较大的充、放电电流。因此，电容滤波电路一般适用于输出电压较高、负载电流较小并且变化也较小的场合。

（2）电感滤波电路

桥式整流电感滤波电路如图 7-11（a）所示，利用电感的电流不能突变的特性也可实现滤波。当电流增大时，电感线圈产生的自感电动势阻止电流的增大，并同时将一部分电能转化为磁场能储存下来；当电流减小时，电感线圈便释放电能，阻止电流减小，使通过负载 R_L 的电流脉动性受到抑制，因此，在输出端得到比较平滑的直流电压。

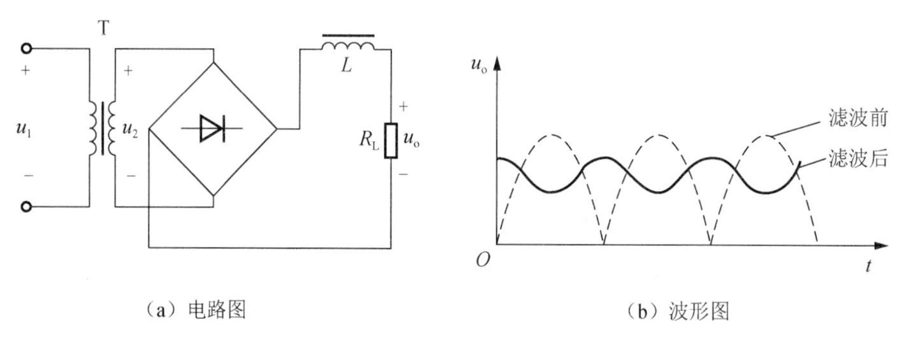

（a）电路图　　（b）波形图

图 7-11　桥式整流电感滤波电路

电感滤波电路对整流二极管没有电流冲击。一般来说，电感越大，R_L 越小，滤波效果越好，所以电感滤波电路适用于负载电流较大的场合。一般 L 取几亨到几十亨。为了增大 L 的值，电感多用带铁芯的线圈，但其体积大，较笨重，成本高，输出电压低。

（3）复式滤波电路

为了进一步减小输出电压的脉动程度，可用电容和电感组成各种形式的复式滤波电路。

图 7-12（a）为 LC-r 型滤波电路，图 7-12（b）为 LC-π 型滤波电路，其中 LC-r 型滤波电路实际上是经过了电感、电容两个元件的两次滤波，所以输出直流电压、电流波形更加平滑，而 LC-π 型滤波电路用了 3 个元件进行滤波，所以滤波效果比 LC-r 型滤波电路更

为理想。当复式滤波达不到输出电压的平滑要求时，可以增加极数。在 LC-π 型滤波电路中，在负载电流不大的情况下，为降低成本，缩小体积，减轻重量，可选用电阻器代替 L，但电阻 R 对交流和直流成分均产生压降，故会使输出电压下降，一般 R 取几十到几百欧。

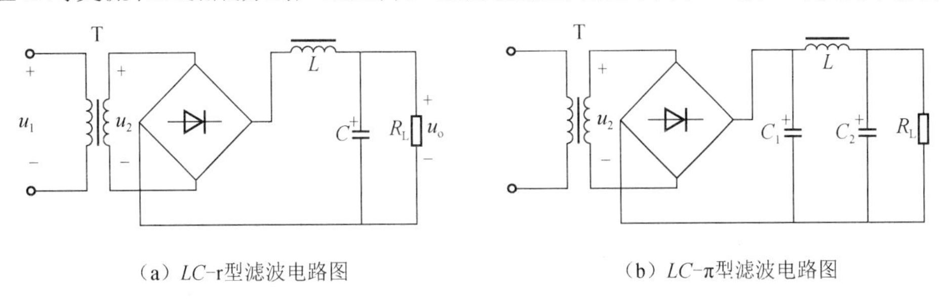

（a）LC-r型滤波电路图　　（b）LC-π型滤波电路图

图 7-12　复式滤波电路

四、稳压电路

1. 稳压二极管的工作特性

稳压二极管的图形符号如图 7-13（a）所示，伏安特性曲线如图 7-13（b）所示。

稳压二极管是一种特殊的面接触型半导体二极管，正常情况下工作在反向击穿区，其反向击穿特性曲线很陡，反向电流在很大的范围内变化时其两端电压却基本保持不变，因而具有稳压作用。只要控制反向电流不超过一定的值，稳压二极管就不会因过热而损坏。硅稳压二极管使用时要注意以下几点：

1）在电路中必须反接才能有稳压作用，若正接，则相当于电源短路，电流过大会使稳压二极管过热烧毁。

2）稳压二极管必须在电源电压高于它的稳压值时才能稳压。

3）使用时当一个稳压二极管的稳压值不够，可以将多个稳压管串联使用，但绝对不能并联使用。图 7-14 为简单的稳压电路，图中的稳压管 VZ 反向并联在负载 R_L 的两端，所以又称为并联稳压电路。

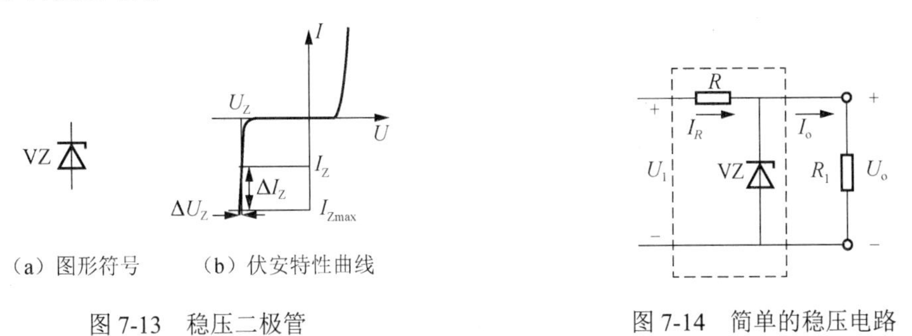

（a）图形符号　　（b）伏安特性曲线

图 7-13　稳压二极管　　图 7-14　简单的稳压电路

2. 集成稳压器

随着半导体集成电路工艺的迅速发展，目前集成稳压器已达百余种，并且成为模拟集成电路的一个重要分支。它具有输出电流大，输出电压高，体积小，安装调试方便，可靠性高等优点，在电子电路中应用十分广泛。集成稳压器有三端及多端两种外部结构形式。其按输出电压方式不同可分为固定式和可调式两种形式：固定式集成稳压器输出电压为标准值，使用时不能再调节；可调式集成稳压器可通过外接元件，在较大范围内调节输出电压。此外，还有输出正电压和输出负电压的集成稳压器。

稳压电源中以小功率三端集成稳压器的应用最为普遍，常用的型号有 CW78××系列、CW79××系列、CW317 系列、CW337 系列、CW117 系列、CW137 系列。常用的三端集成稳压器有塑料壳和金属壳两种封装形式，其外形及电路符号如图 7-15 所示。

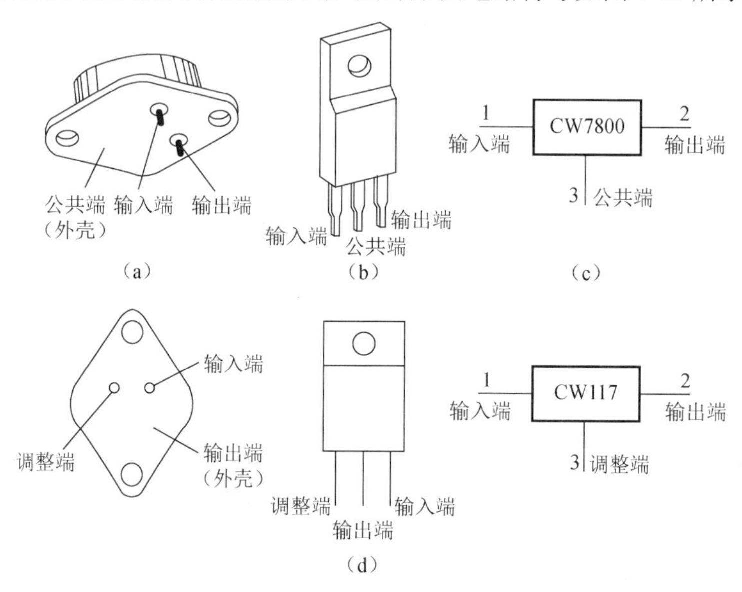

图 7-15　三端集成稳压器的外形及电路符号

固定式三端集成稳压器的三端指输入端、输出端及公共端 3 个引出端。其电路符号中的 C 表示国家标准，W 表示稳压器，型号后两位数字为输出电压值。固定式三端集成稳压器 CW78××系列（正压输出）和 CW79××系列（负压输出）各有 7 个品种，输出电压分别为±5V、±6V、±9V、±12V、±15V、±18V、±24V；最大输出电流可达 1.5A；公共端的静态电流为 8mA。

可调式三端集成稳压器的三端指输入端、输出端及调整端 3 个引出端。CW117 系列、CW317 系列、CW137 系列、CW337 系列均为可调式三端集成稳压器，其中 CW117 系列、CW317 系列输出端输出正电压，CW137 系列、CW337 系列输出端输出负电压。

在根据稳定电压值选择稳压器的型号时，要求经整流滤波后的电压要高于三端集成稳压器的输出电压 2～3V（输出负电压时要低 2～3V）。

3. 固定式三端集成稳压器的基本应用电路

如图 7-16 所示，稳压电路输入端、输出端并联高频旁路电容。接线时，引脚不能接错，公共端不得悬空。图 7-16 中 C_1 用以抑制过电压，抵消因输入线过长产生的电感效应并消除自激振荡；C_2 用以改善负载的瞬态响应，即瞬时增减负载电流时不致引起输出电压有较大的波动。C_1、C_2 一般选涤纶电容，容量为 0.1μF 至几微法。安装时，两电容应直接与三端集成稳压器的引脚根部相连。

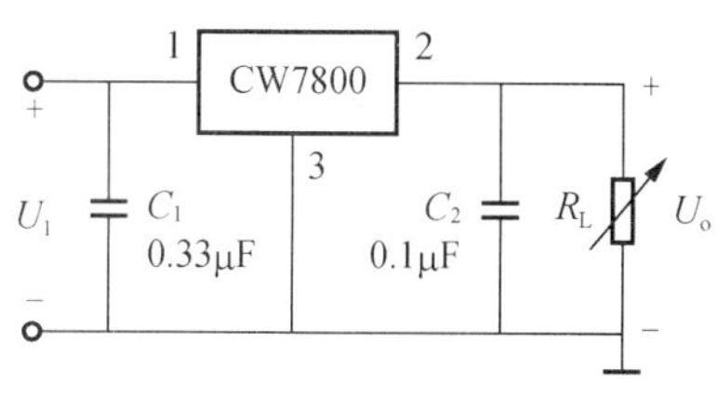

（a）固定正电压输出电路

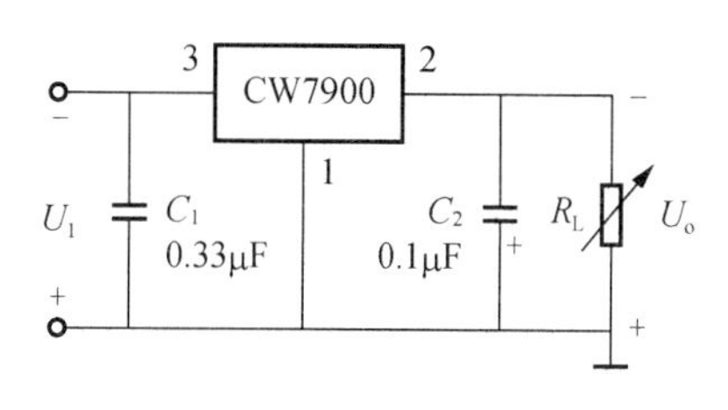

（b）固定负电压输出电路

图 7-16　固定式三端集成稳压器的一般接法

4. 可调式三端集成稳压器的典型应用

图 7-17 是应用三端集成稳压器 LW317 构成的提高输出电压的稳压电路。在该电路中调整 R_P 可改变取样电压值，从而控制输出电压。

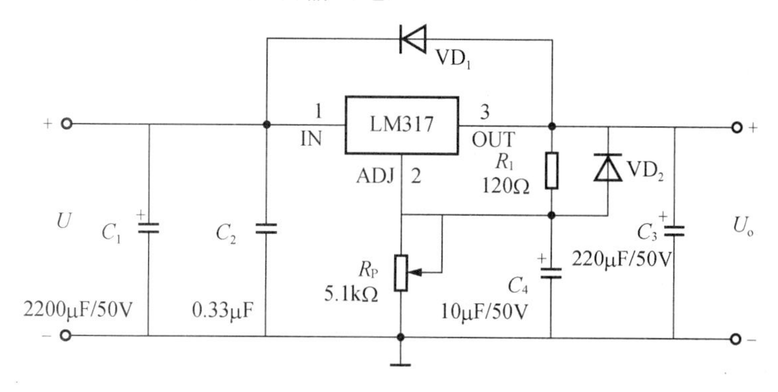

图 7-17　可调式三端稳压器的典型应用电路

项目实施

制作直流稳压电源步骤如下：

1）元器件检测。按表 7-1 所示的元器件清单检查元器件是否齐全，型号/规格是否正确，并对各元器件进行检测。检测元器件时应注意电源变压器一次侧电阻较大，二次侧电阻较小，并注意二极管、发光二极管、电解电容器的极性。

2）电路安装。对照图 7-1，按相关工艺要求在印制电路板上安装、焊接元器件。

3）教师检查。教师检查学生的组装是否正确，并根据组装结果提出稳压电源原理或安装工艺等方面的问题。

4）整机调试。检查无误后，将制作完成的直流稳压电源接入交流 220V 电路后通电，检查输出电压 U_o 应为 12V。

项目考核

项目考核表如表 7-2 所示。

表 7-2　项目考核表

评价内容	配分	评分标准	扣分	
元器件检测	10	（1）元器件漏检或错检，每只扣 2 分； （2）仪表使用不规范，每次扣 2 分； （3）开始 15min 以后更换元器件，每只扣 5 分		
焊接工艺	40	（1）元器件焊接顺序不正确扣 10 分； （2）漏焊元器件，每只扣 5 分； （3）焊点虚焊或桥接，每个扣 3 分； （4）焊点不规范，每个扣 1 分		
教师检查	30	回答错误每个扣 10 分		
整机调试	20	（1）第一次通电不成功扣 5 分； （2）第二次通电不成功扣 5 分； （3）第三次通电不成功扣 5 分； （4）测量数据不正确每次扣 5 分		
安全文明生产	违反安全文明生产规定扣 5～40 分（从总得分中扣除）			
额定时间 120min	每超过 5min 扣 5 分（从总得分中扣除）			
备注	除额定时间外，各项目扣分不得超过该项配分		成绩	

思考与练习

1. 二极管最大的特点是什么？其主要参数有哪些？
2. 画出单相桥式整流电路，简述其工作原理。
3. 简述三端稳压器 CW7805-5、CW7912 的区别。

知识拓展

一、晶体管的内部结构

晶体管的结构和电路符号如图 7-18 所示，它由三层半导体组成，形成两个 PN 结，从中间层引出的一个电极是基极（用字母 B 或 b 表示），其他两个电极分别是集电极（用字母 C 或 c 表示）和发射极（用字母 E 或 e 表示）。由于两个 PN 结的组合方式不同，因此晶体管有 NPN 型和 PNP 型两种类型，其电路符号如图 7-18 所示，符号中箭头所指表示发射极处在正向偏置时的电流的流向。晶体管在电路中的文字符号常用 VT 来表示。

晶体管内部结构要求：①发射区高掺杂；②基区做得很薄，通常只有几微米到几十微米，而且掺杂较少；③集电极面积大，集电区的几何尺寸大。以上是晶体管在制造工艺上的特点，这使晶体管具备了放大作用的内部条件。晶体管的外形如图 7-19 所示。

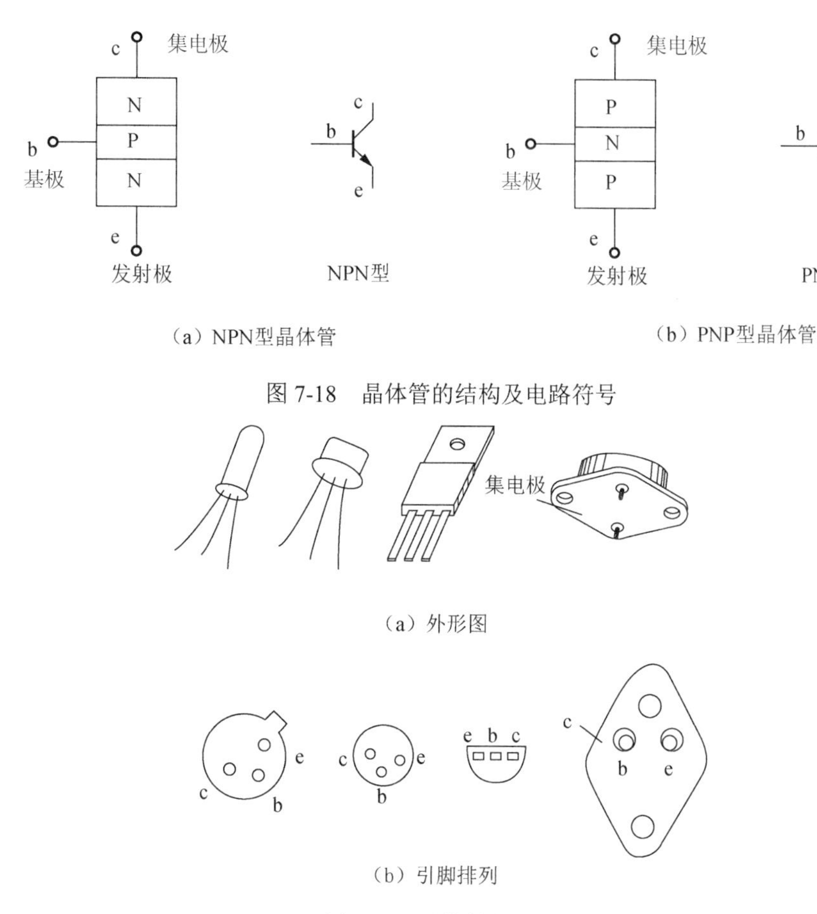

图 7-18　晶体管的结构及电路符号

图 7-19　晶体管的外形

二、晶体管中的电流分配和放大作用

只要给电路中的晶体管外加合适的电源电压，就会产生基极电流、集电极电流和发射极电流，这时很小的基极电流就可以控制比它大上百倍的集电极电流。显然集电极电流不是由晶体管产生的，而是由电源电压在基极电流的控制下提供的，这就是晶体管的电流控制作用，如图 7-20 所示。

为达到图 7-20 所示的电流控制效果，晶体管在电路中的连接方式有 3 种：共基极接法、共发射极接法，共集电极接法，如图 7-21 所示。共极是指电路的输入端及输出端以这个极作为公共端。

必须注意，无论采用哪种接法，为了使晶体管具有正常的电流放大作用，都必须外加大小和极性适当的电压，即必须给发射极加正向偏置电压 U_B，发射区才能起到向基区注入载流子（自由电子）的作用；必须给集电极加反向偏置电压 U_C（一般几至几十伏），在集电极才能形成较强的电场，才能把发射区注入基区并扩散到集电极边缘的载流子（自由电子）拉入集电区，使集电区起到收集载流子的作用。由于基区宽度制作得很小，且掺杂浓度很低，从而大大减小了基区中空穴和自由电子复合的机会，使注入基区 95%以上的载流子都能到达集电极。晶体管电流分配示意图如图 7-22 所示。

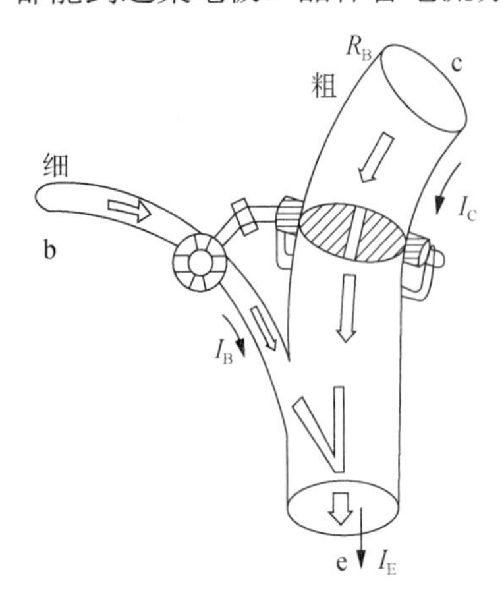

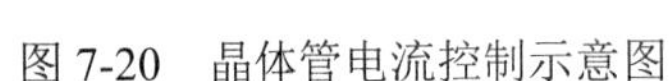

图 7-20　晶体管电流控制示意图

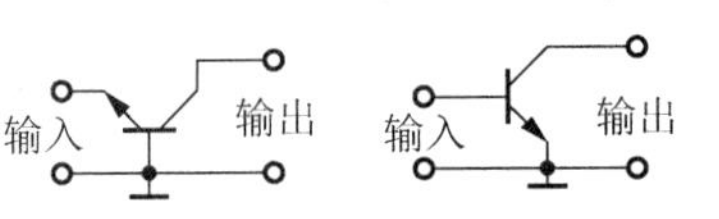

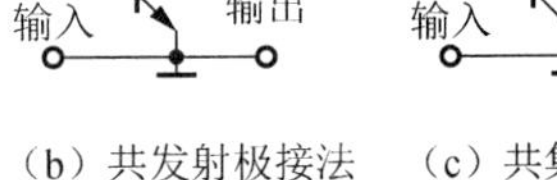

（a）共基极接法　（b）共发射极接法　（c）共集电极接法

图 7-21　晶体管的连接方式

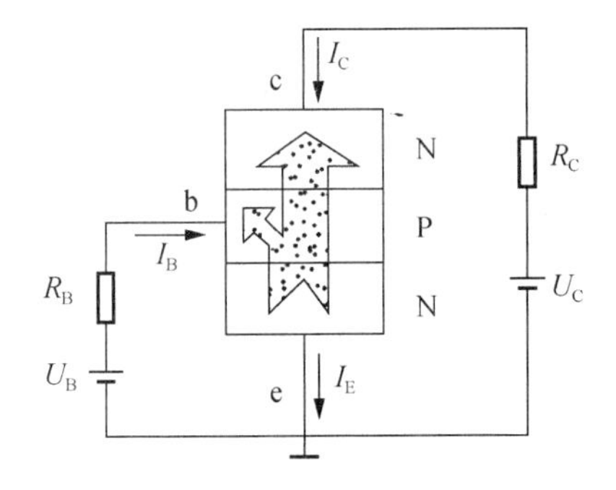

图 7-22　晶体管电流分配示意图

根据电流守恒定律，不难得到 $I_C=I_B+I_E$ 的公式。同时发射极电流 I_E 按一定比例分配为集电极电流 I_C 和基极电流 I_B 两个部分，因而晶体管实质上是一个电流分配器件。对于一个特定的晶体管，这二者的比例关系是确定的。对于不同的晶体管，尽管 I_C 与 I_B 的比例是不同的，但 $I_C=I_B+I_E$ 总是成立的，所以该公式也是晶体管各极电流之间的基本关系式。通常将集电极电流与基极电流的比值称为共发射极直流电流放大倍数，用β表示：$\beta=I_C/I_B$。电流放大倍数是晶体管的主要参数，晶体管的β值一般为 10～200。

三、晶体管的分类

晶体管的分类如表 7-3 所示。

表 7-3　晶体管的分类

分类方法	种类	应用
按极性分	NPN 型晶体管	目前常用的晶体管，电流从集电极流向发射极
	PNP 型晶体管	电流从发射极流向集电极
按材料分	硅晶体管	热稳定性好，是常用的晶体管
	锗晶体管	反向电流大，受温度影响较大，热稳定性差

续表

分类方法	种类	应用
按用途分	放大管	应用在模拟电路中
	开关管	应用在数字电路中
按功率分	小功率晶体管	输出功率小，用于功率放大器末前级
	大功率晶体管	输出功率较大，用于功率放大器末级（输出级）
按工作频率分	低频晶体管	工作频率比较低，用于直流放大电路、音频放大电路
	高频晶体管	工作频率比较高，用于高频放大电路

四、达林顿晶体管

达林顿晶体管又称复合晶体管，它将两只晶体管组合在一起，以组成一只等效的新的晶体管，如图7-23所示。达林顿晶体管的放大倍数是两只晶体管放大倍数之积。达林顿晶体管可以看作一种直接耦合的放大电路，晶体管间以直接方式串联，没有加上任何耦合元件。这样的晶体管串联形式最大的作用是提供高电流放大增益。

两只晶体管同为NPN型或PNP型，将前级晶体管的发射极电流直接引入下一级的基极，当作下级的输入。这种使用相同类型的晶体管组成的达林顿管称为同极型达林顿管（图7-23）。使用不同类型的晶体管组成的达林顿管称为异极型达林顿管，如图7-24所示。

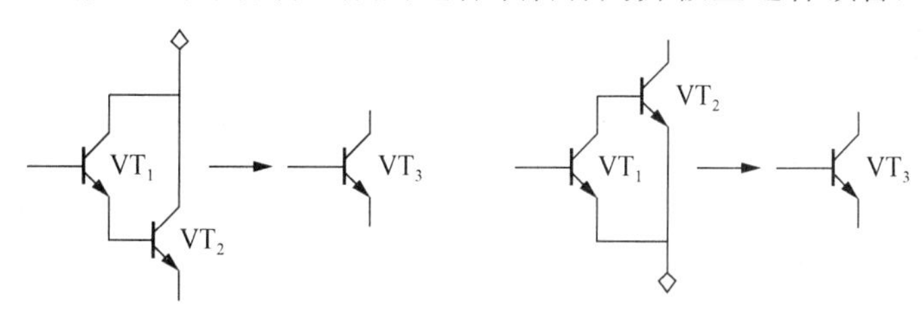

图7-23　同极型NPN型和PNP型达林顿管

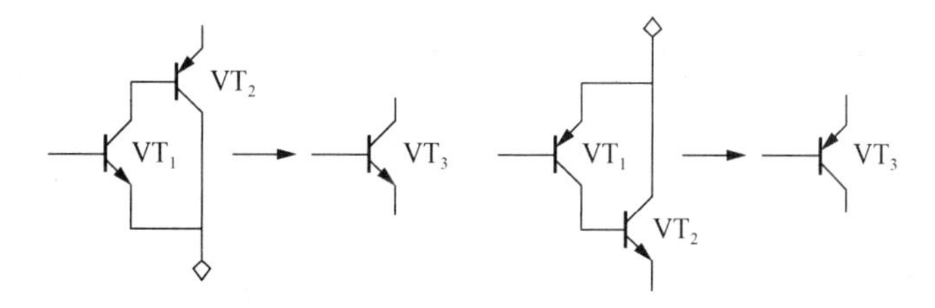

图7-24　异极型达林顿管

五、基本放大电路

放大电路（简称放大器）的功能是把微弱的电信号（电流、电压）进行有限的放大，得到所需的电信号，驱动负载正常工作。它广泛用于各种电子设备中，如扬声器（图7-25）、电视机、音响设备、仪器仪表、自动控制系统等。应当指出，放大电路必须对电信号有功率放大的作用，即放大电路的输出功率应比输入功率要大，否则不能称为放大器。例如，变压器虽然可以把电信号的电流或电压幅度增大，但它输出的功率总比输入功率小，不能称其为放大器。

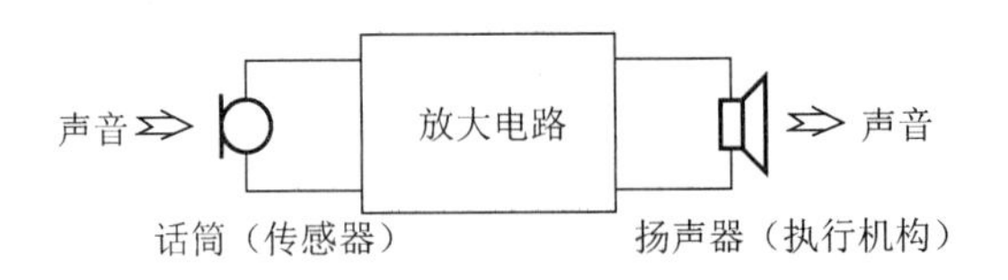

图 7-25　放大电路的典型应用

图 7-26 是一个双电源供电的共发射极放大电路，其中晶体管采用共发射极连接方式。图 7-26 中 V_{BB} 是基极电源，其作用是通过偏置电阻 R_B，供给晶体管发射极正向偏置电压；V_{CC} 是集电极电源，其作用是通过集电极电阻 R_C，供给集电极反向偏置电压。由 V_{BB} 和 V_{CC} 一起作用，使晶体管能工作在放大状态。这种结构称为双电源供电电路。输入回路应使输入交流电压的变化量 Δu_i 能够传送到晶体管的基极回路，使基极电流产生相应的变化量 Δi_b。输出回路应使变化量 Δi_c 能够转化为变化量 Δu_{CE}，并传送到放大电路的输出端。

为了方便起见，可以把图 7-26 改成图 7-27 所示的单电源供电电路。只要选择阻值适当的基极偏置电阻 R_B，便可由集电极电源 V_{CC} 通过 R_B 供给晶体管基极所需的正向偏置电压。

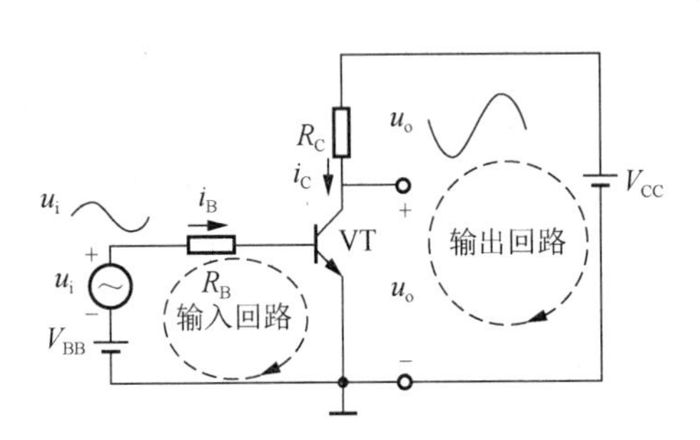

图 7-26　双电源供电的共发射极放大电路

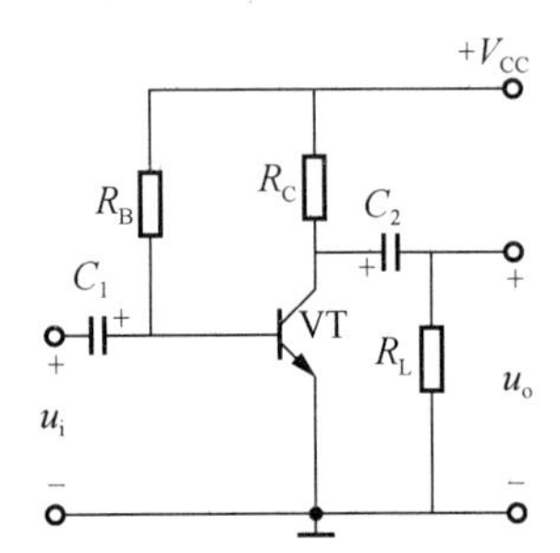

图 7-27　单电源供电共射极放大电路的习惯画法

在放大电路中，若晶体管的集电极是输入和输出的公共端，即集电极交流接地，则构成共集电极放大电路；若晶体管的基极是输入和输出的公共端，即基极交流接地，则构成了共基极放大电路，如图 7-28 所示。

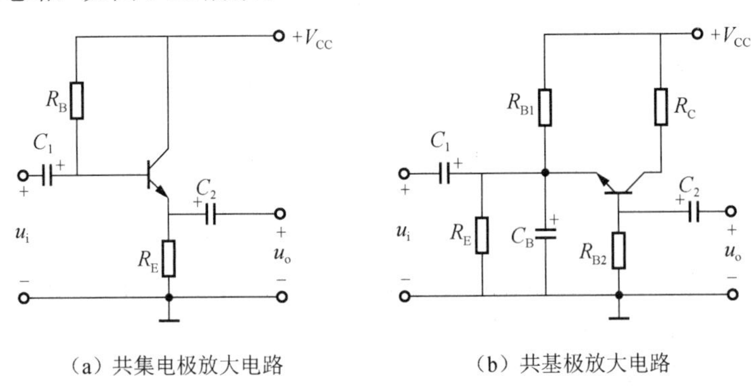

图 7-28　共集电极放大电路和共基极放大电路

共发射极放大电路的电压、电流、功率放大倍数都比较大，所以广泛应用在多级放大器的中间放大级。共集电极放大电路只有电流放大作用，无电压放大作用，它的输入电阻大，输出电阻小，常用来实现阻抗匹配或作为缓冲电路。共基极放大电路的主要特点是频率特性好，所以多用作高频放大器、高频振荡器或作为宽带放大器。

放大电路的工作状态分为静态和动态两种。静态是指无交流信号输入时，电路中电压、电流都不变的状态。动态是指有交流信号输入，电路中电压、电流随输入信号做相应变化的状态。当有交流信号输入时，电路的电压和电流是由直流成分和交流成分叠加而成的。为了区别不同的分量，常做以下规定：直流分量用大写字母和大写下标的符号，如 I_B 表示基极的直流电流；交流分量用小写字母和小写下标的符号，如 i_b 表示基极的交流电流；总量是指直流分量和交流分量之和，用小写字母和大写下标的符号，如 i_B 表示基极电流的总量。

在图 7-28 中，从基极和发射极之间输入正弦波 u_i，放大后从集电极与发射极之间输出信号 u_o。u_i 经耦合电容 C_1 加到晶体管基极，产生变化的基极电流 i_b，使基极电流总量 $i_B=i_b+I_B$ 发生变化，从而使得 $i_C=i_c+I_C$ 相应变化。而 $u_{CE}=V_{CC}-i_CR_C$ 也发生变化，经 C_2 隔直流后输出信号 u_o。只要电路参数选择合适，使晶体管始终工作在放大区，则 u_i 将比 u_o 的幅值大很多倍，实现了对输入信号的放大。

由 $u_i \to i_B \to i_C \to u_{CE} \to u_o$ 变化过程可知，从 i_C 到 u_{CE} 做减法，两者的大小变化方向相反。u_i、i_B、i_C 相位相同，u_{CE}、u_o 相位相同，u_i 和 u_o 之间的相位相反。所以把这种共发射级的单管放大器称为反向放大器。

六、认识多级放大电路

单级放大电路的电压放大倍数是有限的，在信号很微弱时，为得到较大的输出信号电压，必须用若干个单级电压放大电路级联起来进行多级放大，以得到足够大的电压放大倍数。如果需要输出足够大的功率以推动负载（扬声器、继电器、控制电动机等）工作，末级还要接功率放大电路。多级放大电路的结构方框图如图 7-29 所示。多级放大器的电压放大倍数为各级电压放大倍数的乘积。多级放大电路输入电阻就是第一级的输入电阻，它的输出电阻就是最后一级的输出电阻。

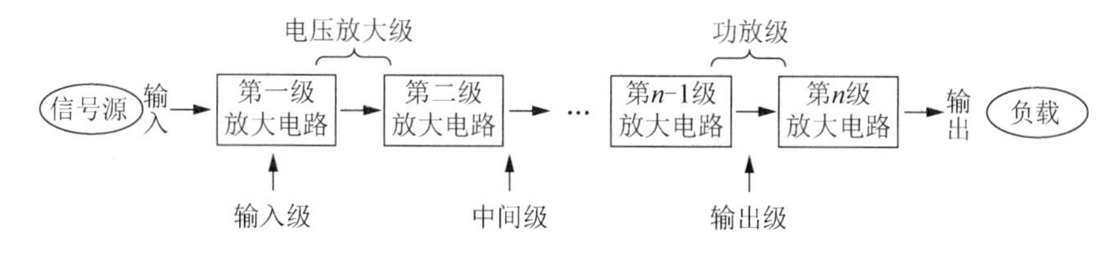

图 7-29　多级放大电路方框图

多级放大电路由两个或两个以上的单级放大电路组成，级与级之间的连接方式称为耦合。常采用的耦合方式有阻容耦合、变压器耦合和直接耦合等，如图 7-30 所示。为了确保多级放大电路能正常工作，级间耦合必须满足以下两个基本要求：①必须保证前级输出信号能顺利地传输到后级，并尽可能地减小功率损耗和波形失真；②耦合电路对前后级放大电路的静态工作点没有影响。

阻容耦合是指把前一级的输出端通过一个电容与后一级输入端连接起来的耦合方式。由于其级与级之间由电容隔离了直流电，因此静态工作点互不影响，可以各自调整到合适位置。阻容耦合方式带来的局限性是不适宜传输缓慢变化的信号，更不能传输恒定的直流信号。

变压器耦合用变压器一次侧绕组、二次侧绕组之间具有隔直流、通交流的作用，使各级放大电路的工作点相互独立，而交流信号能够顺利输送到下一级。由于变压器制造工艺复杂、价格高、体积大、不宜集成化，因此变压器耦合方式目前已较少采用。

前后级之间没有连接元件而直接连接称为直接耦合。它适用于放大直流信号或变化极其缓慢的交流信号。直接耦合需要解决的是前后级静态工作点的配置和相互影响的问题。

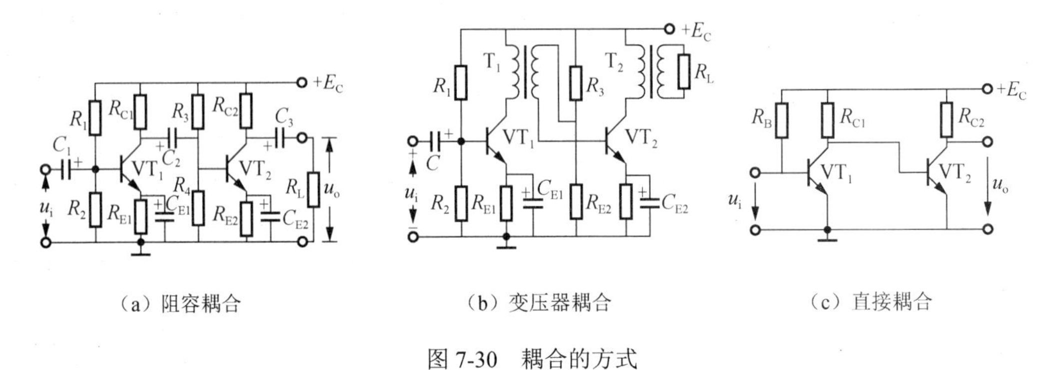

图 7-30　耦合的方式

项目8 三人表决器的制作

>>>>

◎ 学习目标

1. 理解数字电路的基本知识。
2. 掌握基本逻辑的含义。
3. 掌握逻辑运算的表示方法。
4. 了解常见的门电路。
5. 会根据电路图写出逻辑表达式。
6. 掌握三人表决器的制作方法。

◎ 项目任务

放假了，几个同学相约一起出去玩，经常会遇到下面的情形：

甲说去影院看最新电影，乙说去体育馆打羽毛球，丙说去网吧玩游戏。这时大家意见不一，不知道如何是好。于是同学们议论起每一个方案的好处与坏处，讨论之后进行民主表决。形成最终决议后，大家就跟着一起行动起来。

本项目制作一个三人表决器，它模拟了上面所述的，只有 3 个人进行表决的简单情况。表决器电路板上有 3 个开关代表 3 个人，还有一个发光二极管代表提议是否通过。开关按下表示这个人同意当前提议，不按表示不同意。发光二极管亮说明提议通过，发光二极管不亮说明提议没有通过。

◎ 项目分析

三人表决器由门电路构成。假设 3 个开关代表 A、B、C 3 个人。那么无论 A、B 两人、B、C 两人、A、C 两人或 A、B、C 三人同意，发光二极管都必须点亮。反之，如果只有 A 一个人、B 一个人、C 一个人或没有一个人同意，发光二极管都不能点亮。通过以上分析可以知道：A、B、C 三个人的地位是相同的。

知识链接

一、数字电路基础

项目 7 制作了直流稳压电源，用示波器接通电路观察电流波形，可以发现电流在时间上是连续的，每个时间段都有电流流过。同时电流波形是一条光滑的曲线，没有哪一处发生突然弯折的情形。这种时间和数值上都连续变化的电流信号，称为模拟信号，传递、加工和处理模拟信号的电路称为模拟电路。无论从时间上或数值上都不连续的具有突变特点的电流信号，称为数字信号，传递、加工和处理数字信号的电路称为数字电路。数字电路处理数字信号，主要研究输出信号与输入信号之间的逻辑关系，因此数字电路也称为逻辑电路。电子计算机、数字式仪表和数字控制装置等都是以数字电路为基础的。在一定程度上数字电路的高度发展标志着现代电子技术的水平。

在数字电路中，信号具体由电流的大小或电压的高低来表现。为了方便运算控制，通常只取两个量，用二进制的 0 和 1 来反映电路关系。由于不存在其他不同数值的影响，因此数字电路抗干扰能力强，不容易受外界干扰。因为数字电路只有 0 和 1 两个数，所以它的分析方法与模拟电路的分析方法不一样，它不适用模拟电路中的数学公式方法，而是用逻辑代数进行分析。

逻辑代数用矛盾对立的眼光看待世界，如人的高矮、物体的轻重、事情的真假、开关的通断、电平的高低等。它用 0 和 1 两个量（这里的 0 和 1 不表示数值大小，只是一个符号）表示这些对立面，并用逻辑代数的运算分析得到最终的结果。若用 1 表示高电平或满足某种逻辑条件，用 0 表示低电平或不满足某种逻辑条件，则称为正逻辑体制；反之为负逻辑体制。如果不特别说明，一般都使用正逻辑体制。数字电路通常分为门电路和触发器电路两大类。门电路的特点是输出状态仅取决于当前的输入状态，与之前的输入、输出的原始状态无关。就其实质而言，触发器电路也是由门电路组成的，只不过门电路组成了回路，电信号存在着反馈，这样之前的输入、输出状态对以后的输入、输出状态也有影响。触发器按逻辑功能可分为 RS 触发器、JK 触发器、D 触发器、T 触发器等。限于篇幅这里不做详细介绍。

二、逻辑代数简介

1. 与、或、非基本逻辑

逻辑代数的基本运算不是数学中的加、减、乘、除，而是与、或、非 3 种。为了便于理解，先看下面用开关控制指示灯的 3 个电路。

如图 8-1 所示，两个开关串联控制指示灯的电路中，只有当两个开关 S_1、S_2 都闭合时，指示灯 EL 才会亮；只要有一个开关不闭合，指示灯 EL 就不会亮。如果把两个开关 S_1、S_2 闭合作为事情成立的条件，把指示灯亮作为事情成立结果，图 8-1 说明了在决定某一事物结果的若干条件中，只有当所有条件都满足时，结果才出现；否则结果就不会出现这样一种因果关系。人们把这种因果关系称为逻辑。

如图 8-2 所示，两个开关并联控制指示灯的电路中，两个开关 S_1、S_2 中只要有一个闭合，指示灯 EL 就会亮；只有两个开关都不闭合，指示灯 EL 才不亮。图 8-2 说明在决定某一事物结果的若干条件中，只要有一个条件能满足，结果就会出现；只有当所有条件都不满足时，结果才不出现，这样一种因果关系称为或逻辑。

如图 8-3 所示，旁路开关控制指示灯的电路中，当开关 S 闭合时，指示灯 EL 不亮；当开关 S 不闭合时，指示灯 EL 亮。图 8-3 说明在具有因果关系的某一事物中，当条件满足时，结果不出现；当条件不满足时，结果出现，这样一种因果关系称为非逻辑。

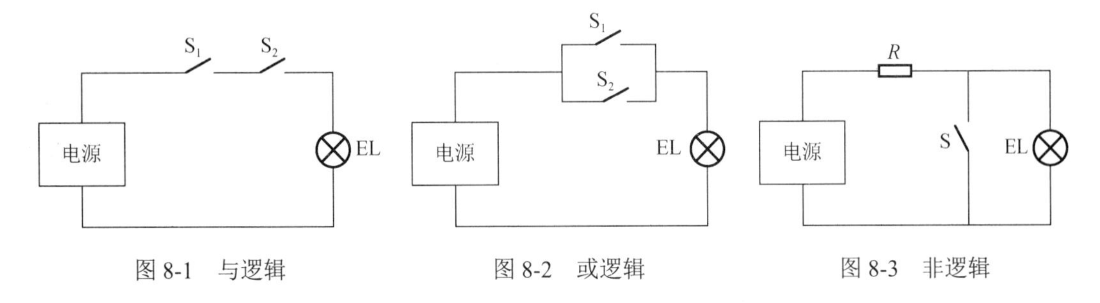

图 8-1　与逻辑　　图 8-2　或逻辑　　图 8-3　非逻辑

2. 逻辑运算的表示方法

一般用字母 A、B、C、D 等表示条件，用 Y 表示结果。对于图 8-1 可以用式子 $Y = A \cdot B$ 或 $Y=AB$ 来表示。若是 3 个开关控制灯，则可写成 $Y=ABC$。同理图 8-2 可以用式子 $Y=A+B$ 来表示，若是 3 个开关并联控制，则可写成 $Y=A+B+C$。图 8-3 可以用式子 $Y = \overline{A}$ 来表示。

另外，逻辑运算还可以用真值表来表示。把所有输入条件的取值对应的输出值找出来，列成表格，即可得到真值表。与逻辑真值表如表 8-1 所示。

表 8-1　与逻辑真值表

条件		结果
A（S_1 接通与否）	B（S_1 接通与否）	Y（灯亮否）
0	0	0
0	1	0
1	0	0
1	1	1

观察与逻辑真值表，可以得到与逻辑运算规则：$0 \cdot 0 = 0$，$0 \cdot 1 = 0$，$1 \cdot 0 = 0$，$1 \cdot 1 = 1$。为了方便记忆可利用口诀：有 0 出 0，全 1 才 1。

或逻辑真值表如表 8-2 所示。

表 8-2　或逻辑真值表

条件		结果
A（S_1 接通与否）	B（S_1 接通与否）	Y（灯亮否）
0	0	0
0	1	1
1	0	1
1	1	1

观察或逻辑真值表，可以得到或逻辑运算规则：$0+0=0$，$0+1=1$，$1+0=1$，$1+1=1$。为了方便记忆可利用口诀：有 1 出 1，全 0 才 0。

非逻辑真值表如表 8-3 所示。

表 8-3　非逻辑真值表

条件	结果
A（S 接通与否）	Y（灯亮否）
0	1
1	0

非逻辑运算规则：$\overline{0}=1$，$\overline{1}=0$。非逻辑的口诀：有 1 出 0，有 0 出 1。

另外，可以用图 8-4 所示逻辑图形符号来表示与、或、非逻辑关系：图 8-4 中上面 3 个为国家标准符号，下面 3 个为国际标准符号。

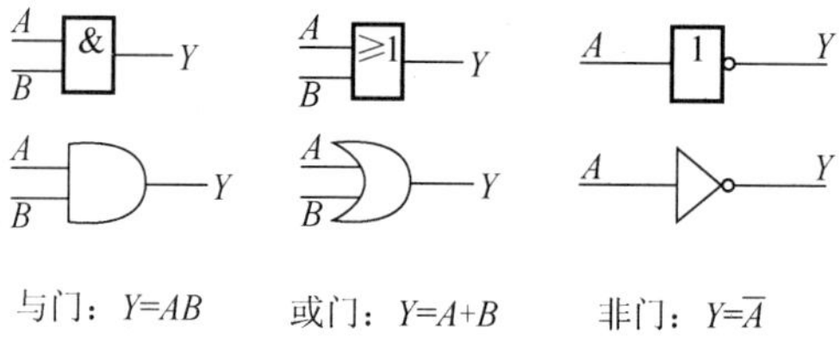

图 8-4　与、或、非逻辑图

除了与、或、非 3 种最基本的逻辑运算之外，还有复合逻辑运算。任何一个复合逻辑运算都可用上述 3 种基本逻辑运算组合而成，表 8-4 为常用的复合逻辑表达。

表 8-4　常用的复合逻辑表达

逻辑功能	逻辑表达式	逻辑符号	真值表		
			A	B	Y
与非	$Y=\overline{AB}$	A B & Y	0	0	1
			0	1	1
			1	0	1
			1	1	0
			A	B	Y
或非	$Y=\overline{A+B}$	A B ≥1 Y	0	0	1
			0	1	0
			1	0	0
			1	1	0
			A	B	Y
异或	$Y=\overline{A}B+A\overline{B}$	A B =1 Y	0	0	0
			0	1	1
			1	0	1
			1	1	0
			A	B	Y
同或	$Y=AB+\overline{A}\overline{B}$	A B =1 Y	0	0	1
			0	1	0
			1	0	0
			1	1	1

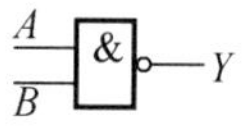

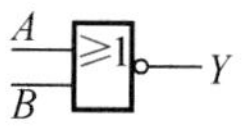

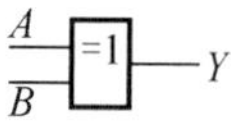

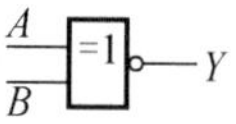

3. 门电路

为了实现基本逻辑运算和复合逻辑运算的单元电路称为门电路。门电路既可以用二极管和晶体管组成，也可以用集成电路组成。首先说明如何用二极管和晶体管构成与门、或门、非门电路。

图 8-5 为一种由二极管组成的与门电路，图中 A、B 为输入端，Y 为输出端。根据二极管导通和截止条件，当输入端全为高电平时（1 状态）时，二极管 VD_1 和 VD_2 都截止，输出端为高电平（1 状态）；若输入端有一个或一个以上为低电平（0 状态），则有二极管正偏导通，输出端电压被下拉为低电平（0 状态）；这和有 0 出 0，全 1 才 1 的与逻辑是一样的。

图 8-6 为一种由二极管组成的或门电路，图中 A、B 为输入端，Y 为输出端。显然，只要输入端有一处为高电平，则与该输入端相连的二极管就导通，使输出 Y 为高电平。这和有 1 出 1，全 0 才 0 的与逻辑是一样的。

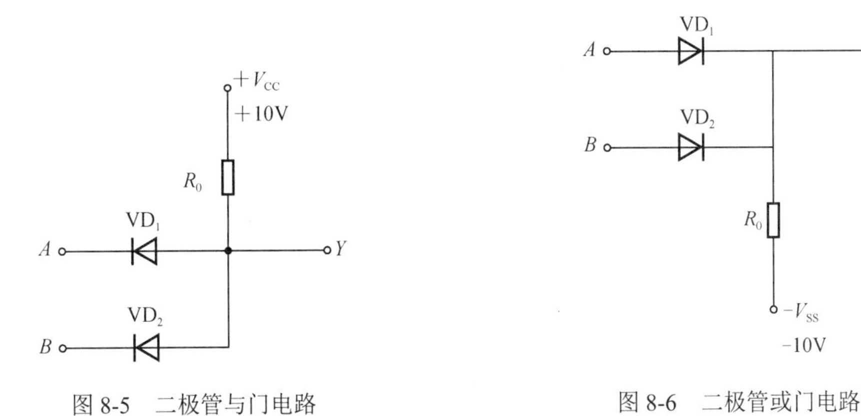

图 8-5　二极管与门电路　　图 8-6　二极管或门电路

图 8-7 为一种晶体管组成的非门电路。当输入端 A 为低电平时（0 状态），晶体管 VT 截止，输出端为高电平（1 状态）；当输入端 A 为高电平时（1 状态），晶体管 VT 饱和导通，输出端为低电平（0 状态）。

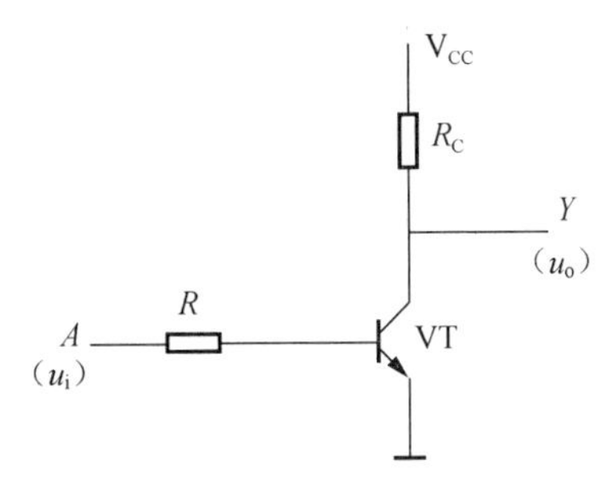

图 8-7　晶体管非门电路图

集成门电路是将逻辑电路的元器件和连线集成在一块半导体基片上所形成的电路。若以晶体管为主要器件，则输入端和输出端都是晶体管结构，这种电路称为晶体管-晶体管逻辑电路，简称 TTL 电路。TTL 电路具有运行速度较高、负载能力较强、工作电压低、工作电流较大等特点。由 P 型和 N 型绝缘栅场效应晶体管组成的互补型集成电路，简称 CMOS

电路，其具有集成度高、功耗低和工作电压范围较宽等特点。

74 系列集成电路是应用广泛的通用数字逻辑门电路。它包括各种 TTL 门电路和其他逻辑功能电路。图 8-8（a）为双列直插式 TTL 集成电路，根据功能不同，有 8～24 个引脚。TTL 电路引脚编号判读方法是，引脚向下，把有凹槽标志的集成块放置于左边，引脚按照逆时针方向自下而上顺序排列。例如，74LS00 为 2 输入四与非门，内有 4 个与非门，每个与非门有两个输入端一个输出端，其引脚排列如图 8-8（b）所示。

（a）双列直插式TTL电路

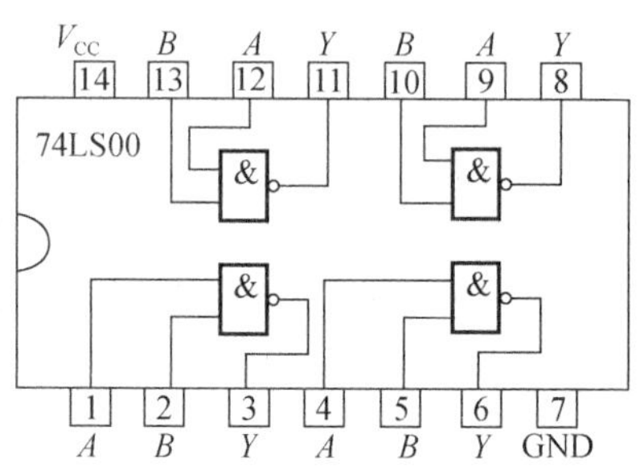

（b）74LS00引脚图

图 8-8　双列直插式 TTL 电路与 74LS00 引脚图

CMOS 电路也有双列直插式封装，引脚编号的判读方法与 TTL 电路相同。例如，CC4001 是一种常用的 2 输入四或非门，内有 4 个或非门，采用 14 脚双列直插塑料封装。其引脚排列如图 8-9 所示。

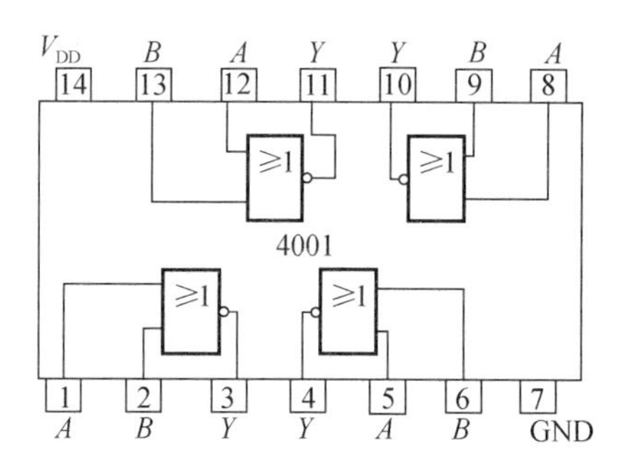

图 8-9　CC4001 引脚图

其余常见集成电路引脚排列及功能，大家可以自行查找相应资料，限于篇幅这里不再一一介绍。

项目实施

图 8-10 是一款市面上常见的三人表决器，它可以模拟三人投票议事的情形。三人各控制 A、B、C 三个按键中的一个，按下表示同意，不按表示不同意。以少数服从多数的原则表决，若表决通过，发光二极管点亮，否则不亮。

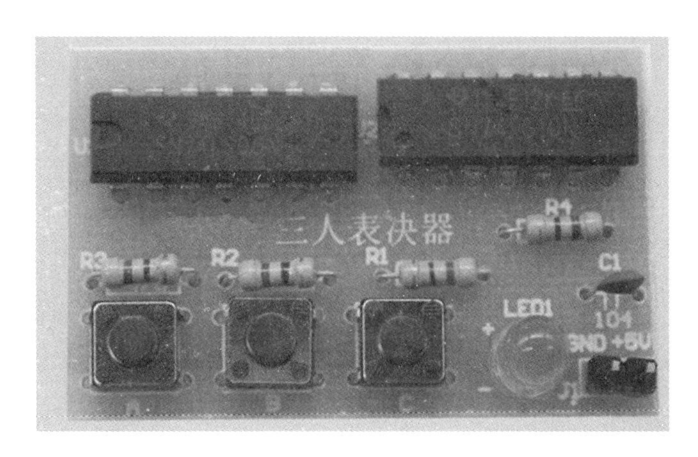

图 8-10　三人表决器

本项目的实施步骤如下：

1）三人表决器元器件清单如表 8-5 所示，元器件的外形如图 8-11 所示。清点元器件数目，并用万用表检测元器件的好坏。

表 8-5　三人表决器元器件清单

序号	名称	电路符号	序号	名称	电路符号
1	直插电阻	R_1、R_2、R_3、R_4	5	绿色发光二极管	LED
2	直插电容	C	6	2P 电源座	2P 插针
3	直插芯片 74LS00	U_1	7	按键	S_1、S_2、S_3
4	直插芯片 74LS10	U_2	8	印制电路板	43mm×30mm

图 8-11　三人表决器元器件的外形

套件里有一款 74LS10 的集成电路，通过自主学习得知这是一块 3 输入三与非门电路，内有 3 个 3 输入与非门。其引脚如图 8-12 所示。

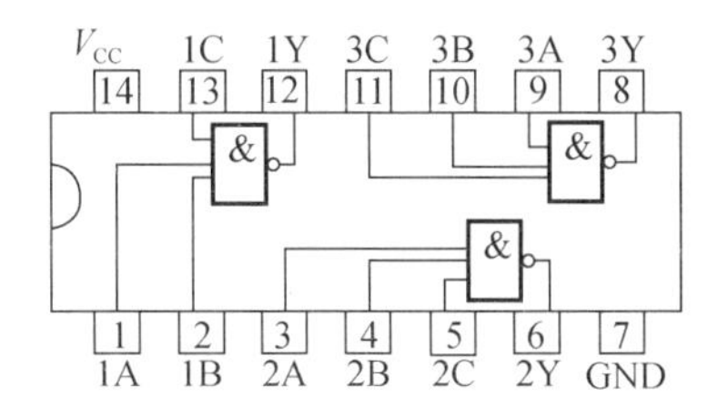

图 8-12　74LS10 引脚图

该套件的原理图如图 8-13 所示。

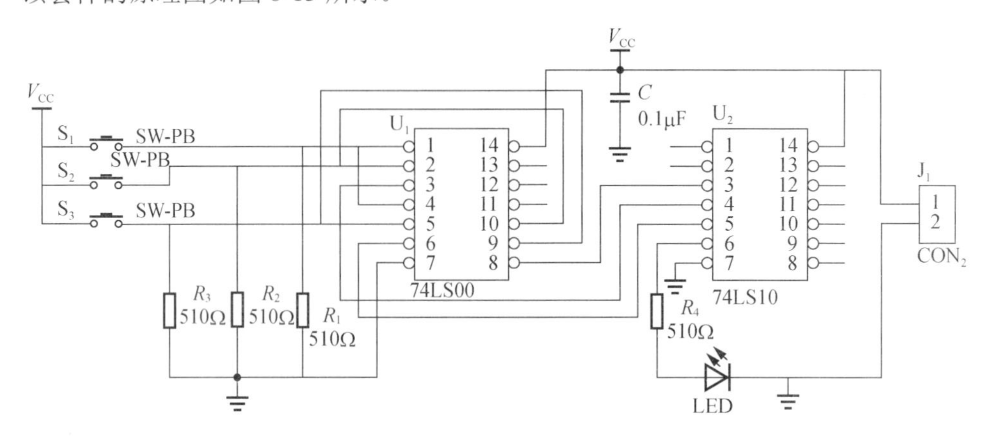

图 8-13　三人表决器原理图

S_1、S_2、S_3 这 3 个按键分别对应 A、B、C 3 个输入量，发光二极管 LED 为输出量 Y。根据 74LS00 和 74LS10 两个集成电路的引脚图，不难得到该电路代表式子 $Y=\overline{\overline{AB}\,\overline{BC}\,\overline{AC}}$。这是一个与非-与非式的复合逻辑门电路。

根据与、或、非基本运算规则，可以列出真值表如表 8-6 所示。由表 8-6 可知输入量有两个 1 或三个 1 时（大多数赞同），输出 Y 为 1（决议通过）；反之输入量有两个 0 或三个 0 时（大多数反对），输出 Y 为 0（决议不通过）。说明该电路符合三人表决器的要求。

表 8-6　三人表决器真值表

A	B	C	Y
0	0	0	0
0	0	1	0
0	1	0	0
0	1	1	1
1	0	0	0
1	0	1	1
1	1	0	1
1	1	1	1

2）按照图 8-14 的顺序焊接安装，完成套件的制作。

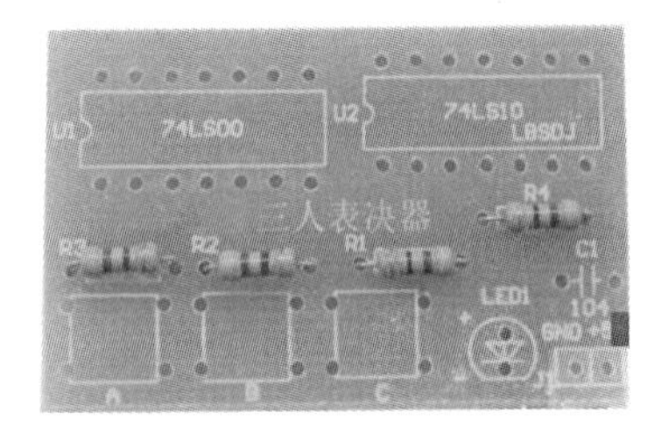

图 8-14　三人表决器的制作

项目考核

项目评价表如表 8-7 所示。

表 8-7　项目评价表

评价内容	配分	评分标准	扣分	
元器件检测	10	（1）元器件漏检或错检，每只扣 2 分； （2）仪表使用不规范，每次扣 2 分； （3）开始 15min 以后更换元器件，每只扣 5 分		
焊接工艺	40	（1）元器件焊接顺序不正确扣 10 分； （2）元器件极性弄反，每只扣 5 分； （3）焊点虚焊或桥接，每个扣 3 分； （4）焊点不规范，每个扣 1 分		
电路原理理解	30	（1）74LS00 原理回答错误扣 10 分； （2）74LS10 原理回答错误扣 10 分； （3）不能正确得到函数表达式扣 10 分		
通电检测	20	（1）电源极性安装不正确扣 10 分； （2）不能正确表决扣 10 分		
安全文明生产	违反安全文明生产规定扣 5～40 分（从总得分中扣除）			
额定时间 120min	每超过 5min 扣 5 分（从总得分中扣除）			
备注	除额定时间外，各项目扣分不得超过该项配分		成绩	

思考与练习

1．简述与、或、非逻辑的异同。

2．利用一块 74LS00 集成电路可以完成什么逻辑功能？

3．三人表决器由哪些元器件组成？

知识拓展

一、单向晶闸管、驻极体传声器的原理

1．单向晶闸管的原理

单向晶闸管符号（SCR）和结构都很像一只二极管。单向晶闸管的正极为 A 极，负极为 K 极，但它比二极管多了一个门极 G 极，电流的导通可以由 G 极控制。下面对晶闸管做通电实验。

按图 8-15 所示在电路板上接好电路图。合上 S_1，断开 S_2，此时灯不亮；将 S_1 合上，S_2 也合上，此时灯亮；将 S_2 断开，灯不熄灭；断开 S_1，此时灯熄灭。将晶闸管反接，无论 S_1、S_2 是断开还是闭合，灯总是不亮。故可以得出晶闸管的导通条件：①晶闸管 A、K 之间有正向偏压；②晶闸管 G、K 之间也必须有正向偏压。晶闸管导通后，降低或去掉 G 极电压时，晶闸管仍然导通。导通后的晶闸管要截止时，必须减小其正极电压，使其小于晶闸管允许导通的最小电压值或改变正极电压的极性。晶闸管具有利用弱电控制强电的作用。

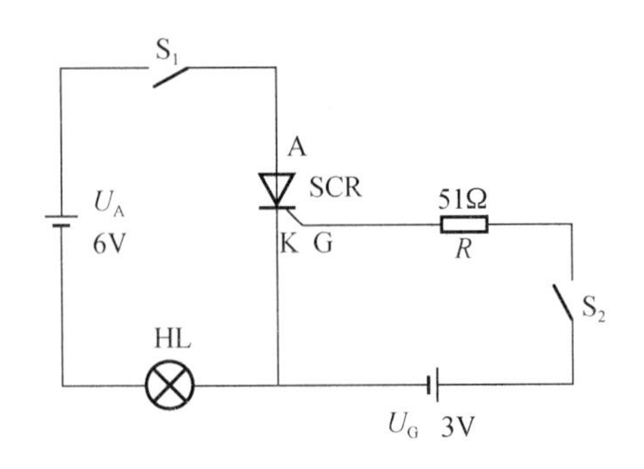

图 8-15 晶闸管通电实验图

2. 驻极体传声器的原理

驻极体传声器具有体积小、结构简单、电声性能好、价格低的特点，广泛用于盒式录音机、无线传声器及声控等电路中。驻极体传声器由声电转换和阻抗变换、电压放大两部分组成。声电转换的关键元器件是极头。阻抗变换、电压放大的关键元件是场效应管。驻极体极头的基本结构由一片单面涂有金属的驻极体薄膜与一个上面有若干小孔的金属电极（称为背电极）构成。驻极体薄膜实际上是一种很薄的特氟龙膜。当此种膜经过高压极化处理之后，在其上面可以长期保留住一定数量的负电荷。因为在振膜的正面是负电荷，所以在具有金属镀层的背面和金属极板上，同时感应出等量的正电荷。极头原理图如图 8-16 所示。

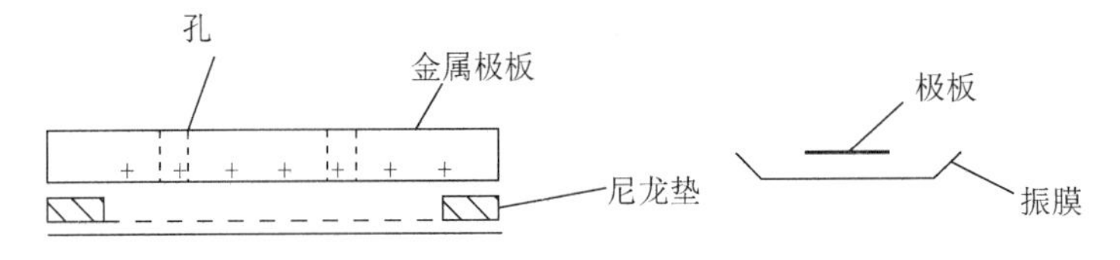

图 8-16 极头原理图

由于驻极体薄膜上分布有极化电荷，当声波引起驻极体薄膜振动而产生位移时，改变了电容两极板之间的距离，从而引起电容发生变化。由于驻极体上的电荷量恒定，根据公式 $Q=CU$ 可知：当 C 变化时必然引起电容器两端电压 U 的变化，从而输出电信号，实现声-电的变换。

驻极体膜片与金属极板之间的电容量比较小，一般为几十皮法。因而它的输出阻抗值很高，一般在几十兆欧以上。因此，它不能直接与放大电路相连接，必须连接阻抗变换器。通常用一个专用场效应管和一个二极管复合组成阻抗变换器。场效应管有一定的电压增益，还能放大声音的电信号。传声器有两根引出线，漏极 D 与电源正极之间接一漏极电阻 R，信号由漏极经一隔直电容输出。驻极体传声器的内部结构如图 8-17 所示。

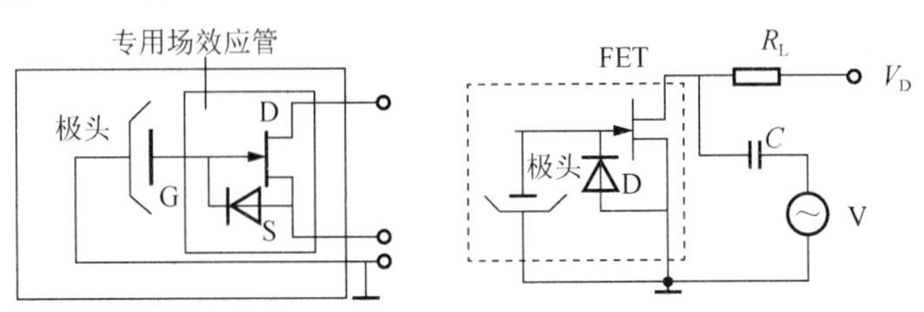

图 8-17 驻极体传声器的内部结构

二、一些元件的测量方法

晶闸管：将指针式万用表用 R×1 挡，红表笔接晶闸管的负极，黑表笔接晶闸管的正极，这时表针无读数，再用黑表笔触一下门极 G（测电阻时，黑表笔有小电流流出），这时表针有读数，黑表笔离开后，表针仍有读数（注意触碰门极时，正、负表笔始终连接），说明该晶闸管是好的。

驻极体传声器：将指针式万用表调至用 R×100 挡，将其红表笔接驻极体传声器引出线金属网、黑表笔接驻极体传声器的芯线。用口对着驻极体吹气，若表针有摆动，说明驻极体传声器是好的，摆动越大灵敏度越高；如果无反应，说明该驻极体传声器漏电。

光敏电阻：以 625A 型光敏电阻为例，有光照时测量电阻为 20kΩ以下，无光照时测量电阻值大于 100MΩ，说明光敏电阻是好的。

三、数字信号处理

在自然界中存在许多物理量，如温度、压力、时间等，一般都具有连续变化的特点，这种连续变化的物理量称为模拟量。把表示模拟量的信号称为模拟信号。还有一种物理量，它们在时间上和数值上是不连续的，它们的变化总是发生在一系列离散的瞬间。它们的数值大小和每次的增减变化都是某一最小单位的整数倍，而小于这个最小量单位的数值是没有物理意义的。例如，工厂中生产的产品的个数。产品只能在一些离散的瞬间完成，而产品的个数也只能一个单位一个单位地增减。这一类物理量称为数字量。把表示数字量的信号称为数字信号。工作在数字信号下的电路称为数字电路。

在数字电路中只有 0、1 两种数值组成的数字信号。一个 0 或一个 1 通常称为 1 比特（bit），有时也将一个 0 或一个 1 的持续时间称为一拍。对于 0 和 1 可以用开关的通断、电位的高低、脉冲的有无来表示。如图 8-18 中（a）为数字信号 1101110010；（b）是以高电平表示 1，低电平表示 0 的电位型数字信号，（c）是以有脉冲表示 1，无脉冲表示 0 的脉冲型数字信号。

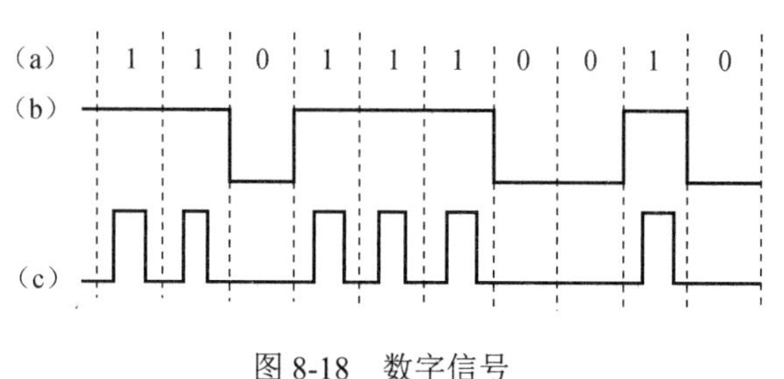

图 8-18　数字信号

数字电路是用来处理数字信号的电路，可对数字信号进行算术运算及逻辑运算。数字电路的输入、输出信号都是数字信号，通常将数字电路输入、输出之间的关系称为逻辑关系。一定数字电路可以完成一定的基本逻辑功能，并用相应的逻辑符号表示。由一系列的逻辑符号及它们之间的连线所构成的电路图称为逻辑图或逻辑电路。逻辑电路只反映数字电路或设备的逻辑功能，而不反映电气性能及参数等。所以，对数字电路的分析和设计需要考虑两方面的问题，一方面是电气性能，另一方面是逻辑功能。由于数字信号只需要用两个不同状态来分别表示 0 和 1 即可，因此在电路上很容易实现。例如：

1）用晶体管饱和状态表示 0，截止状态表示 1。

2）用数字集成电路：数字电路的基本单元比较简单，对元器件的要求不严格，只要能区分 0 和 1 就够了，这样就能在一块硅片上把众多的基本单元集成在一起。

对于基本数字集成电路中的集成逻辑门、集成触发器重点讨论其电气性能。对于较复杂的数字电路，侧重于逻辑功能的分析和设计。逻辑电路的分析和设计完全不同于模拟电路的分析和设计，由于逻辑电路的输入和输出信号只有 0 和 1 两种取值，因此可用逻辑代数这一数学工具来加以描述。常用真值表、卡诺图、特征方程和状态转换图等方法来分析和设计逻辑电路。

目前数字电路的应用已极为广泛。在数字通信系统中，在图像及电视信号处理中都可以用若干个 0 和 1 编制成各种代码，分别代表不同的信息含义；在自动控制中，可以利用数字电路的逻辑功能，设计出各种各样的数字控制装置；在测量仪表中，可以利用数字电路对测量信号进行处理，并将测试结果用十进制数码显示出来；尤其在数字电子计算机中，可以利用数字电路实现各种功能的数字信息的处理。数字电子计算机已渗透到国民经济和人民生活的各个领域，并在许多方面产生了根本性的变革。

必须指出，数字电路只能对数字信号进行处理，它的输入和输出均为数字信号，而大量的物理量几乎是模拟信号。因此，首先必须将模拟信号转换成为数字信号才可送给数字电路进行处理，而且要把数字结果转换成模拟信号。完成将模拟信号转换成相应数字信号的电路称为模/数转换电路；完成将数字信号转换成相应模拟信号的电路称为数/模转换电路。

应该说明的是，随着中、大规模集成电路的飞速发展，其成本不断降低，大量使用通用中、大规模功能模块已势在必行。因此，逻辑设计方法在不断发展。此外，数字电路的概念也在发生变化，例如，在单片计算机中，已将元器件制造技术、电路设计技术、系统构成技术等融为一体。元器件、电路系统的概念已趋于模糊。数字电路和设备随着新技术的发展也在不断变化，其类型层出不穷，数字技术是一门发展很快的学科。

项目 9 音乐门铃的制作*

◎ 学习目标

1. 了解音乐门铃的工作原理。
2. 了解集成电路的基本知识。
3. 了解集成电路的发展。
4. 学会制作音乐门铃。
5. 学会使用万用电表简单测试音乐门铃电路元器件的好坏。

◎ 项目任务

伴随着科学技术的飞速发展及人们生活水平的大幅度提高，人们对居住环境的安全、方便提出了越来越高的要求。音乐门铃这种简单实用的小电子制作也就应运而生了，同学们还记得门铃的使用过程吗？

设想一下最近一次去朋友家做客时的情形：到了朋友家门口，屋子里面人山人海，异常热闹，此时你怎样敲门都无人应答。于是你在门上寻找门铃按钮，然后按下门铃，门铃随即发出提示音。朋友听到门铃音乐响起来开门，你进去了。欢快的聚会开始了……

本项目制作音乐门铃。

◎ 项目分析

当没有按下门铃的按钮时，门铃处于等待状态；当按下门铃的按钮时，门铃电路立即从等待状态转到工作状态，门铃的扬声器发出声音，人们的耳朵就听见了音乐声。手指离开按钮时，音乐声消失（或无论手指是否离开，过一段时间音乐自动消失）。

通过以上分析可以知道：整个门铃由电池供电，门铃的声音由扬声器发出；门铃按钮控制声音的有无，按钮按下发出声音，按钮松开声音消失（或者过一段时间音乐自动消失）。

知识链接

一、音乐门铃的工作原理

要制作音乐门铃，首先要弄清楚音乐从哪里来，或者说扬声器发出的音乐电信号怎么来的？显然电路简单的门铃是不可能采用元器件数目众多的电阻、电容、电感、二极管、晶体管组成的复杂电路来提供音乐信号的。一般用一块简单的专业音乐集成电路释放音乐信号，音乐信号释放出来后，还需要对音源提供的音乐信号做进一步的放大才能够驱动扬声器发出声音。

音乐门铃的工作原理如图 9-1 所示。

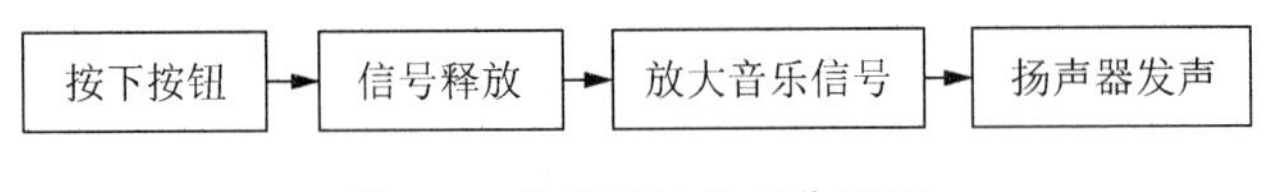

图 9-1 音乐门铃的工作原理

实际上，音乐信号是由一块大规模集成电路内部发出的。当按下门铃的按钮时，电池给音乐集成电路供电，电池突然接通相当于给音乐集成电路发出了一个启动（触发）信号，在这个启动（触发）信号的作用下，音乐集成电路内部电路开始工作，存储在集成电路中的音乐信号从其输出端输送出来，电流通过晶体管驱动门铃电路的扬声器发出声音。集成电路中的音乐信号播放完毕，音乐自动结束或需要手指过一段时间松开按钮电池不再供电，音乐结束。

这样就有两种不同的电路：如果集成电路能发声一段时间自动结束，则按钮仅控制触发信号启动集成电路，发声自动结束的电路如图 9-2 所示；如果集成电路持续发声，按钮既控制电源供电又控制触发信号启动集成电路发声，持续发声的电路如图 9-3 所示。

如图 9-4 所示，音乐集成电路大都采用黑胶加印制电路板的软封装结构形式，图中圆形黑色膏状即为音乐集成电路，它集成在一块方形的印制电路板上面，从黑色膏状物周围引出的那些印制导线即为音乐集成电路的引脚，这些引脚引出后在印制电路板上都有焊盘。采用音乐集成电路设计产品，外接元器件和导线都不复杂，因此一般把外接元器件直接焊接在音乐集成电路所在的印制电路板上即可。

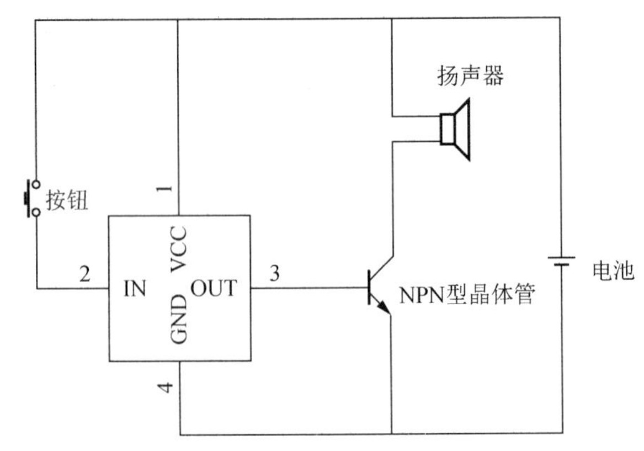

图 9-2 发声自动结束的电路

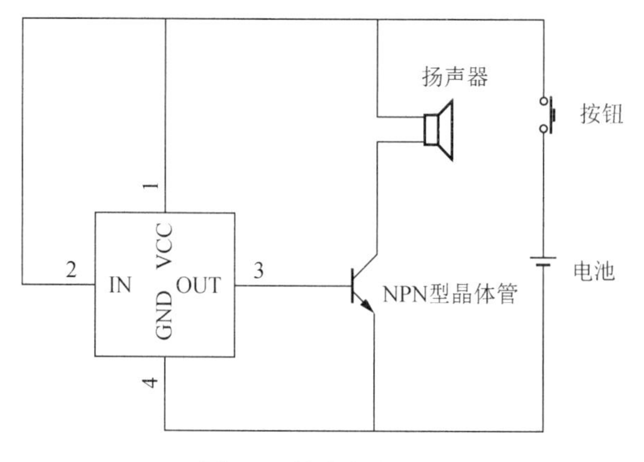

图 9-3　持续发声电路

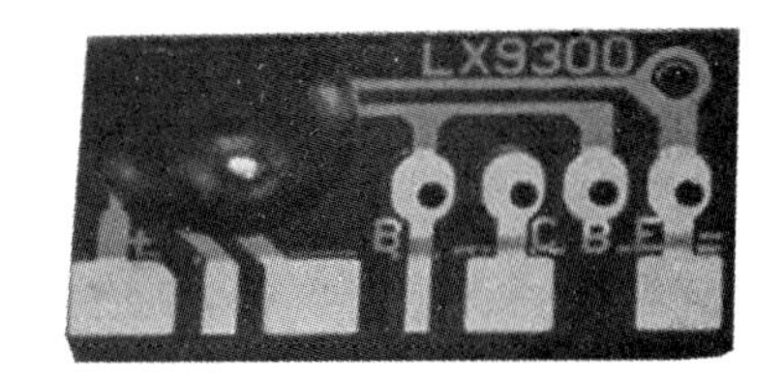

图 9-4　9300 系列音乐集成电路实物

二、集成电路的基本知识

1. 集成电路的发展

集成电路的发展历史，也是半导体技术和元器件技术的发展历史。1947 年美国贝尔实验室的肖克利等人发明了晶体管，1950 年 PN 结型晶体管诞生，1951 年发明了场效应晶体管。氧化工艺、扩散工艺和离子注入工艺的应用，为集成电路的产生奠定了生产技术基础。

1958 年仙童公司罗伯特 • 诺伊斯与德州仪器公司杰克 • 基尔比在同一年各自独立发明了集成电路。

1962 年，美国 RCA 公司研制出 MOS 场效应管集成电路及 TTL 电路和 ECL 电路。

1963 年，F.M.Wanlass 等人首次提出 CMOS 技术，今天 95%以上的集成电路芯片基于 CMOS 工艺。

1970 年 1KB 动态随机存储器（Dynamic Random Access Memory，DRAM）诞生，标志着大规模集成电路的出现。

1971 年全球第一个 8 位微处理器（Micro Processor Unit，MPU）4004 由英特尔公司推出。

1984 年 1MB 的 DRAM 问世，采用 1μm（两个器件间的最小距离）工艺。

1985 年 32 位 80386 微处理器问世。

1992 年 0.25μm 工艺的 256MB DRAM 问世。

1997 年 0.18μm 工艺的 4GB DRAM 和 300MHz 的奔腾 II 处理器问世。

2009 年英特尔酷睿 i 系列处理器全新推出，它创纪录地采用了领先的 32nm 技术。

现在所有的高通骁龙手机芯片采用 10nm 工艺。

从以上集成电路的发展历史来看，电气与电子设备的基础都是以集成电路为主的。当 1946 年 2 月在美国宾夕法尼亚大学电工学院摩尔小组研制成功名为电子数字积分计算机（Electronic Numerical Integrator And Computer，ENIAC）的时候，它是一个庞然大物，由 1.8 万个电子管组成，占地 150mm^2，重约 30t，耗电 140kW（足以发动一辆汽车）。然而它的运行速度只有每秒 5000 次，存储容量只有 2000bit 而且稳定运行时间只有 7min。试想一下，这样的计算机能够进入办公室、车间和家庭吗？当时有的科学家认为只要有 4 台这样的计算机就够了，可是现在全世界计算机数目庞大。由于在1947年贝尔实验室的科学家们发明的晶体管（这是微电子技术发展的第一个里程碑），特别是1958年仙童公司硅平面工艺的发明和德州仪器公司集成电路的发明（这可认为是第二个里程碑），才出现了今天这样以集成电路技术为基础的电子信息技术产业。

关于集成电路的发展，业界有一个有趣的摩尔定律加以说明。摩尔定律是由英特尔创始人之一戈登·摩尔提出来的。其内容为当价格不变时，集成电路上可容纳的元器件的数目每隔18～24个月便会增加一倍，性能也将提升一倍。换言之每一美元所能买到的集成电路性能，将每隔18～24个月翻一倍以上。摩尔定律是简单评估半导体技术进展的经验法则，其重要的意义在于长期而言，集成电路制程技术是以一直线的方式向前推进的，使集成电路产品能持续降低成本，提升性能，增加功能。

摩尔定律并非数学、物理定律，而是对发展趋势的一种分析预测，因此，无论是它的文字表述还是定量计算，都应当容许一定的误差范围。从这个意义上看，摩尔的预言是准确而难能可贵的，所以才会得到业界人士的认可，并产生巨大的反响。1998年时，台湾积体电路制造有限公司董事长张忠谋曾表示，摩尔定律在过去30年相当有效，未来10～15年应依然适用。但最新的一项研究发现，摩尔定律的时代将会退去，因为研究和实验室的成本需求十分高昂，而有财力投资在创建和维护芯片工厂的企业很少，而且制程也越来越接近半导体的物理极限，将会难以再缩小下去。

集成电路的原料硅是世界上除氧气以外含量最丰富的元素，论材料它不值一文。但这样一块肉眼看上去没有任何值得令人注意的黑褐色的小片，经过人们的创新设计和一系列创新工艺技术加工制造后成为集成电路芯片，价值千金。它将人类的智慧与创造固化在硅芯片上，是知识创新的载体，改变着社会的生产方式和人们的生活方式。

集成电路是能体现知识经济特征的典型产品之一，这是由其本质决定的。社会信息化的程度，取决于对信息的掌握处理能力和应用程度。集成电路正是集信息处理、存储、传输于一体的高科技产品。未来电子技术的发展已经进入系统集成的时代，人们可将整个系统集成在一个硅芯片上。集成电路和芯片不仅具有电路和系统的功能，并且可以低成本、高效率地大批量生产，可靠性好、耗能少，从而可以广泛方便地应用于国民经济、国防建设乃至家庭生活的各个方面，因而大大提高了社会信息化的程度。它不仅成为现代化产业和科学技术的基础，而且正创造着代表信息时代的硅文化。因此有科学家认为人类继青铜器和铁器时代之后，现在已进入硅时代。

2. 集成电路的概念

集成电路（Integrated Circuit，IC）是指通过一系列特定的加工工艺，将多个二极管、晶体管、场效应管等有源器件和电阻、电容等无源元件按照一定的电路连接“集成”在一块半导体单晶片（如硅或砷化镓）等基片上，封装在一个外壳内，作为一个不可分割的整体执行某一特定功能的电路。

集成电路如同人是由各个器官以相互联系的形式构成一样，每部分都有其特定功能，缺少任何一个部分，都不能完成工作。任何一个集成电路要正常工作，就必须具有接收信号的输入端、发送信号的输出端口及对信号进行处理的控制电路，一般还有电源供电端口。简单地说，输入/输出端口就是人们经常看到的引脚或插口，而控制电路在集成电路内部肉眼是看不到的，是在集成电路制造厂里制造出来的。现如今一个集成电路的实际尺寸约为1.5cm×1.5cm，在这样大小的面积上，集成电路内部所含元器件的数目往往超过10亿，这就是所谓的超大规模集成电路。图9-5为同一个集成电路不同层次的放大图片。

图9-6为集成电路正面，中间塑料封装去掉后显示出集成电路的内部结构。由图9-6可以看到，内部引线和集成电路引脚相连。

图9-5　集成电路全貌

图9-6　集成电路正面

3. 集成电路的分类

集成电路按功能、结构的不同可分为模拟集成电路和数字集成电路两大类。模拟集成电路又称线性电路，用来产生、放大和处理各种模拟信号，其输入信号和输出信号成函数关系，如常见的集成运算放大器F741、集成功率放大器LM386等。数字集成电路用来产生、放大和处理各种数字信号。市面上大部分集成电路，如各种门电路、组合逻辑电路、触发器、时序逻辑电路等都是数字集成电路。

集成电路的集成度是指单块集成电路上所容纳的元器件数目。集成度越高，所容纳的元器件数目越多。集成电路按集成度高低的不同可分为如下几种：

小规模集成电路（Small Scale Integrated Circuit，SSI）：每片集成元器件少于100个。

中规模集成电路（Medium Scale Integrated Circuit，MSI）：每片集成元器件为100～1000个。

大规模集成电路（Large Scale Integrated Circuit，LSI）：每片集成元器件为1000～10万个。

超大规模集成电路（Very Large Scale Integrated Circuit，VLSI）：每片集成元器件为10万～100万个。

特大规模集成电路（Ultra Large Scale Integrated Circuit，ULSI）：每片集成元器件在

100 万个以上。

集成电路按导电类型可分为双极型集成电路和单极型（MOS 型）集成电路，它们都是数字集成电路。双极型集成电路以 NPN 型或 PNP 型晶体管为基础制成。在半导体内空穴和电子都参与有源器件的导电，故称双极型。双极型集成电路的制作工艺复杂，功耗较大，代表集成电路有 TTL、ECL、HTL、LST-TL、STTL 等类型。

单极型集成电路是由场效应（MOS）晶体管组成的。因场效应晶体管只有多数载流子参加导电，故称场效应晶体管为单极晶体管。由这种单极晶体管组成的集成电路就称为单极型集成电路，就是平时说的 MOS 集成电路。单极型集成电路的制作工艺简单，功耗也较低，易于制成大规模集成电路，代表集成电路有 CMOS、NMOS、PMOS 等类型。

4. 音乐集成电路原理

音乐集成电路是指内部储存有音乐信息的集成电路。音乐集成电路内部包括时钟振荡器、只读存储器（Read Only Memory，ROM）、控制器和电压放大器等单元电路，如图 9-7 所示。

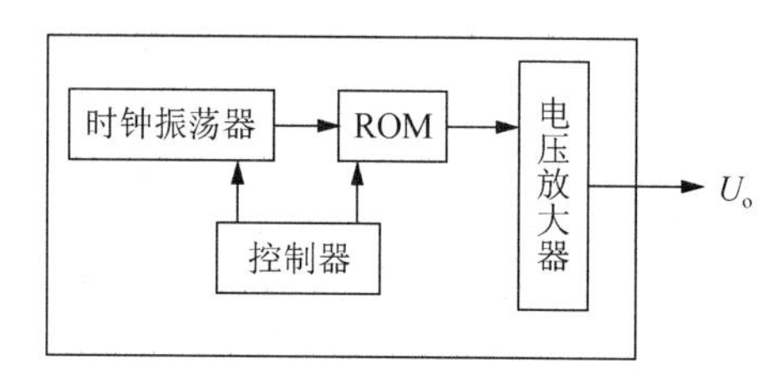

图 9-7　音乐集成电路的内部结构

其中，控制器起到控制电路整体运行的作用，时钟振荡器提供时钟信号控制电路的开始时间、结束时间和音乐播放速度，只读存储器存储音乐数据，电压放大器将音乐信号放大输出。

根据只读存储器存储音乐的不同，音乐集成电路可分为很多种，如图 9-8 所示，主要有单曲音乐集成电路、多曲音乐集成电路、单声模拟声音集成电路、多声模拟声音集成电路、单段语音集成电路、多段语音集成电路及特种的光控、声控集成电路等。

1）单曲音乐集成电路内部存储一首乐曲，触发一次播放一遍。

2）多曲音乐集成电路内部储存多首乐曲，触发一次播放第一首，再触发一次则播放第二首，依此类推循环播放。

3）单声模拟声音集成电路内部储存鸟叫、狗叫、马蹄声、门铃声、救护车声等模拟声音，被触发时播放。

4）多声模拟声音集成电路内部储存若干种模拟声音，具有若干个触发端，某触发端被触发时播放相应的声音。

5）单段语音集成电路内部储存一句语言，触发一次播放一遍。

6）多段语音集成电路内部储存若干语言具有若干个触发端，某端被触发时播放相应的语言。

7）声、光控音乐集成电路的触发受声音、光的控制，触发后同样发出相应声音。

8）闪光音乐集成电路在被触发播放声音的同时，可同时驱动发光二极管按一定规律闪烁发光。

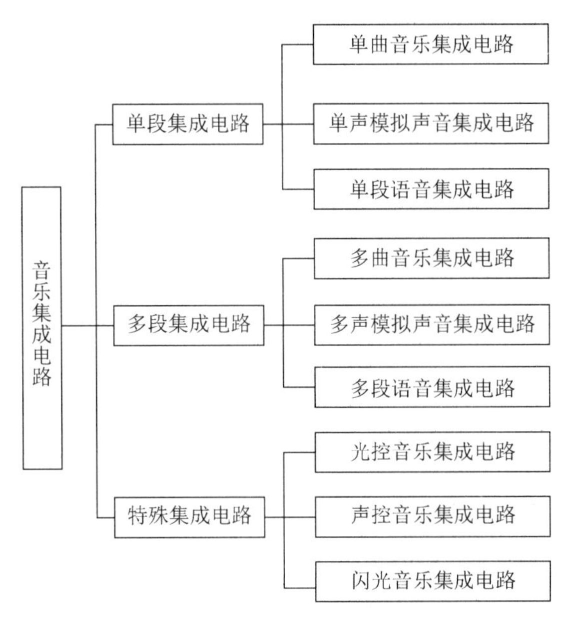

图9-8　音乐集成电路的分类

音乐集成电路的主要作用是作为声音信号源，广泛应用在电子玩具、音乐贺卡、电子门铃、电子钟表、电话机、电子定时器、万用表、信号发生器等家用电器和智能仪表领域，以及其他一切需要音乐信号的场合。

音乐集成电路所需的直流电源电压一般较低，大多数在 1.5～5V。使用时应按音乐集成电路的额定电源电压参数接入工作电压。如果整机电源电压较高，应采取措施将电源电压降至符合要求后，再接入音乐集成电路，如图9-9所示。

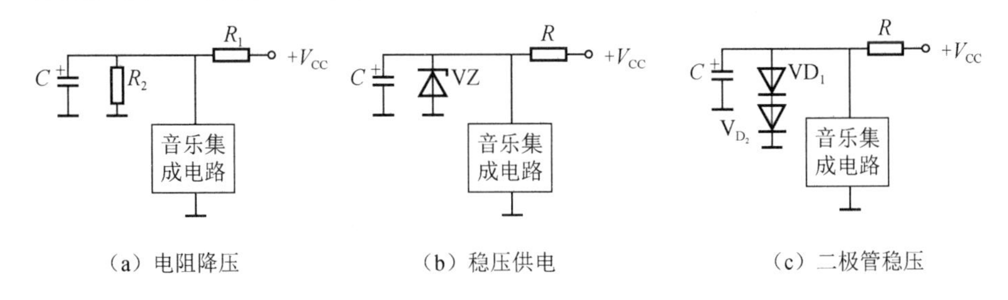

图9-9　音乐集成电路降压使用

项目实施

图9-10为市面上一款常见的电子音乐门铃。它电路布局简单合理，组装成功率高，外观精美，实用又具有学习价值。

图 9-10　电子音乐门铃

本项目的实施步骤如下：

1）清点元器件。按元器件清单一一对应，记清每个元器件的名称与外形（图 9-11）。

注意： 拆包时要小心，不要将塑料袋撕破，以免元器件丢失。清点元器件时，应将所有的元器件都放在一张纸上。清点完后，应将暂时不用的元器件放回塑料袋备用。

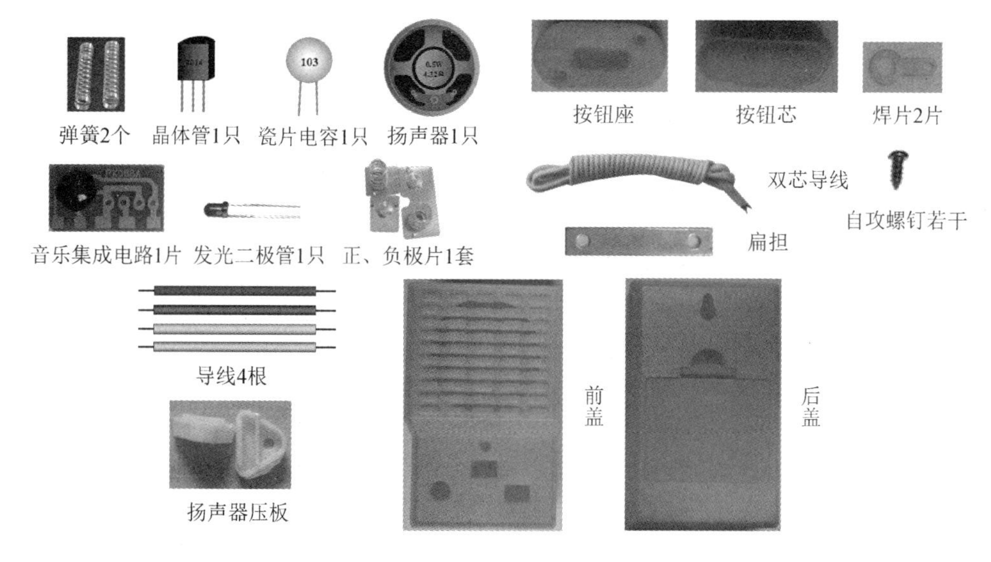

图 9-11　电子音乐门铃各元器件

2）元器件检测。

3）按图 9-12 安装电路。

元器件焊接与安装不仅要位置正确，还要焊接牢固、可靠，形状整洁、美观。图 9-12 中小瓷片电容为典型旁路电容，它滤掉高频信号，使其不经过晶体管。集成电路的 3 号引脚输出高频信号会使晶体管的结电容产生的影响大大增加，最终使晶体管不能正常工作。各部分安装参考图 9-13。

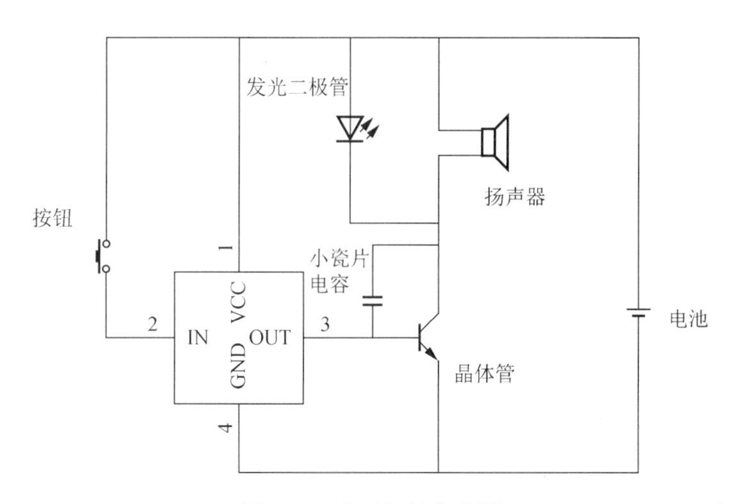

图 9-12 音乐门铃电路图

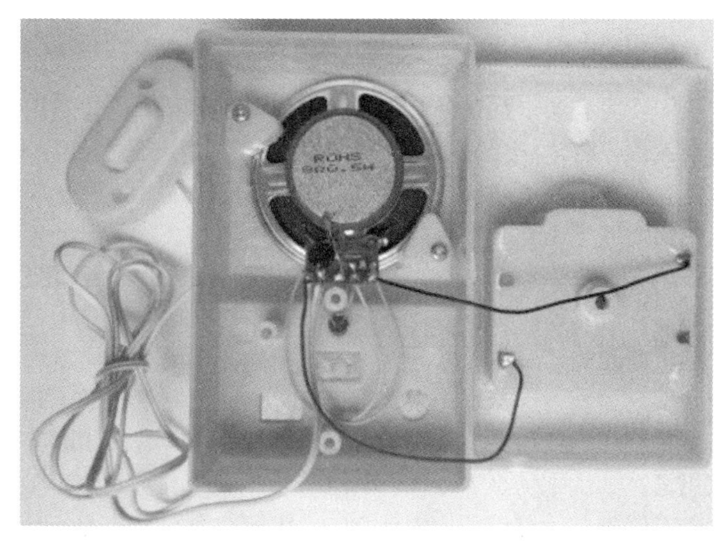

图 9-13 音乐门铃安装

4）通电测试时，按下按钮，扬声器就会发出声响。测试无误，盖上后盖，再用螺钉拧紧，精美的音乐门铃就完成了。

项目考核

项目评价表如表 9-1 所示。

表 9-1 项目评价表

评价内容	配分	评分标准	扣分
元器件检测	10	（1）元器件漏检或错检，每只扣 2 分； （2）仪表使用不规范，每次扣 2 分； （3）开始 15min 以后更换元器件，每只扣 5 分	

续表

评价内容	配分	评分标准	扣分
焊接工艺	40	（1）元器件焊接顺序不正确扣 10 分； （2）元器件极性弄错，每个扣 5 分； （3）焊点虚焊或桥接，每个扣 3 分； （4）焊点不规范，每个扣 1 分	
电路原理理解	30	（1）音乐集成电路原理回答错误，每问扣 10 分； （2）晶体管工作原理回答错误，每问扣 10 分； （3）小瓷片电容工作原理回答错误，每问扣 10 分	
通电检测	20	（1）电源焊接极性错误扣 10 分； （2）按钮安装错误扣 10 分	
安全文明生产	违反安全文明生产规定扣 5～40 分（从总得分中扣除）		
额定时间 120min	每超过 5min 扣 5 分（从总得分中扣除）		
备注	除额定时间外，各项目扣分不得超过该项配分	成绩	

知识拓展

大城市里，人们使用交通卡乘坐公交车、地铁和出租车早已是司空见惯的事，但有没有想过：一张薄如纸片像名片一样大小的交通卡，为何在读卡器上轻轻一刷就如此迅速地支付了车资？一定会有人说是“高科技”的原因吧。准确地说，智能技术功不可没。

智能技术，确切的名称是人工智能，实际上是电子信息技术的一个分支。它与基因工程、纳米科学一起被世界学术界称为人类 21 世纪三大尖端技术。那么，这种新兴智能技术，究竟怎样改变人们的生活呢？

首先揭开交通卡问题的谜底：原来是人们看不见的一个庞大而又复杂的人工智能资费系统承担了整个付费过程。读卡器用无线信号读取并确认交通卡集成电路块中的信息，再按预先设定的计算机程序进行如上车或进站时间、路程确认、分级扣款等一系列操作，并进行线路间的费用清算、换乘优惠等处理……这些原本需要大量人力和相当长时间来完成的作业，却在分秒之间由以计算机芯片为核心的人工智能系统来代劳，给人们生活带来了便利。

只要观察一下，就会发现在每个城市、各个行业都能发现人工智能的蛛丝马迹：银行 24h 开放的自动取款机，超市、商场和餐馆中的结账机、信用卡刷卡机，地铁、轻轨和火车站的自动售票机、自动查询机，宾馆、高级写字楼的自动门禁、房门卡、感应水龙头、自动冲便器，汽车中的电子导航、倒车自动防撞装置、电子车锁，医院的电子病历、电子查房、专家诊断系统和异地远程会诊及手术，设备制造工厂的无人化自动装配生产线、自动焊接、自动喷漆，发电站、自来水厂和煤气公司的自动控制、处理、显示系统，学校、培训机构里的虚拟现实模拟培训系统，军队的智能火炮、制导导弹、无人飞机及电子模拟军事演习，体育场馆里比赛用的准确电子计时器、起跑器、芯片足球、鹰眼系统等。

专家们表示，作为联系生命科学与信息科学的智能化技术，其应用的序幕才刚刚拉开，在 21 世纪人们将目睹和体验智能化技术在交通、金融、建筑、娱乐、教育、通信和医疗卫生等领域中的应用。

参 考 文 献

陈少斌，2007．电工学．北京：科学出版社．

阮友德，2009．电气控制与PLC．北京：人民邮电出版社．

邵展图，2011．电工学．5版．北京：中国劳动保障社会出版社．

王卫平，2011．电子工艺基础．3版．北京：电子工业出版社．

伍湘彬，2010．电子技术基础与技能（电子信息类）．北京：高等教育出版社．